W0012945

Für Erna, das „So ist es"
Für Karl, das „Warum nicht"
Für Jonas, das „Warum"

Joachim Krieger

TERRASSENKULTUR AN DER UNTERMOSEL

Die Weinbauorte
von Koblenz bis Hatzenport
mit einer Charakterisierung und
Klassifizierung aller Weinbergslagen

edition Krieger

Danksagung

Auf der einen Seite endlos, auf der anderen Seite unvollständig wäre die Liste der ungezählten Personen aus nahezu allen Bildungs- und Gesellschaftsschichten, die mir im Laufe der Jahre wichtige Anregungen gegeben haben, sowie Material und vor allem in ausführlichen Diskussionen dazu beigetragen haben, daß das Buch zu einer kleinen Weltentdeckungsreise wurde. Vielen werde ich demnächst persönlich danken.

Besonders beim Finale des Buches möchte ich jedoch meinen Dank ausdrücklich denen widmen, die mich als Familie, Freunde und gute Bekannte besonders stark unterstützt haben oder mich besonders stark vermisst haben. Dies sind meine Eltern Erna und Karl, Jonas und Michaela Rogge, Franz Krieger, Dr. Lutz Neitzert, Onko, Gernot Kollmann, Michael Kohl, Patrick Simmer, Eva Huffer, Daniel Jacob, Reinhard Bleit, Irene und Dr. Wolfhard Ottenhausen und Kinder, Heinz Welter, Theo Haart, Martin und Susanne Müllen, Peter Mohrs, Franz Allmann, Thomas Hoffmann, Walter Kaiser, Adolf Flügel, Manfred Heinz und „Gretchen" Weis.

Und natürlich: alle beteiligten Winzer.

edition Krieger

© 2003 Joachim Krieger Verlag
Oberbüngstr. 26, 56566 Neuwied
Text und Fotos: Joachim Krieger
Lagenkarte, Umschlag: Claus Krieger

Satz: A. Patrick Simmer Medientechnik, Neuwied
Druck: Bastian, Föhren

Vervielfältigungen nur mit Genehmigung des Autors

ISBN 3-933104-08-4

Inhalt

Prolog

Dieses Buch ist eine Frechheit!

Es erlaubt sich (und das in Deutschland!), nicht einmal 280 Hektar Weinbaufläche so ernst zu nehmen, als fände sich gerade hier en miniature das Modell und der Schlüssel für die brennendsten Fragen der weintrinkenden Welt. Als handele es sich um ein Stückchen Erde, dessen Geschichte, Geographie, dessen wirtschaftliche und kulturelle Bedeutung (von der Vergangenheit über die Gegenwart bis hinein in die Zukunft) es bis ins letzte Detail nach- und aufzuzeichnen gelte, um so zuletzt den eigentlichen Wert dieser Weinregion in möglichst vollstem Ausmaß zu erkennen und zu bestimmen. Dabei folgt es nicht der Form einer wissenschaftlichen Arbeit (die im so hochspezialisierten Forschungsbetrieb unserer Tage doch immer nur einen winzigen Ausschnitt der Wirklichkeit in den Blick nimmt), sondern möchte nicht nur möglichst exakt, sondern darüber hinaus auch noch möglichst weitblickend und zudem möglichst „populär" sein. Man bedenke: Es handelt sich hier um eine Rebfläche nur gut halb so groß wie die einer einzigen Mittelmoselgemeinde (etwa Piesport oder Leiwen). Also die paar läppischen Hektar - und das in einer Zeit, in der doch allem Anschein nach nurmehr das Wirtschaftliche und das „Zählbare" ernstgenommen wird - und darüber dann gleich ein ganzes Buch? Kann das denn wohl mehr sein als ein Stück Heimatliteratur, ein Prospekt oder, bestenfalls, ein Witz? Und die wichtigste Frage für den Autor: Kann man daraus ein echtes Weinbuch machen? Um so mehr im Dunstkreis einer Stadt wie Koblenz, die ihre erhebliche Bedeutung als Weinstadt nie so recht wahr und ernst genommen hat, bis heute nicht - und das, obwohl das Thema Wein hier, wie anderswo, in den letzten Jahren durchaus en vogue ist - wie zuletzt die neugeschaffene Präsentationsveranstaltung „Wein im Schloß" bewiesen hat. Doch der Stoff, das Thema beantwortete alle diese Fragen! Mit jedem Tag der Recherche wurde das große und auch überregional bedeutsame qualitative Kapital des Gebietes zwischen Koblenz und Hatzenport, der Landschaft und ihrer Weinlagen, immer deutlicher, so deutlich, daß der Autor des öfteren geradezu darüber erschrak, was er im Begriff war, niederzuschreiben und möglicherweise anzurichten - sprich: Was er alles entdeckt oder wiederentdeckt hatte, sei es verschollenes Wissen aus der Vergangenheit, seien es die zahlreichen Ungereimtheiten, die unseren gegenwärtigen Wissensstand durchgängig prägen. Eines mußte er dabei immer wieder erfahren: Gerade im Zeitalter der Informationsgesellschaft gibt es keine einfachen Antworten, auch nicht auf die ganz einfachen Fragen! Was ist das für ein Boden in dieser Lage? Aus welchem Gestein besteht er? (Man lese in diesem Kontext nur im Kapitel „Geologie und Boden" die „Grauwacke-Story"!) Oder, einfacher geht's doch nicht: Wie steil ist dieser Weinberg? Gleich, ob Steine, Steigungsgrade oder -Prozente, ob in Fach- oder Populärliteratur, ob auf Ämtern, an Universitäten, bei sonstigen Fachleuten oder bei den Winzern, überall ein Durcheinander der Begriffe, von Widersprüchen, von Un-, Halb- oder Falschwissen. All dies wollte also zunächst einmal intensiv gesichtet, sortiert und neu geordnet sein. So wurde das Buch ungewollt immer mehr zur Grundlagenforschung und zur Kritik an den eklatanten Wissensmängeln im Bezug auf die einzigartigen Potentiale der gesamten Weinbauregion Mosel-Saar-Ruwer (und eben hier im Speziellen einer ihrer interessantesten Teilbereiche) und zu einem pars pro toto gewissermaßen dafür, wie man Lagen überhaupt sinnfällig beschreiben kann. Die Wahrheit in der Nußschale (in nuce) erkennen, das wurde immer mehr zum Motto. Wenn in Frankreich allein einzelne Gemeinden zum Teil bereits mehrere Bücher über ihre Weine und ihre zehn, zwölf Weinlagen vorzuweisen haben, warum sollte dieser Versuch nicht auch einmal konsequent in einem kleinen, überschaubaren, aber ungeheuer vielfältigen Terrain hierzulande gewagt werden? Sollte das in nahezu allen Weinländern der Welt (in vielen beginnt man gerade erst jetzt damit, die Lagen - in oftmals hektischem Forschungs- und Klassifizierungsdrang - zu analysieren und zu beschreiben) vorherrschende Prinzip, einer Region über ihre Lagen, über ihr „Terroir" ein Profil zu verleihen, bei uns denn wirklich unmöglich sein? Um so intensiver wurde dabei nach und nach der Blick in die Nußschale, je weniger Vorgefertigtes darin lag. Und auch um so parteiischer, politischer wurde er mit jedem Schritt, den der Autor in der Terrassenlandschaft tat, mit jedem erstiegenen, faszinierenden Ausblick, mit jedem Ausrutscher in unwegsamem Gelände, die Landschaft erkundend. (Und mit jedem Schluck Wein, der beeindruckte und überraschte, ebenso wie mit jedem Schluck Wein, der enttäuschte, weil er das große Potential dieser vordergründig armen und steinigen, aber durch ihre Kultur so reich und gehaltvoll gewordenen Böden so fahrlässig verspielte). Fortschreitend schärfer und schärfer wurden damit die Konturen eines Moselabschnittes, dessen Zukunftsaussichten immerhin positiver sind als die vieler anderer Gebiete. Auch kritischer durfte der Blick deshalb sein, verträgt doch ein „Gesunder" mehr als ein „Kranker"! Mit der Gründung der Erzeugergemeinschaft Deutsches Eck im Jahre 1981 hatte die Region einen ersten eigenen Schritt zur Heilung mancher auch hier begangener „Zucker-Sünden" und „Auslandswein-Sünden" eingeleitet. Weinbaupolitisch gesehen, ist die vom Erzeugergemeinschaftsvorsitzenden Franz Dötsch noch heute verfochtene Höchstertragsbegrenzung auf 80 Hektoliter pro Hektar (privat verficht er gar 50 hl/ha) für „Deutsche Eck-Rieslinge" nachwievor die einzige regionsbezogene Vision für eine höhere Qualität, die nicht von einer Elite-Winzer-Vereinigung stammt, sondern von einer Gemeinschaft getragen wird, an der sich im Prinzip alle Winzer beteiligen können. Daß Dötsch ebenso bewußt nur die Traditionssorte Riesling propagiert oder in seiner Verbandsgemeinde eine ortsbezogene Lagenklassifikation mit der grundsätzlichen Unterscheidung von Steil- und Flachlagen öffentlich gemacht hat, sind ebensolche wegweisende Profil-Akzente, die scheinbar kein mit Weinbau befaßter Politiker bislang zum Thema machen mag. Der sonst an der Mosel vorherrschende Kontrast (hier die Stars dort die Massenwinzer) ist im unteren Teil des Flußlaufs deutlich weniger ausgeprägt. Auch die jüngst gestartete und bereits sehr erfolgreiche „Terrassenmosel-Initiative" (Winzer und Köche der Terrassenmosel) ist ein positiver Impuls, der Landschaft, Kultur, Gastronomie und Wein zusammenbringt und eben damit insgesamt zum Profil dieser Region beiträgt. In diesem „Aufbruch-Klima" drängte sich der Gedanke an eine Lagenklassifikation dem Autor nicht nur auf, es wuchs auch mehr und mehr die Überzeugung, daß, ganz im Gegensatz zu weitverbreiteten Ansichten, vom Grundsatz her eine gesetzliche und weingutsunabhängige Lagenklassifizierung durchaus realistisch wäre und auf eine breite Akzeptanz der Winzerschaft stoßen könnte, wenn nur der Nutzen für alle Seiten hinreichend klargelegt würde. Dieses Ziel galt es nun konsequent weiter zu verfolgen, wohlwissend (aus den tausenderlei Debatten in Medien, Verbänden, Vereinigungen und am

Winzerstammtisch), daß eine Diskussion, viel weniger eine Abstimmung innerhalb der Winzerschaft ohne ausreichende Diskussionsgrundlage, ohne bildhaft ausgemalte Perspektive überhaupt keinen Sinn machen und eher zu einseitig polarisierenden, an den Realitäten wie an den Möglichkeiten vorbeischießenden Stellungnahmen führen würde. In dieser Stimmungslage, zwischendurch angefeuert und begeistert von einigen köstlichen Weinen aus völlig unbekannten Lagen der Unteren Untermosel (seien es Katteneser, Niederfeller, Alkener oder Gülser) und von der Vorstellung, daß der Genuß der schiefer-, quarzit-, sandstein- oder/und lößgeprägte Finesse aus dem Moselweiser Hamm, dem Gondorfer Gäns oder dem Hatzenporter Stolzenberg von niemandem sonst erfahren würde (und wer will heute schon etwas erfahren von einer Sache, die nicht irgendwo klassifiziert, sprich eingeordnet und damit imageträchtig ist!?), dieser Skandal ließ den einsamen Entschluß immer weiter reifen. Die ursprüngliche Absicht, die Lagen nur zu charakterisieren, zu beschreiben, war gestorben. Es mußte Partei ergriffen werden, in gewisser Weise nicht nur mit Beschreibung, sondern auch mit Kategorien. In diesem Klima also des „durchaus Machbaren", in einem Gebiet, in welchem Flachlagen nur zehn Prozent ausmachen und in welchem die Spitzensorte Riesling so eindeutig dominiert, bildete sich die feste Überzeugung, daß eine Qualitätsregion, zumal eine solch schwierig zu bewirtschaftende Terrassenlandschaft, ohne eine Lagenklassifikation, in unserer Zeit keine Chance auf einen umfassenden Erhalt besitzt. Daß nur Kernlagen mit marktkräftigen Namen und daneben vielleicht ein Teil sehr leicht zu bewirtschaftender Flächen gefördert werden (so wie es die nüchterne Sicht vieler Weinbaustrategen nahelegt), dies hat mit dem Schutz einer qualitätvollen Weinkultur nichts zu tun. Der „kleine Ecken", Oberfeller Brauneberg oder Dieblicher Heilgraben, das ist es doch, was des Weintrinkers erhabener Zunge schmeichelt und was seine Stimmung hebt - um so mehr, je mehr er dabei das Gefühl verspürt, Einzigartiges entdeckt und im Glas zu haben. Die deutsche, ausschließlich an Supermärkten ausgerichtete „Weinvermarktungs-Philosophie" (welches Unwort für das Gegenteil von dem, was es doch eigentlich bedeuten soll: Liebe zur Weisheit!), die auf klangvolle, aber von der Aussage her inhaltslose Lagennamen setzt, die ängstlich die Großlagen schützt (die ja von der Definition her gar keine Lagen sondern riesige Areale darstellen) und in ihrem Bezeichnungsrecht seit Jahrzehnten Mißbrauch betreibt mit Namen, diese Ideologie ruiniert die Chancen vieler guter und individueller Weinlagen. Eine Klassifizierung würde demgegenüber einen Ordnungsrahmen setzen, an dem sich Winzer und Verbraucher qualitativ und preislich orientieren könnten, zudem eine Orientierung, die Interesse weckt. Jeder ordentliche und talentierte Winzer erhielte eine faire Chance mit ererbten oder (z.Zt. zu Niedrigpreisen) erworbenen guten oder gar herausragenden Lagen, einen vernünftigen Preis für seine Weine zu erzielen, ohne sich der erbarmungslosen Konkurrenz zahlloser im Etikett nicht unterscheidbarer Massenprodukte aussetzen zu müssen.

Erst auf diesem „abgepufferten" Boden könnte auch der Durchschnittswinzer das Risiko entschiedenerer Qualitätsanstrengungen eingehen. Der unaufgeklärte Konsument andererseits müßte sich nicht einem bekannten Markennamen oder gut bepunkteten Star ausliefern (wo er dann unter ungünstigen Umständen auch nichts besseres als gepflegte Durchschnittsware erhält). Ausgestattet mit dem Wissen um das Potential einer Lage, eröffnet sich dem Konsumenten wie auch dem einkaufenden Handel, die Chance nach Alternativen, nach neuen Wein-Entdeckungen. Ohne Garantie selbstverständlich! Eine Lage ist natürlich nie Garant, nur Hinweis. Daß ein Lagenrahmen den echten Qualitätswettbewerb und in der Folge das Profil einer Region befördert und damit indirekt eben auch den Erhalt ihrer Landschaft sichern kann, daran besteht kein Zweifel. Solange in Deutschland, dem Land mit der ausgeprägtesten Lagenvielfalt neben Burgund, die Weinlagen in der Bürokratie, im Keller, auf dem Etikett und in der Vermarktung lediglich als Ballast und Problem empfunden werden, solange besteht keine Hoffnung auf die Rückgewinnung des einzigartigen Qualitätsimages, das die besten Rhein- und Moselweine vor der letzten Jahrhundertwende besaßen. Solange der geradezu pathologische Rationalisierungs-, Vereinfachungs- und Reduzierungswahn, der alle Qualitätserwägungen per se ad acta legt, den deutschen Weinbau so einseitig beherrscht (die jetzt oft diskutierte Heraushebung einer ein- oder zweiprozentigen Qualitätsspitze ist hierbei bloßes Alibi), solange läßt sich eine Neuprofilierung des deutschen Weines in gehobeneren Konsumentenschichten nicht durchsetzen. Ein Wein braucht eine Legende, eine Geschichte, eine auf Tradition und Besonderheit aufbauende Wertigkeit - eben die Aura einer Lage. In der modernen Marketing-Theorie gilt der sogenannte „Zusatznutzen" als unabdingbar für den Verkaufserfolg. (Ein Zauberwort, welches sagen will, daß man zusammen mit dem bloßen Produkt immer auch ein Stückchen „Erlebniswelt" erwirbt). Doch allzu oft (und das deutsche Weingesetz legt dies nahe) wird diese Einsicht ins Absurde getrieben: Kuriose Flaschenformen sollen Lifestyle-Kompatibilität suggerieren und eine Inflation von „Marketing-Schnickschnack" aller Art verschüttet doch nur den wertvollsten und naheliegendsten und produktbezogensten Zusatznutzen: Die ursprüngliche Aura, die den Wein erst eigentlich zum Kulturgut hat werden lassen! Was könnte denn im Falle der unteren Mosel wohl eher den Respekt der Weinwelt erringen, als der stolze „Terrassenbau" und die in ihm und durch ihn gedeihenden Weine. Welche Region könnte mehr profitieren von einer mit klaren Wert- und Qualitätsaussagen verbundenen und definierten Herkunftsangabe. Es ist weder für Verbraucher noch für Winzer sehr ersprießlich, sich bei einem guten Tropfen über gefühllose nackte Zahlen (Öchslegrade, Säure, Restzucker) zu unterhalten oder über nicht verstandene und im Wert beschädigte Prädikate (QbA, Kabinett, Spätlese...) oder gar über die hundert verschiedenen in Deutschland zugelassenen (meist profillosen) Rebsorten. Solche Gespräche entwerfen kein Bild von einem Wein und einer Region. Es ist so imaginations- und phantasielos wie unser immer nüchternerer, dem Ökonomischen und den Zahlen unterworfener Arbeitsalltag. Da aber doch gleichzeitig die Wertschätzung von Freizeit und Genuß offensichtlich wächst und auch das Interesse an Informationen über Wein erheblich zunimmt, müßte das Thema der Lagen, zudem noch verbunden mit einer so einzigartigen Landschaft wie der Terrassenmosel, eigentlich überall auf offene Ohren stoßen. Davon überzeugt, versucht das Buch, die Grundlagen für einen „Kult um die Lage" zu entfachen, als notwendige Ergänzung (und Gegenbewegung) zu dem bereits bestehenden Star-Kult um einzelne Winzer. Es soll dabei auch ein völliges Mißverständnis ausgeräumt werden. Eine konsequente Lagenklassifikation, wie sie in diesem Buch auf für Deutschland neue Weise modellhaft vorgeschlagen wird, dient nicht der Winzerelite, die bereits ein Profil besitzt. Deshalb gibt es besonders im Mosel-VDP viele gegen eine Klassifizierung murrende oder daran uninteressierte Winzer. Sie intendiert zunächst einmal nur Eines: Aufmerksamkeit für die Wein-Lagen! Und damit verbunden auch für eine Landschaft, die den Fremden vielleicht noch mehr zu faszinieren vermag als den Einheimischen. Erst dadurch vermittelt dient sie, neben dem endlich aufgeklärten Verbraucher jedem einzelnen Winzer. Daß aber nach Abstimmung seiner Vermarktungsstruktur auf das „System der Lagen" nicht nur der direkt vermarktende Winzer, sondern auch die nur Trauben produzierenden Winzer eine Chance erhalten, für bessere Weine besseres Geld zu erhalten, ist dabei selbstverständlich ein höchst wichtiger Faktor für die Erhaltung der Kulturlandschaft. Es erhöht sogar die Chancen der Weingüter, die mit zugekauften Trauben aus wertvollen, für den eigenen Betrieb zu kostenintensiven, nicht mit Bahnen erschlossenen Kleinterrassen, tolle Weine machen können. Bei einem fairen, logischen und qualitätsbezogenen Aufbau eines Klassifizierungssystems werden die Winzer die ersten sein, die es vollständig verstehen, weil sie aus alter Tradition und aus Erfahrung am besten wissen, wo der beste Wein wächst. Die großen Schwierigkeiten einer realen und gerechten Lagen-Hierarchie, die ausführlich aufgezeigt werden lassen sich zudem von historischer wie wissenschaftlicher Seite kaum auf absolut „objektive" Weise lösen. Überwinden lassen sie sich zu guter letzt nur in der Gemeinsamkeit, mit der Kommunikations- und Problemlösungsbereitschaft der Winzer selbst. Es ist der Berufsstand, der wie in Frankreich, sich einen klügeren Ordnungsrahmen geben muß, wenn er zu einem größeren und dauerhaften Erfolg kommen will. Der Staat und die zahlengläubige Wissenschaft, auf die sich der Deutsche zu gerne verläßt, ist hier ein schlechter Ratgeber. Auch hierin bestehen an der rheinnahen Untermosel dank der die meisten Orte einbeziehenden Erzeugergemeinschaft Deutsches Eck und dem starken Gemeinschaftsdenken in der führenden Weinbaugemeinde Winningen die besten Chancen. Die in dem Buch deutlich aufgezeigte Unterschätztheit der Unteren Terrassenmosel, ihr zu bescheidenes Preisniveau bei vielen Weinen, auch herbeigeführt durch das eher sparsame „Nah-Kunden-Umfeld" und die fehlende große Exporttradition, eröffnet zudem hohe Gewinnchancen im „Spiel der Lagenklassifikation". Bis es dahin kommen wird, freuen wir uns allerdings alle und genießen es hoffentlich mit der Hilfe dieses Buches, daß es hier und da noch sehr gute „Tröpfchen" für wenig Geld (wie nirgendwo auf der Welt) zu entdecken gibt, und eine Erlebnis- und Weinqualität, die auch der im Citytarif-Kontakt zum Gebiet geborene Autor, der sich lange in vielen anderen Weinwelten zigmal besser auskannte, vor der Kenntnis dieses Buches nicht in diesem Umfange erahnt hatte. Mag das Buch deshalb als ein erster „Führer" (welch schreckliches Wort!), besser: als ein „Wegweiser" zu den Weinlagen dienen. Zu den Lagen als solche! Nicht zum einzelnen Erzeuger - die Leistungen und Fehlleistungen, den Auf- und Abstieg, das „In" und „Out" einzelner Güter zu beurteilen, dies konnte und sollte (wie im vorstehenden Prolog hoffentlich hinreichend klargelegt) nie das Thema sein. Wenn es die führenden Betriebe, welche heute oft bereits auf Lagen gestützt argumentieren, auf ihrem Weg ebenso bestärkt, wie es allen anderen das Potential, den Wert ihrer jetzigen und vielleicht zukünftigen Lagen deutlich aufzeigt oder in Erinnerung ruft, dann hat es seinen wichtigsten Zweck erfüllt: Dem an der Unteren Untermosel bereits so wehrhaften Überlebensstreben der Terrassenkultur und ihrer Weine einen frischen und auch politisch-aufrührerischen Rückenwind zu geben.

Als Zwischenspiel das Nachspiel:
die Odysee eines Weinautors

„Und so soll dieses Buch kein Führer sein...", immer wieder hämmerte dieser Satz als Erinnerung in meinem Kopf. Er kam mir nun vor wie ein Versprechen, wie ein Schwur, wie eine Zusage jedenfalls, die ich einhalten mußte. Hatte er nicht die kräftigste Reaktion ausgelöst, die es gibt von einer Menschenmenge, ein entspanntes und doch sehr komplexes vielstimmiges im Chor eindringlich klingendes Lachen mitten aus einer bis zur Stecknadelspitze gespannten Atmosphäre? Trotz schönen Resonanzen bei anderen Vorträgen, Seminaren, Weinproben, nie eine Reaktion mit dieser Kraft. Wie hatte der Satz wortwörtlich gelautet, den ich vorgelesen hatte. Ich schaute in meinem geschriebenen Prolog nach: „Mag das Buch deshalb als ein erster Führer (welch schreckliches Wort!) besser: als ein Wegweiser zu den Weinlagen dienen. Zu den Weinlagen als solche!" Heute ist mir klar, worum es damals und heute und jederzeit ging, um das heißeste Thema der Weltgeschichte nämlich, um Besitz und Besitzstände. Etwas naiv, aber doch fest und entschieden in der Meinung hatte ich den Satz gesprochen in den vollbesetzten Raum mit über 100 Winzern, ein paar Journalisten, Beamten, dem neugierigen Wirt und Winzer. Es war wohl eine ungewöhnlich hohe Anzahl, die sich an diesem traditionell am Hl. Dreikönigstag abgehaltenen Weinbautag der Untermosel beteiligt hatten. Der Autor des seit Jahren erwarteten und versprochenen Buches über die Weinbergslagen der Region hatte sich angekündigt. Er wollte den Prolog vorlesen. Es hieß, das Buch sei bald fertig. Es war der 6. Januar 1999, im alten Jahrtausend, noch war der Fassweinpreis der Mosel nicht ins Bodenlose versunken, hatte der Leiter des Weinbauamtes Dr. Frieden, ein eher vorsichtiger, bedachter Mensch, noch nicht öffentlich den drohenden Exodus der Mosel in einer Weinbauzeitschrift skizziert. Noch hatte das Drama des Teilunterganges der bis vor wenigen Jahrzehnten den gehobenen Weltweißweinmarkt absolut dominierenden größten Rieslingregion der Welt nicht das stürmische Tempo angenommen, daß es dann bald bekam mit Verlusten von inzwischen mehr als 1500 Hektar, davon mehr als 1000 Hektar potentieller Spitzenlagen, wie der aufmerksame Leser dieses Buches am Ende denken wird.
Ich war damals noch vorwiegend ein begeisterter Probierer und Beurteiler, ein Einzelfallspezialist, der lediglich den Sprung gewagt hatte von der routinierten und leichten Beschreibung der Winzer, von der Beschreibung und Bewertung der jeweils einzelnen Weine zu der Charakterisierung der Ursachen, des Ursprungsortes, des Raumes, wo die Weine entstehen, wo sie gebaut werden. Die Weinbergslage eben, die den Winzern erst die Möglichkeit eröffnet, im hiesigen Raum aus nacktem, aber zu intensivstem Leben erweckten Felsgestein, das Produkt herauszuzwingen, was mythengläubige dann zaubern nennen, um die Leistung zu verschleiern, die nachher so leichthin genossen wird wie ein gutes Buch. Begafft wird der Winzer heute wie ein Künstler fast, Persönlichkeitsschwärmerei, Verehrung, Namenskult eben wie überall, wissen, was in ist, gilt als Information. Schaut man sich die Lifestyle-Artikel an, selbst in seriösen Zeitungen wabert der Starkult, werden Aromen und Früchte aufgezählt, wird der Wein vergöttert. Vom Material, an dem geschafft, mit dem geschafft wird, vom lebenden Weinberg bis zur Auseinandersetzung, zum listigen Kampf von Winzer und

Winzerin bei der Informbringung der Rebe, wo ja jede einzelne anders will, schweigt die Information normalerweise. Arbeit ist tabu. Der Zusammenhang von manueller Leistung, sosehr diese auch vom Kopf und vom Auge der handelnden Hände abhängt, ist so wenig interessant wie der Winzer eben doch noch kein richtiger Star ist. Das Werk allein, der Wein zählt, war und ist die deutsche Ideologie, nicht Herkunftsort und Entstehungsprozess. Deshalb wird bei neuesten Bestrebungen, die Lagen zu klassifizieren auch der Wein streng geprüft und kontrolliert. Nicht die Lage wird klassifiziert und als Wert erachtet, den es zu pflegen gilt, sondern neue Prädikate, Titel werden erfunden wie Erstes Gewächs oder Großes Gewächs, die den besten Wein einer Lage hervorheben, aber gleichzeitig die Lage insgesamt abwerten, in Frage stellen, weil ein Großteil der Winzer und Geschmacksrichtungen aus dem Raster fällt, etwas Billigeres, Süßeres, Leichteres, ganz Anderes aus der Lage macht. Aus der Lage als schützenswerte Qualität wird in Deutschland hauruck ein Prädikat gemacht und eine Marke, die sich mit einer Lage schmückt, die bei anderen Winzern nichts wert ist. Dies versteht nur der Prädikats- und Titelgläubige, der nicht an den Wert einer Lage glaubt, der nur an Personen, Götter, Könner, Macher glaubt, der nicht versteht, daß mancher großartige Wein auch aus Zufall, aus purer Not entstehen kann in einer Lage, weil der Winzer vielleicht kein Geld für Dünger hatte, die Rebstöcke so alt waren, die Wetterwirren den Ertrag reduziert hatten, der Winzer keine Neigung zu überflüssiger Technik hat usw. Wenn ich erzählen würde, wieviele der besten Weine der Welt zu allen Zeiten und auch noch heute schlicht entstehen, weil irgendjemand es versteht die Trauben zu kaufen, die der kleine Winzer irgendwo in der Welt erzeugt hat oder auch die Weine, weil man mit sehr primitiver Technik großartige Rotweine und Weißweine machen kann, wenn die regionalen Bedingungen stimmen und der Zufall... und eben als großes Geheimnis, die Weinlage, die Rebsorte oder die Rebsortenmischung. Ich habe lange an die Weingüter geglaubt, in den Siebzigern, als man den meisten kleinen Winzern Sorbinsäure angedreht hatte für den Wein, Neuzüchtungen, Lagenegalisierung, Massenerträge, eine Wahllosigkeit in der Kultur, daß man vorsichtig sein mußte, die Lage fast hoffnungslos war auf Weinfesten, beim Suchen von guten Winzern auch außerhalb der bekannten Namen. Immer habe ich faszinierende Orte durchsucht nach Entdeckungen – Rauenthal, Erbach, Forst und einen Mosel- und Saar- und Ruwerort nach dem anderen. Den Lagen auf der Spur. Und nun, nachdem ich mir die Arbeit gemacht habe, erstmals in Deutschland, einmal alle Weinbergslagen einer kleinen Region zu erforschen und dadurch zwangsweise vermutlich auch erstmals einen realen Querschnitt durch die winzerliche Realität in allen Klassen zu gewinnen, erzählt man von oben herab: eine Große Lage sei nur eine Große Lage, wenn der Winzer groß sei, der Wein groß sei. Man versteht in Deutschland vor lauter hysterischem Neid und Profilierungsdrucks gar nicht, daß eine Lage nur ein Potential ist, auf dem sich Kultur aufbauen muß. Daß man Lagen nicht als Titel für Weine mißbrauchen kann und darf. Die ganze Ideologie der „Großen Gewächse", der „Ersten Gewächse", ich mag mir das Chaos der Namen und der Konzepte gar nicht merken, wie es der Verbraucher auch nicht verstehen kann, ist ein pures Ausschlußdenken, der Güter-Klassifikation, der Winzerreduzierung und damit langfristig der Kulturlandschaftsszerstörung. Denn die Mosel als einzige Steillagenlandschaft, die sich einer ausgesprochenen Spitzenrebsorte, dem Riesling, im großen Stile gewidmet hat, die der Welt in der Entwicklung des Marktes durch den riesigen Konkurrenzkampf um 100 Jahre voraus war, hat ihre Stärke nur durch diese Verzettelung erhalten. Schon die Zisterzienser wußten, daß im Eigenbau mit Lohnarbeitern, in dieser kleinstrukturierten Chorlandschaft nichts zu reißen wäre ohne die Winzer als Pächter, ohne die Winzer als Selbstständige, als Freie, die ihren Besitz Schritt für Schritt, Chor für Chor zu verbessern suchen. Aber viel wichtiger. Es ist eine komplette Konsumentenverwirrung, die derzeit stattfindet. Autoritär wird behauptet, ein „Großes Gewächs" habe so und so zu sein, müsse groß sein, immer trocken und doch nicht wirklich trocken, sondern in Wirklichkeit oft trocken-süß. Außerdem dürfe es Zucker haben, chaptalisiert werden, denn die Franzosen täten das auch und die seien ja bekanntlich groß. Man definiert den Geschmack, das Bild einer „Großen Lage" wie eine Marke, die möglichst in jedem Jahr groß sein soll, deshalb die Option des Zuckers und dann soll dies das Beste sein, so wie auf der anderen Seite „Selection" als trockener Spitzenwein propagiert wird, ebenfalls gezuckert, ebenfalls normiert, nur ohne „Große Lage", d. h. aus jedem Kartoffelacker theoretisch möglich.

Worum geht es eigentlich? Ich habe jahrelang an einem Buch gearbeitet, das, was das Besondere am Wein ist, den absolut einzigartigen und verschiedenen Ausdruck jeder guten Lage herauszuarbeiten. Und dann platzt herein, überfällt mich und das Buch eine Lagenklassifikations-Diskussion, die überhaupt nichts mit einer Lagenklassifikation zu tun hat, außer daß sie die Lagen begrenzt, die man für ein neues schlechteres Prädikat verwenden darf, als das, was wir in Deutschland bereits haben. Eine Spätlese trocken muß nämlich natur sein, wie der Kabinett, wie die Auslese trocken, darf keinerlei Zuckerung erfahren, ist ein einzigartiges Produkt, von dem nur niemand weiß, weil auch viel Mißbrauch mit den Prädikaten gesetzlich getrieben wird. Mich interessiert aber nicht der Mißbrauch, der mit allem und jedem getrieben werden kann. Mich interessiert der Gebrauch der Winzer. Ich will den Winzern nicht irgendwelche Begriffe, neue Klassifikationen aufschwatzen, die keine Logik besitzen. Mich interessiert, daß die Winzer eine wunderbare Ausdrucksmöglichkeit haben, ihre Weine zu bezeichnen, nachdem sie gewachsen sind und nicht vorher, wie es Markenunternehmen, bürokratische lebenignorierende Planer sich vorstellen. Daß sie diese Ordnung ihren Kunden erklärt haben und erklären können, weil sie durch und durch logisch ist, verständlich, plastisch, an der Beere überprüfbar. Daß diese Feinordnung, dieses Feinwissen, dieser Feingeschmack der Differenzen von den großen Kellereien und Genossenschaften wegen Schwerfälligkeit im Denken nicht nachvollzogen werden kann, diese Art Weine daher im Supermarkt praktisch gar nicht vorhanden sind, ist doch nicht das Problem der Winzer.

Ich will kein Führer sein, kein Erfinder von Klassifikationen, von Begriffen, von neuen Marketing-Tricks. Ich will Beschreiber sein dessen, was vorhanden ist und phantastisch funktioniert, weil der Winzer mit dem derzeitigen Gesetz eine Sprache besitzt, in der er zwar schlecht Marken, aber gut die Individualität des Weines ausdrücken kann, so wie sie wächst, ihm schmeckt, seinen Kunden schmeckt. Ich will Finder sein, Entdecker sein, wie ich es immer gewesen bin.

Das ganze Prädikatsweinsystem, das ja eigentlich ein Naturweinsystem, ein Winzersystem, ein Reifekultursystem genannt werden müßte, indem der Winzer spielen kann, darf und muß, je nachdem, wie der Jahrgang ausfällt. Indem er leichte Weine machen kann, mittlere und schwerere, trockene und weniger trockenere, fruchtsüße und edelsüße. Der Riesling an der Mosel hat nun einmal die Gnade, daß er verspielt ist wie der Fluß und man mit ihm spielen kann, man die ganze Tonleiter, eine riesige Vielfalt von Ausdrucksweisen aus ihm herauslesen kann im Wechsel der Jahre. Von 6-13,5 vol.% habe ich „große" Moselweine getrunken. Der 6er war ein 56er knalltrocken mit 20 Promille Säure, ein Meßwein, der damals natur sein mußte (auch hier hat sich die Kirche im Wein 1971 mitsäkularisieren lassen!). Ich roch an ihm blind und war begeistert über die wunderschöne Firne, schmeckte und schluckte, schluckte auch einen Moment an der heftigen, strammen aber dank steinigstem Boden und guter Lage nicht unangenehmen Säure und sagte: „20 Jahre zu jung!" Soviel zum Thema „Große Lage". Dazwischen eine wunderbare Tonleiter, ein Farbenspektrum an Zwischentönen: 7,5 vol.%, 9, 10, 11 und auch seltener 12 vol.%. Der 13,5er hingegen ist ein anderer Problemfall. Er kann ein großer Wein sein, aber wenn, dann mag man ein solch intensives großes Gewächs (das nichts mit den hochgezuckerten Weinen aus Mengenerträgen zu tun hat, die mit 13,5 oder 14 vol.% eher wie Schnaps als wie Wein schmecken) höchstenfalls zweimal im Monat – und was an den anderen Tagen? Ich muß an die „Kopfkrankheit" vieler moderner Wein-Freaks denken und an die Geschichte meines Freundes Flügel, daß er bei einer großen Probe unter lauter Weinverrückten den ganzen Abend große schwere Weine, Geschmacksgiganten sozusagen verkostet habe und dann habe er aus heiterem Himmel plötzlich gefragt: „Und was trinkt ihr, wenn ihr Wein trinken wollt?" „Wein trinken?", fragten die Leute ratlos. „Ja", sagte Flügel, „wenn ihr Durst habt, Lust auf Wein, im Alltag, zum Abendessen?" „Ja, wenn wir Durst haben, wenn wir trinken wollen, dann trinken wir Bier!" antworteten sie. „Seht ihr, dann trinke ich Mosel-Kabinett, der ist fein und trinkt sich gut!", antwortete Flügel triumphierend. Aber die meisten in der Runde waren ahnungslos, unwissend vor allem über Regionen mit Zwischentönen, die Mosel, über die Möglichkeit, leichten Wein zu trinken – für sie ist Wein nur ein Geschmacksabenteuer, ein Status-, ein Kultursymbol. Der Zugang zum Wein ist ihnen so fremd wie 99 Prozent aller Deutschen, die nicht Kunde und daher Kenner eines Weingutes sind, die nicht wissen, daß es hier eine Naturweintradition gibt, die man mit dem Prädikatsweinsystem zwar beschädigt und vertuscht hat, die aber bei vielen der besten und erst recht bei den einfachen Winzern als Tradition noch lebt, daß diese aber jetzt mit dem Thema der Lagenklassifikation vom Bundes-VDP, von DWI, vom DWV, von all den weinbergs- und weinfremden Weinneuerfindern attackiert wird. Aufs Spiel gesetzt wird das, was die Winzer am besten beherrschten zugunsten eines Zuckerungswahns trockener Weine. Während die süßen Prädikate laut der aktuellen Zukunftsvision der deutschen Weinwirtschaft naturrein, ungezuckert, traditionell bleiben dürfen, sollen die trockenen Prädikate wie Kabinett, Spätlese, Auslese durch neue „Prädikate" wie Selection, Großes Gewächs usw. ersetzt werden, die man wie die Franzosen zuckern darf. Das verstehe Verbraucher, wer will. Die Verbände agieren in Deutschland immer noch so, als ob es keine Öffentlichkeit gäbe, auf Unverständlichkeit, auf Unlogik hin. Niemand denkt an den Autor, der ein Buch schreiben will und einen logischen Inhalt wiedergeben will. Nicht zufällig gibt es ja praktisch keine Weinbücher über deutsche Regionen mit einem Inhalt fern vom Güter- oder Personenkult. Es gibt fast nur noch Führer!

Eine Einführung oder erste Orts- und Wertbestimmung der unteren Untermosel oder unteren Terrassenmosel

Bereichsbezeichnungen „Bereich Zell" (von Koblenz bis Zell) und Bereich Bernkastel (von Pünderich und Briedel bis neuerdings Trier, kürzlich war es noch Kenn) könnte man als Abgrenzungsbezeichnungen sehen für Untermosel und Mittelmosel, aber diese beiden Herkunftsbezeichnungen bieten ebensowenig eine Qualitätsaussage wie es die Großlagenbezeichnungen tun. Viele exakte, vor allem wirtschaftswissenschaftliche Autoren, soweit sie die gesamte Mosel abgehandelt haben, sind denn auch oft einer klaren Unterscheidung weitsichtig und konsequent ausgewichen, indem sie beide „nicht klaren" Regionen zu Qualitätsregionen erklärt haben, im Gegensatz zur Quantitätsregion der Obermosel.

Eine aufschlußreiche Erklärung des historisch gewachsenen, unterschiedlichen Rufes findet sich im folgenden Zitat von F. W. Koch, der um die Jahrhundertwende den Standard-Weinführer über die Weine der Mosel und Saar nebst Klassifizierungskarte herausgegeben hat. Er setzt die Grenze bei Burg an und lobt dann allgemein die recht vielen brauchbaren Schoppen- und Mittelweine, spricht von der großen Gefragtheit, der Beliebtheit, der Bekömmlichkeit des Untermoselers und davon (wie sehr er als Export in die weite Welt hinausgeht in Tausenden von Fudern). Mit dem Begriff der „Mittelweine" unterstreicht er auf spezifische Weise die Bedeutung dieser Weine für den Handel (für den sein Buch in erster Linie gedacht war). Und die Händler waren es, die die guten Produkte der Untermosel dann oft unter mittelmoselanischen Bezeichnungen verschnitten haben und verschwinden ließen und so der Weinöffentlichkeit deren eigenständigen Wert weitgehend vorenthielten.

Daneben betont der aus Trier (also dem Zentrum der Rufbegründung von Mittelmosel, Saar und Ruwer) stammende langjährige „Director der Section Weinbau des landwirthschaftlichen Vereins für Rheinpreußen" aber auch die grundsätzliche Ebenbürtigkeit, die sich an einzelnen Weinen schon immer gezeigt hat. Und er erklärt den Stellenwert der Untermosel dann so: „Ganz hervorragende Weine ersten Ranges werden dort nur wenig hergestellt, trotzdem manche Lagen hierzu wohl geeignet sind. Zu dieser Erscheinung trägt die sehr starke Parzellierung viel bei; denn durch sie werden feine Auslesen teils sehr erschwert, teils fast unmöglich gemacht. Vorzügliche Weine liefern die Gemarkungen Winningen, Kobern, Hatzenport, Gondorf, Merl, Valwig, Fankel und Ellenz-Poltersdorf."

Ergänzen könnte man diese Aussage zur Parzellierung noch um die Tatsache, daß der Ruf eines Ortes enorm von der handelbaren Weinmenge aus sehr guten Lagen abgehangen hat. Wo ein großes Angebot an guten und herausragenden Weinen besteht, da lohnt es sich für den Handel (und nur dieser hat letztendlich den Ruf der Gemeinden und Lagen in der Vergangenheit bestimmt), am Image zu arbeiten. Der Untermosel mangelte es nicht nur an großen bekannten Weingütern mit ausreichend großen Flächen, auch die Spitzenlagen an sich sind im allgemeinen viel kleiner in der Fläche als an der Mittelmosel (wo viele Prestigenamen mehr als 50 Hektar umfassen). Zusätzlich sind die Hektarerträge in den besten Untermosellagen deutlich geringer als in den Toplagen der Mittelmosel, wo kräftige Böden wie in Piesport oder Graach dafür legendär sind, durchaus eine gewisse Menge und Qualität gleichzeitig zu bringen. Genau dies funktioniert in den besten Lagen der Untermosel mit ihren kärgeren, steinigeren Böden nicht. Ähnlich wie in Frankreich und in den meisten anderen deutschen Qualitätsregionen gibt es hier einen deutlichen Zusammenhang zwischen geringer Menge und hoher Qualität.

Der größere historische Ruf der Mittelmosel- und der Saarweine rührt also nicht von der größeren Qualität an sich her, sondern beruht vor allem auf der größeren Marktstärke ihrer Lagen. Schon vor der Säkularisation hatten hier viele große Güter und Flächen bestanden, auf denen Qualitätskultur und feineres Auslesen der Trauben leichter möglich war. Im koblenznahen Unteren Untermoselbereich kommt zudem von jeher dazu, daß ein beträchtlicher Teil der Weine traditionell im wohlhabenden rheinischen Umfeld seinen Absatz fand. Die für die Imagebildung wichtigen „Export"-Weine waren dadurch noch begrenzter verfügbar. Der letztere Faktor, also der regionale Absatz, hat auch noch heute eine große Bedeutung. Die Struktur jedoch ist heute eine vollkommen andere. Die angemahnte Parzellierung ist weitaus günstiger. Es gibt ausreichend große Flächen in den Händen vieler Weingüter, die ein sortiertes Lesen, die Herstellung feinster Weine mittels mehrerer Lesegänge möglich machen. Allein in der Gesamtgröße der Rebfläche und der Anzahl der Betriebe besteht außer in Winningen (noch) der Nachteil eines geringen Marktgewichtes. Auch besteht noch ein Nachholbedarf hinsichtlich der Abgrenzung, der Definition und Profilierung und damit am Bekanntheitsgrad der besten Lagen. Eine Klassifikation wäre deshalb hier ein großer Fortschritt, der die Entwicklung einer verstärkten Qualitäts- und Spitzenweinkultur stark befruchten könnte. Und was sonst würde in dieser kunstvollen Chorterrassenlandschaft Sinn machen, die im Preiswettbewerb niemals konkurrieren kann. Ist die Untermosel in ihrer Gesamtheit also bis heute nicht hinreichend definiert und als Anbaugebiet in logische Abschnitte eingeteilt, die ein Profil und ein Image entstehen lassen könnten - wie es in Burgund etwa die Cote de Beaune oder die Cote de Nuits vorzuweisen haben (die zwei sehr unterschiedlichen Teilregionen der Cote d'Or, der Herzregion von Burgund) - so bietet sich der Moselabschnitt zwischen Koblenz und Hatzenport geradezu an, als ein eigenständiges Teilanbaugebiet einmal fest umrissen zu werden, ein Teilbereich, der mit den im Prolog bereits eingeführten Begriffen „Untere Untermosel" oder „Untere Terrassenmosel" geographisch zu fassen wäre. Wobei der Autor diese Termini zunächst einmal nur als Vorschläge einführen möchte. Beide Begriffe werden dabei als gleichwertig diskussionswürdig erachtet, als Synonyme, die wechselseitig benutzt werden können (auch um stilistische Monotonie zu vermeiden). Damit ließe sich jene Region, welche der Untertitel des vorliegenden Buches einzukreisen sucht „zwischen Koblenz und Hatzenport", mit zwei knappen Worten etikettieren. Wobei erwähnt werden sollte, daß diese beiden im Buchtitel namentlich genannten Orte durchaus auch eine quasi symbolhafte Bedeutung besitzen. Sie stehen beispielhaft für eine heute fast maßlose Unterschätzung ihrer Weinlagen, so man denn diese überhaupt realisiert hat. Sie sind beide mit dem Niedergang des klassischen, qualitätsorientierten Weinhandels fast ruflos geworden und haben ihre Herzstücke, ihre absolut besten Lagen bzw. Parzellen ganz oder zu einem beträchtlichen Teil brachliegen. Im Falle Koblenz ohne jedes spürbare (Unrechts-)Bewußtsein, im Falle Hatzenport dagegen mit einigem Bedauern und Bestrebungen der engagierteren Winzer, dies teilweise rückgängig und wieder gut zu machen. Die Großstadt mit ihren noch heute fünf

Moselweinorten und der ehemals „Klein Paris" genannte Nobel-Weinort im Kreis Mayen und ehemaligen Amt Münstermaifeld sind heute nicht nur die Grenzposten der Unteren Terrassenmosel, es sind auch Musterbeispiele für das nach wie vor bestehende Understatement, den mangelnden Bekanntheitsgrad ihrer Weinlagen und Weine geworden. Um aber die geographische und landschaftliche Dimension abzustecken, möchten wir nun noch einmal kurz das Zahlenspiel des Prologs fortsetzen: hinter den 280 Hektar stehen 17 Weinbauorte mit 40 Weinlagen. In dem engen tief eingeschnittenen canyonartigen Kerbtal verbirgt sich die steilste Steillagenlandschaft Deutschlands - wo nicht wenige Weinberge Steigungen von über 100(!) Prozent aufweisen. An manchen Stellen, an Felsnasen oder nach vorne ausgebuchteten Felspartien, erreicht man sogar Überhangsteigung (also mehr als 90(!) Grad). Hier wird wie kaum sonst irgendwo deutlich, wie Terrassenkultur zur Terrassenkunst wird, wenn man sich vorstellt, mit welchem Raffinement hier gebaut wurde und an einzelnen Stellen glücklicherweise auch heute wieder kunstvoll aufgemauert wird. Daß die schönsten Partien ein Ensemble und ein architektonisches Niveau mit den mittelalterlichen Burgen bilden und einen ähnlichen Denkmalschutz verdienten, steht außer Frage. Gleichzeitig dokumentieren viele Terrassenlagen mit ihrem ästhetischen Reiz und dem unermeßlichen Aufwand ihrer Erschaffung auch deutlich den potentiellen Wert der auf ihnen entstehenden Weine. Wie wohl nirgendwo sonst in Deutschland, läßt sich ein Zusammenhang herstellen zwischen einer einzigartigen Kulturlandschaft und einer großen Weinqualität.

Um den im Titel enthaltenen Begriff „Terrassenkultur" nicht zur bloßen Phrase für Sonntagsreden werden zu lassen und ihn mit einer konkreteren Vorstellung zu belegen, zitieren wir an dieser Stelle noch ein weiteres Mal F. W. Koch als den historischen Augenzeugen, gerade für „unseren" Abschnitt:

„...vielfach haben, um den Reben einen Halt zu geben, Terrassenmauern aufgeführt werden müssen; namentlich auf der Strecke von Hatzenport bis Winningen ist dieser Terrassenbau zu sehen, der bei Kobern und Winningen sich vervielfacht und eine Ausdehnung erreicht, wie in ganz Deutschland kaum mehr zu finden ist. Nicht selten sind die Terrassen so klein, daß kaum 20 Rebstöcke auf denselben Platz haben... im großen Ganzen stehen in diesem Gebiete die Rebstöcke etwas enger als im Gebiet der mittleren Mosel. Dieser engere Satz wird in dem unteren Teile von Hatzenport bis Güls noch wesentlich verstärkt; hier haben die Rebstöcke vielfach nur 1 bis 3 Büglinge, was schon engeren Satz zuläßt."

Daß die Herausgreifung und Definition des Gebietes zwischen Koblenz und Hatzenport/Burgen, also der Stadt Koblenz und der Verbandsgemeinde Kobern-Gondorf, nicht nur politischer Willkür entspricht, sondern daß deren Besonderheit auf die verschiedenste Weise auf- und ausgewiesen werden kann und sich auch statistisch ausdrückt, beweist ein interessanter Zahlenvergleich aus dem Jahr 1994. Die Moselweinberge des Kreises Mayen-Koblenz weisen danach einen Anteil von 36 Prozent an sehr steilen Lagen (über 60 Prozent Steigung) auf, der Kreis Cochem-Zell besitzt dagegen lediglich 19,8 Prozent, der Kreis Bernkastel-Wittlich nur ganze 7,2 Prozent. Und auch bei den steilen Lagen (31-60%) führt Mayen-Koblenz mit 53,4% gegenüber 44,3% und 38,3%. Die weit über die hektarmäßige Bedeutung hinausgehende landschaftliche und damit auch touristische Wertgröße dieses „Miniaturanbaugebietes" zeigt ein anderes Zahlenspiel: bei der Unteren Untermosel handelt es sich, mathematisch betrachtet, um eine immerhin rund hundert Kilometer lange Steillagenlandschaft - wenn man beide Flußufer separat zählt und noch um die rebbewachsenen Seitentaleinschnitte ergänzt.

Hier ging der Weinanbau in früheren Zeiten oft noch kilometerweit landeinwärts, weil sich immer wieder kleinklimatisch geschützte weingeeignete, teilweise treibhausartige (natürliche oder menschengemachte) Kessel fanden, auf denen der emsige, fleißige und weinlandhungrige Moselaner mit seiner Frau jenes Produkt heranzog, das vor der letzten Jahrhundertwende so geschätzt wurde und so in Mode kam, daß sich selbst moselungewohnte Städte wie Frankfurt oder Mainz kein Weinlokal mehr erlauben konnten, das auf einen Mosel-Riesling verzichtete. Die Untere Untermosel hat gerade in dieser Zeit auch im Weinhandel eine große Rolle gespielt. Koch über Koblenz: an diesem „Haupt-Handelsplatz für Moselweine beschäftigen sich mehr als 50 Geschäfte mit dem Vertriebe von Moselweinen." Aber auch Winningen, Hatzenport und Kobern waren wichtige Handelsorte und haben ein beträchtliches Scherflein zum Aufstieg und zum Phänomen des großen „Modeweines Mosel" beigetragen. Doch neben den mengenmäßig öfter knappen und guten Untermoselweinen haben sie auch eifrig aus dem größeren Reservoir der Mittelmosel- und Saar-Rieslinge geschöpft, die dank der mondänen Trierer und Trarbacher Weinhandlungen bereits Weltruf und Status besaßen. So lag der Schwerpunkt des Untermoselhandels nur teilweise bei einer Propagierung der einheimischen Weine. Schneller als in fast allen anderen Moselgegenden hatte sich übrigens im Umfeld des stets wachen Winningen eine hundertprozentige Riesling-Identität in allen Gemeinden herausgebildet.

Zu dieser dynamischen Entwicklung dürfte der große Winninger Districtsarzt Carl Wilhelm Arnoldi, der vielleicht weitschauendste Moselweinbauexperte des letzten Jahrhunderts und Riesling-Apologet, der auch die Mittelmosel, Saar und Ruwer mit seinen Reden und Schriften so entscheidend befruchtete, beigetragen haben.

Dies immerhin in einer Region, die traditionell auch für ihren großen Rotweinanbau bekannt war und dafür ein außerordentliches Potential besitzt!

Und auf der Fährte nach Erklärungen für diese Tatsache stellt sich dann auch die vielleicht wichtigste Entdeckung dieses Buches heraus. Es sind nicht nur der mit größerer Entfernung vom Meer stärker werdende kontinentale Klimaeinfluß mit seiner größeren Trockenheit und Hitze und alle bereits genannten Faktoren und Fakten. Es ist vor allem die sehr spezifische Geologie, die das Eiland Untere Terrassenmosel von allen anderen Teilregionen unterscheidet und ihm einen eigenständigen Charakter gibt.

Steil sieht man den Löß an Wänden in Güls, Moselweiß, Winningen, Lehmen (nomen est omen!), Niederfell aufragen und an Rheingau oder Kaiserstuhl erinnern. Und dies mitten im devonischen Schiefergebirge!

Wie an der Ahr und am Mittelrhein (der ja ebenfalls historisch einen größeren Ruf für Rot- als für Weißwein besaß) haben Einwehungen von Löß einen mehr oder weniger großen Einfluß auf die Böden der rheinnahen Mosellagen. Die damit verbundene Bodenstrukturverbesserung, Erhöhung der Kalk- und überhaupt Nährstoffgehalte waren nicht nur günstig für den Riesling, sie prädestinierten auch zum Spätburgunderanbau. Ähnliche Akzente, aber mehr mit Kali- als Kalkbetonung, setzten die Bimsniederschläge des Laacher-See-Vulkanismus.

Aber nicht nur Löß und Bims, die durch Wind und Regen und auf dem Buckel der Winzer im Laufe der Zeit in die Weinberge eingetragen wurden, haben bis zur Grenze des Maifeldes (bei Hatzenport/Moselkern) einen Einfluß. In der Hatzenporter Gegend findet man sogar richtige Kalksteine (Hydrobienkalk). Im berühmten Uhlen aber sowie auch einigen anderen Lagen der Region verläuft die für die Weinqualität möglicherweise charakteristischste, speziellste und ausdrucksstärkste Schichtstufe des gesamten devonischen Schiefergebirges, die sogenannten Laubach-Schichten. Benannt sind diese nach dem ehemaligen Steinbruch am Koblenzer Laubach, wo bis vor wenigen Jahren noch die absolute Spitzenlage der Stadt, der Karthäuserhofberg (oder Affenberg oder Aveberg) in einem Restbestand in Bewirtschaftung war und demnächst als vergessener Zeitzeuge der großen Koblenzer Weinbauvergangenheit wohl nur noch als kaum noch erkennbarer Bestandteil des Stadtwaldes zu sehen sein wird.

Man muß sagen „möglicherweise", weil diese Schichten, diese Unterschiede innerhalb der Bodenzusammensetzungen, innerhalb und zwischen den Gesteinen bis heute im gesamten Anbaugebiet Mosel-Saar-Ruwer noch sehr unerforscht sind und eine Bezugsetzung der Geologie, der Gesteine zum Wein daher bislang höchstens sehr grob gemacht wurde. Eine Bezugsetzung von Wein und geologischer Schicht (also einem speziellen Zeitalter der Erdgeschichte mit seinen entsprechenden Steingehalten und Strukturen) hat es seit dem Aufsatz des damaligen Trierer Weinbaulehrers Friedrich im Jahre 1905 nicht mehr gegeben. Das gerade in Rheinland-Pfalz so eklatante geologische Forschungsdefizit (es gibt keine aktuellen geologischen Karten und Erläuterungen zur Moselregion und die vorhandenen historischen sind zudem nicht flächendeckend) ist, so hat es den Anschein, auch Ausdruck eines vollkommenen politischen Desinteresses an dem zweifellos größten Schatz der Mosel, seinem Gestein. Geologische Grundlagenforschung zu betreiben, nicht um der Ausbeutung der Gesteine als Baumaterial oder als Bodenschätze, sondern als Spurensuche für die Frage nach der besonderen Qualität bestimmter Weinlagen ist in Deutschland kein Thema. Dies wäre ja auch eher eine philosophisch-ästhetische Frage, die sich nicht rechnen würde. Der Gedanke, daß derartige Fragen sich zwar nicht heute rechnen, aber der Profilierung einer Region Dienste leisten könnten, somit Winzern wie der Landschaft und dem damit verbundenen Tourismus einen Gewinn bringen können, scheint ein zu hohes Abstraktum zu sein. Die Informationsgesellschaft scheint im Weinbau noch nicht angekommen. Daß dies aus kultureller Tradition, aus Stolz auf die Weinlagen in anderen traditionellen Weinländern geschieht oder in den expansiven exotischen Ländern aus puren professionellen Anpflanzungs- und Marketingstrategien heraus, scheint hier unbekannt. Nebenbei gesagt, würden gründlichere geologische Kenntnisse auch mehr Wissen um den Boden und damit gezieltere Düngung mit weniger Verschwendung oder Schaden ermöglichen.

Man ist nicht interessiert an den Gründen für die besonderen Weinqualitäten. Mit der Einstellung des Bergbaus (also der Bergung von Bodenschätzen wie Eisenerz) an der Unteren Untermosel, dem Stillegen der ehemals berühmten Belltal-Quelle zwischen Kobern und Winningen ist zugleich auch die Erforschung der devonischen Gesteine als nunmehr, wie es viele sahen, ohne konkreten Nutzen, weitgehend eingestellt worden. Die Voraussetzungen, die Bemühungen des Weinbaulehrers Friedrich fortsetzen zu können, sind also seither kaum besser geworden. Einzeldynamiken seitens der Weinwissenschaft, spezieller Weingeologen (wie es sie in Frankreich und anderen Ländern gibt!) oder Winzern, die es wirklich genauer wissen wollten, hat es nie gegeben oder sie scheiterten in einem diffusen Vorfeld an der hier skizzierten Schwierigkeit der Sachlage.

Vielleicht kann das Buch Basis und Anregung für Politik und Wissenschaft, um die Mosel-Saar-Ruwer-Region in ausdrucksstarke gut definierte Teilregionen mit eigenem Profil zu zerlegen, die dann an ihrer Chance arbeiten könnten, dem allgemeinen Billig- und Massenweinimage des Mosel-Saar-Ruwer-Weins mit klaren Fakten und Grenzziehungen und nicht leeren Sprüchen zu entfliehen. Man frage sich in diesem Zusammenhang nur einmal, warum auf einem guten Bordeaux oder einem guten Burgunder nie Burgunder oder Bordeaux draufsteht, sondern stets nur die Teilregion, der Ort oder gar die Lage - nebst Erzeuger natürlich. Beim Barolo und anderen guten Klein-Appellationen ist es dasselbe System. Warum die überflüssige und etikettenfüllende Pflicht des „Mosel-Saar-Ruwer" oder der neuerdings heißdiskutierten einfacheren Bezeichnung „Mosel", wenn „Untere Terrassenmosel" oder „Untere Untermosel" die exaktere und vor allem bedeutungsvollere Aussage darstellt? Wenn Winningen oder Kobern oder Alken dadurch die Option bekämen zum Begriff zu werden, dann lohnten sich auch besondere Anstrengungen der Winzer und Gemeinden zur Erringung eines Renommées, wie im folgenden Kapitel ausführlich geschildert. Lagenklassifizierung heißt eben nicht nur Lagen klassifizieren, es heißt vor allem auch: das gesamte System der Herkunftsbezeichnungen mit Wert und Inhalt füllen, damit Marketing überhaupt erst vernünftig betrieben werden kann. Von den strukturellen Grundvoraussetzungen her hat es die Untere Untermosel zudem leicht. Faßwein für große Kellereien ist ohnehin nicht mehr in hinreichend lukrativen Mengen vorhanden, Neuzüchtungen, die (weil zu unspezifisch im Geschmack) keine nähere Herkunftsbezeichnungen verdienen, gibt es kaum.

Und der Winzer selbst identifiziert sich mit seiner spezifischen Teilregion, seinem Ort und seinen Lagen und weiß deren Charakteristika sehr wohl auch zu erklären, umso mehr noch, wenn die Wissenschaft seine Kenntnisse in schlüssigen Termini unterstützte.

Zur Geschichte

Die Geschichte der Moselregion ist lang, 2000 Jahre, vermutlich länger, der Autor hat sie über Jahre hinweg zu ergründen und zu erpuzzlen gesucht, tausende von Seiten an Material gesammelt, skizziert, geschrieben, bis es viel zuviel für dieses kleine Buch und in den Schrank verbannt wurde. Eine Frage jedoch kristallisierte sich dabei heraus, stand immer im Mittelpunkt, drängte sich fast jeden Tag auf: Warum? Warum ist die Mosel die einzige echte Steillagenregion, extreme Steillagenregion und damit automatisch eine Chorterrassenkultur, die sich weitestgehend erhalten und sogar weiterentwickelt hat. Nicht nur in ihrer Existenz, auch ihrer Weltbedeutung für Kenner und Liebhaber?

Warum ist das mühsame Schaffen hier nicht abgesunken zu einfachen Rebsorten, zu Schoppenweinen für den lokalen Markt wie in Württemberg, in der Schweiz, warum ist der Anspruch Riesling hier so aufs Äußerste entwickelt worden, erkannt worden, von allen Winzern die Qualitätssorte Riesling schon vor über 100 Jahren von allen Winzern der Unteren Untermosel mit Winningen als Vorreiter der Massensorte Elbling und anderen noch schlechteren Sorten vorgezogen worden. Warum war die Mosel im 19. Jahrhundert allen davongeeilt in der zweiten Hälfte, sodaß englische Autoren schon murrten und nicht mehr verstanden, warum er, der ehemals kleine Moselwein, so teuer wie der berühmte Rheingauer war. Ein Beispiel von 1900 erzählt viel, entlarvt das bekannte Geschwätz, deutsche Auslesen seien teurer als berühmte Bordeaux gewesen, als maßloses Unwissen und Untertreibung. Ein Winninger Rosenberg, heute Bestandteil der einfachsten Winninger Lage, darin qualitativer Durchschnitt und an der Mosel Durchschnitt, kostete 1,70 Goldmark (umgerechnet etwa 85 DM), ein Cos d'Estournel, einer der ganz großen Bordeaux-Stars kostete in der selben Preisliste 1,60 Goldmark, der kleine Mosel also teurer als der große Bordeaux- so waren die Verhältnisse. Der Große Bordeaux ist heute mit Maschinen befahrbar, einer der Pioniere in der Mostkonzentrierung, hat das Geld für Investitionen in die vermeintlich höhere Qualität, kostet heute 100, 150 DM. Der Kleine, damals große Kleine, ist heute „arm", bleibt bescheidener Naturwein, erzielt 5, 6, 7 Mark.

Der deutsche Wein insgesamt produzierte 17 mal weniger zu dieser Zeit als der französische, aber mit einem Viertel des Umsatzes, kostete im Gesamtschnitt das 4-5 fache und dies auch noch Jahrzehnte später und die Mosel, ohne exakte Zahlen, noch deutlich mehr, lag noch wesentlich besser. Er war Wein Nr. 1 unter den Weißen in der Welt noch in den Sechzigern und in den Siebzigern des 20. Jahrhunderts, als sie begann ihr Image durch falsches Kopieren der anderen Regionen mit flachen Lagen und falschen Sorten und fehlerhafter Beratung zu zerstören, zum ersten Male den Fortschritt in der Qualitätsentwicklung in einen konsequenten Rückschritt zu verwandeln, der sich fortsetzt scheinbar ohne Unterlaß durch neue Ideen statt Besinnung auf die Alten.

Warum ausgerechnet, wie so oft in der Geschichte (an anderer Stelle wird berichtet), kam von Winningen und Umgebung Widerstand, Besinnung, Orientierung aufs Ideal, auf die traditionellen Lagen, den Riesling, übte Selbstdisziplin, Selbstaufklärung, wurde öffentlich mit seinem Stolz auf das Beste, das kleine Winzer sonst nirgendwo verteidigt haben in Gemeinschaft, nicht an der Mosel, nicht sonst irgendwo auf der Welt.

Die lange Geschichte der Mäander, des Weges zum Riesling, zur Verteidigung kann hier nicht geschrieben werden, ein Ausschnitt vom Schluß, von der jüngsten Zeit und der Rolle der Erzeugergemeinschaft Deutsches Eck als Wendepunkt, als Kehre in einer Fehlentwicklung der Region, diese wenigstens soll ausschnitthaft skizziert werden in dieser Nachkriegsgeschichte.

Die Nachkriegsgeschichte

Wurde bislang trotz des Auf und Ab der Konjunkturen, trotz des oftmals stürmischen Wechsels der Besitz-, Herrschafts- und Regierungsstrukturen insgesamt eine relative Kontinuität über rund 2000 Jahre beschrieben, so setzte mit der Entwicklung nach dem 2. Weltkrieg ein Tempo der Veränderungen im Weinbau und den davon betroffenen Ortschaften ein, das in seinen gesellschaftlichen und landschaftlichen Auswirkungen bislang kaum hinreichend erfaßt wurde. Im wirtschaftlichen Einflußgebiet der Stadt Koblenz und ihres Arbeitsplatzumfeldes, das diesen Prozeß für viele abmildern konnte, hat möglicherweise manch einer den Sturm der Entwicklung noch gar nicht in vollem Umfang realisiert. Nach dem Krieg, vor allem in den 50er Jahren, erlebte der Terrassenbau eine letzte große Blüte. Vor allem in Gemeinden wie Oberfell, Lehmen, Gondorf, Lay und Kobern aber auch anderen expandierte das teilweise bereits brachgefallene Terrassenpotential noch einmal fast wie zu den besten Zeiten. Auf über 500 Hektar, also fast doppelt so viel wie heute, wurde die Rebfläche im Laufe der Fünfziger wieder aufgebaut. In den meisten Gemeinden spielte der Weinbau eine zentrale Rolle für Haupt- oder Nebenerwerb. Gar über 100(!) Winzerbetriebe gab es 1955 in Winningen (250), Kobern (131), Oberfell (120) und Alken (105). Überall an der Unteren Untermosel half der Weinbau kräftig mit beim allgemeinen Aufschwung. Und ganz gegen die Erwartung wurde, wie schon im letzten Jahrhundert, die aufwendige Restaurierung von Terrassen durch den (im Zuge des nationalen Wiederaufbaus) florierenden Arbeitsmarkt im Umfeld mehr begünstigt als geschädigt. Denn es waren weniger die Vollwinzer, welche diese Entwicklung forcierten, sondern vielmehr die durch ihren Beruf finanziell abgesicherten Nebenerwerbswinzer. Allen voran die immer schon als tüchtige Maurer berühmten Oberfeller brachten ihren berühmten Brauneberg wieder mustergültig in Form und profitierten davon, daß die Männer saisonal auswärts gut bezahlt arbeiten und dann im Winter ihr Geschick im Terrassenbau anwenden konnten, während die Ehefrauen im Laufe des Jahres den Großteil der Arbeiten im Wingert übernahmen, und so lief es tendenziell in vielen Gemeinden. Die Wein- und Traubenpreise waren zufriedenstellend bis ausgezeichnet. Der Wohlstand vieler Familien basierte auf dem höchst einträglichen Nebenverdienst „Wein" und manch einer erfüllte sich den Traum vom eigenen oder neuen Haus. Absatzsorgen gab es keine. Die Vermarktung erfolgte zumeist über kleine mittelständische Weinkellereien, oft selbst Weinbaubetriebe, die ihr Angebot durch Zukauf von Trauben, Most oder Wein erweiterten. Zu Anfang der 60er Jahre lief diese Entwicklung zuerst noch weiter, ehe jener Strukturschock einsetzte, den man vom Gesichtspunkt der Kultur betrachtet, als die größte revolutionäre Veränderung an der Mosel seit Menschengedenken bezeichnen kann, eine Umwälzung, deren Auswirkungen sich erst heute in aller Schärfe erkennen lassen. Es war die zuerst langsam aber dann stürmisch und maßlos werdende Privilegierung der weinbauunwürdigen Flachlagen gegenüber dem traditionellen Weinbergsgelände in den Steillagen. Schneller als irgendwo sonst zeigten sich im engen Tal der Unteren Untermosel die Auswirkungen der problematischen Flächenerweiterungen im übrigen Teil der Mosel, deren Wein damals noch Mode war. Hatten nicht zuletzt Bücher wie „Moselfahrt aus Liebeskummer" den Durst auf diesen so lieblichen und feinen Wein schier unendlich werden lassen. Sofort und konsequent reagierten damals die gut bezahlten Handwerker (allen voran wieder Oberfell) auf den sich Ende der 60er Jahre langsam andeutenden Preisverfall. Immer mehr der klassischen Weinberge begannen ungeachtet ihrer Qualität brach zu fallen - eine Entwicklung, die ihren traurigen Höhepunkt dann in den 70er Jahren erreichen sollte, als andernorts immer noch schlechte Lagen hinzukamen. Dr.Winfried Knechtges, später langjähriger Direktor der Weinbauschule in Bullay, hat diese Tendenz in scharfsinniger Weise bereits in seiner Doktorarbeit von 1963 prophezeit. Eine Kapitelüberschrift wie „Anbauregelung und Abgrenzung des Reblandes, eine Notwendigkeit für den Fortbestand des Weinbaus an den Steillagen der Untermosel" deutet an, welchen Blickwinkel er in seiner Studie einnahm. Herzstück seiner Arbeit war die eingehende Analyse eines juristischen Streits über die Anbauregelung von Weinbergsflächen. Direkt nach dem Krieg hatten einige geschäftstüchtige Winzer, den rechtsfreien Zustand ausnutzend, auf weinbauungeeignetem Gelände, in ertragreichen Flachlagen vereinzelt Reben gepflanzt. Das Widerrechtliche dieses Vorgehens stellte das rheinland-pfälzische Landwirtschaftsministerium 1950 fest und wollte einen neuen/alten Rechtsrahmen wiederherstellen, indem es in seinen Grundzügen die Gültigkeit des Gesetzes vom „Reichsnährstand" aus dem Jahre 1937 bestätigte. Dieses hatte im Prinzip die althergebrachte Regel, „wo ein Pflug kann gehen, soll kein Rebstock stehen", streng umgesetzt und dadurch den Markt für deutsche Qualitätsweine stabilisiert. Bald jedoch regte sich Widerstand und die „Anbaubeschränkung" wurde von einem Winzer (der in erster Linie Handelsinteressen verfolgte) juristisch angefochten. Zum einen verwies er in seiner Klage auf die Herkunft des Gesetzes aus dem nationalsozialistischen Unrechtssystem, und zum andern forderte er grundsätzliche Rechte wie „freie Berufswahl" und ähnliches ein. Alle denkbaren, auch rein willkürliche Argumente wurden gegen das Pflanzverbot ausgespielt. In einer bis heute vorbildlichen Begründung schmetterte das Oberverwaltungsgericht Koblenz die Klage ab. Die fragwürdige historisch-politische Herkunft eines Gesetzes allein sage noch nichts über dessen Rechtlichkeit oder Unrechtlichkeit aus. Und in diesem Falle sprächen rein fachliche Gründe für die getroffene Regelung. Das Gesetz sei nichts anderes als eine wirtschaftslenkende Maßnahme, wie es sie ja beispielsweise im Baurecht oder im Natur- und Landschaftsschutz ebenso gebe. Vor allem aber sei es kein Verstoß gegen Artikel 2 des Grundgesetzes, d.h. gegen „das Recht auf freie Entfaltung der Persönlichkeit." Dem Vorwurf der Teilenteignung durch die „Anbaubeschränkung" begegnete das Gericht mit dem klugen Satz: „Eigentum verpflichtet, sein Gebrauch soll zugleich dem Wohl der Allgemeinheit dienen"! Zweck der staatlichen Anbauregelung sei es, aus sozialer Verantwortung für einen großen Berufsstand und damit für die Allgemeinheit in gewissem Umfange Angebot und Nachfrage der Weinbauerzeugnisse in Einklang zu bringen. Dies waren die nüchternen aber weitsichtigen Argumente. Dieses Urteil wurde jedoch in einem Revisionsverfahren vor dem Bundesverwaltungsgericht in Berlin 1957 aufgehoben und die Anbauregelung als grundgesetzwidrig erklärt. Damit rollte die „Anbauwelle" langsam an. In den folgenden Jahren gab es zwar Bestrebungen und Versuche einer Neufassung, die sich im Rahmen des

Weinwirtschaftsgesetzes von 1961 auch konkretisierten. Die entscheidende Bresche für den nur auf Menge spekulierenden Teil des deutschen Weinhandels war jedoch längst geschlagen. Das „zungenblinde" oberste deutsche Verwaltungsgericht hatte die vor allem auf seinen „guten Lagen" basierende deutsche Weinkultur sträflich mißachtet und wirtschaftlich gesehen nicht mehr den Koblenzer Weitblick. Wenngleich in dem neuen Weinwirtschaftsgesetz noch durchdachte und vielversprechende Forderungen enthalten waren - etwa die Anbauerlaubnis nur für Rebsorten mit „Erhaltung des Gebietscharakters" - der Dammbruch war erfolgt. Der „Scheinwinzer Mr. Kellergeister" hatte damals einen historischen Sieg errungen, der nicht nur ihn letztlich wirtschaftlich aufsteigen ließ, sondern auch in ganz Deutschland die Anbauzonen freimachte. Zu Anfang eroberte er den Markt zwar mit einem, laut Zeitzeugen, noch recht niveauvollen Produkt. Möglicherweise geprägt sogar von einem Anteil an „Terrassen-Weinen". Dann jedoch, mit jedem in seinem Interesse neu gepflanzten Wingert, erhöhte sich parallel der Anteil an „Flachlagen"-Weinen. „Kellergeister" wuchs und wuchs. Und später kam man dann völlig ohne Mosel aus - als die Marke richtig geschaffen war. Die „Kellergeister" die man gerufen hatte, die jedenfalls sollte man seither nie wieder loswerden. Dabei war es nur das Fortsetzungsbeispiel und der moderne Vorläufer einer oft wiederholten Erfolgsgeschichte nach dem Prinzip: Man kaufe an der Mosel möglichst billig ein gutes Produkt, damit zugleich einen Anteil am (ehemals ja) guten Ruf, vermarkte es nach allen Regeln der Kunst - pur oder als Verschnitt. Sobald die Marke etabliert ist, senkt man das Niveau, erhöht die Menge, streckt mit Billigweinen jedweder Herkunft und läßt sich das „Himmlische Moseltröpfchen" und sonstige Phantasieblüten von hauseigenen Advokaten gegen juristische Einwände absichern. Idealtypisch vollzogen diesen Weg aber nicht nur Weinkellereien, sondern auch viele ehemals auf Mosel-Saar-Ruwer- und Mittelrhein-Riesling aufgebaute große Sektmarken. Der Beispiele gäbe es viele. Nebenbei hat der billige Perlwein mit seinem Etikett und seiner Werbung uns das dazu passende Publikum an die Mosel geholt. Noch heute erwartet der durchschnittliche Moseltourist nicht etwa einen der besten Weine der Welt, sondern irgendein süffiges Etwas. Es waren Goldgräberzeiten, in denen die Grundlagen, die Stärken der Mosel, ihre traditionellen Lagen und ihre Landschaft langsam abgegriffen und verbraucht wurden. Es ist die unendliche, bis heute nicht verstandene Geschichte des Mißbrauchs einer guten Herkunft, der echten und typischen Moselweine, die an dieser Stelle so scharf wenigstens angerissen werden muß, weil nur dieser „Herkunftsfrevel" die verhängnisvolle strukturelle Entwicklung der erst heute, fünf vor zwölf, plötzlich so beachteten Terrassenmosel erklärt. Und pikanterweise geht es hier nicht nur um den Etikettenmißbrauch durch Gattungs- oder Großlagennamen. Es geht, wie erläutert, um den Mißbrauch des flüssigen „Inhalts" der Lagen. Aus heutiger Sicht war eine Änderung der Anbauregelung damals gewiß strukturpolitisch angesagt. Eine maßvolle Flächenvermehrung hätte den Winzern in allen Gebieten gedient, verbunden mit einer qualitätsorientierten Politik. Es gab auch Stimmen dafür. Ein Untermoselaner jedoch, allerdings aus der Zeller Gegend, schien mit seinem Prozeß Deutschland gänzlich befreit zu haben, der Regierung die „unendlichen Chancen des deutschen Weines" geschickt verkauft zu haben. Moderne und Wachstum zählte mehr als Tradition und

Kultur. Überall brachen die Dämme. Alles wurde bedingungslos dem Erfolg des „Wirtschaftswunders" untergeordnet und damit bereitete man zugleich als Kehrseite den Boden für die später folgenden Krisen. Was fehlte, war die entschiedene Thematisierung der „Lage" und hiermit ist nicht die einzelne Lage gemeint, sondern überhaupt das Ernstnehmen des Themas als eine Herausforderung für Politik und Wissenschaft. Es wurde versäumt, eine Grenze zu ziehen. Rat- und hilflos, traditionsvergessen und ohne politisches und wissenschaftliches Selbstvertrauen in den „Unterschied der Herkunft" ging man ans Werk und stellte allzu viele Weichen in die falsche Richtung. Und wenn man das Thema Herkunftsschutz und Lagenklassifizierung ansprechen will, dann kommt man nicht um das Thema der Rebsorten herum. Überall in der Welt sind erfolgreiche Herkünfte streng mit einer bestimmten Rebsorte oder Rebsortenkombination gekoppelt. In Deutschland aber wurden damals die Grundlagen für den Glauben an die „Wunder der Rebsortenzüchtung" gelegt. Bis heute ist das Argument der passenden Rebsorte für jede Lage Hauptbegründung für bedenkenlose Egalisierung. In dieser Zeit entstand auch das „Märchen von der Vielfalt der deutschen Weine", welches das Gros sämtlicher Buch- und Presseveröffentlichungen und demzufolge auch immer noch das Gros der sogenannten Weinkenner beherrscht. Diese vorgebliche Vielfalt jedoch ist eine nur scheinbare. Was bis heute nicht begriffen wurde, ist die Tatsache, daß jede profillose Sorte das Bild einer Region verwischt und das Bewußtsein ihrer natürlichen, lagenbedingten Vielfalt zerstört, so stark, daß diese heute bei vielen vergessen ist. Das Märchen diente allein als Propagandamittel, um suggerieren zu können, daß, nimmt man nur die richtige Rebe, auch in weinbauunwürdigem Flachland Hochwertiges gedeihen könne. Und Ursache für das heutige heillose Durcheinander im „Wissen um den deutschen Wein" ist nicht zuletzt das hochstilisieren dieser Produkte zu angeblichen Qualitäts- und gar Spitzenweinen. Die wirkliche Vielfalt, die naturgegebene Differenz wurde in diesem Sinne immer mehr vernebelt. Damals war der entscheidende Knackpunkt für den übermächtigen Traditionsverlust im deutschen Weinbau. Im Hauruckverfahren wurden Bauern zu Traubenproduzenten geadelt, die ja gar nicht wußten, wie unterschiedliche Weine, geschweige denn Lagen, schmecken.

Daß dann langsam auch die zurückhaltenden und traditionsbewußten, die Qualitätsunterschiede der Lagen sehr wohl verstehenden Winzer sich den Anbauaufforderungen der Wein suchenden Kellereien auslieferten, ist traurige Geschichte. Wenn das „Thema der Lagen" heute trotz aller Aktualität und Brisanz im deutschen Weinbau im Kern immer noch ein großes Tabuthema ist, so basiert dies auf dieser Überrumpelung der Strukturen. „Bauerndenken" steht dem der „klassischen" Winzer diametral entgegen. Von der Härte dieses Kontrastes blieb die Untere Untermosel glücklicherweise mangels Erweiterungsflächen verschont. Sie ist insofern „heiles Winzerland". Aber jede brache Terrasse ist Resultat des oben erklärten Prozesses, der angetrieben wurde vor allem von den großen Kellereien, die in Tageszeitungen wie dem „Trierischen Volksfreund" ganzseitig inserierten: „Wir brauchen Wein! Pflanzt an!" Die Hemmungslosigkeit, der „Hals-über-Kopf-Rausch" dieser „goldenen Sechziger" ist es, was schockiert. Überall finden sich die Manifestationen der damaligen Traditionsvergessenheit: Verewigt vielleicht am augenfälligsten in den Sünden der Architektur oder in der für uns heute kaum noch nachvollziehbaren Bereitschaft, noch die letzte schöne alte Tür, den letzten stilvollen Schrank einem sich herzlich bedankenden Holländer auszuverkaufen.

Hätte es im Raum Koblenz nicht mehr Arbeitsplätze und möglicherweise klügere, vorsichtigere Winzer und Regionalpolitiker gegeben, wer weiß wie der Dieblicher Moselbogen, die ehemalige Weinbauregion bei Ochtendung und Polch, heute aussehen würde? Voll mit Neuzüchtungen möglicherweise? Die Crux des damaligen Versagens lag gewiß nicht in einer Änderung der Anbauregelung als solche, sondern in der vollkommenen Unfähigkeit, diese nach vernünftigen Kriterien zu realisieren. Immerhin hat sich „die Mosel" damals fast verdoppelt, Rheinhessen mehr als verdoppelt und und und... Der Kontrast der gigantischen Weinvermehrung auf der Fläche und des Terrassensterbens auf den Hängen gibt heute schon zu denken. Aber schlimmer noch: Es gibt trotzdem keinen ernsthaften Korrekturansatz, noch immer wird die Frage nach der Weinbauwürdigkeit von Flächen mit Argumenten der Kellertechnik und Rebzüchtung vom Tisch gewischt, und wenn eine Diskussion um eine Lagenklassifizierung einsetzt, so geschieht dies gewissermaßen „von oben herab", anstatt sie auch „unten" zu beginnen. Angesichts der wieder katastrophalen Faßweinpreise im Jahre 1998 wäre es doch eigentlich angeraten, zumindest einmal anzudenken, wie eine wirklich qualitätsbezogene Anbausteuerung und -beschränkung einzuleiten sei, die sich nicht nur auf „Steillagen-Almosen" beschränkt, sondern die den Lagen ihr althergebrachtes Eigentumsrecht zurückgibt. Nur so kann man Regionen stärken! In diesem Zusammenhang ist es nützlich zu wissen, daß in den 60er Jahren anfangs auch an der Mittelmosel es Pläne von Obstgenossenschaften gab, ganz im Sinne der Moseltradition. Diese jedoch fielen der Weineuphorie schließlich zum Opfer.

Warum sollte neben dem ja bereits in Mode gekommenen roten Moselpfirsich nicht auch der Moselapfel (dessen aromatischer Geschmack er eben auch der „guten Lage" verdankt) für das positive „terroir" der Region werben.

Ein Düsseldorfer Feinschmecker, der auf seinem Markt das Moselobst entdeckt, bekommt vielleicht auch einmal Lust, den dazu gehörigen Wein zu trinken.

In einer der ehemaligen großen Obsthochburgen der Untermosel, in Güls, funktioniert übrigens das althergebrachte Zusammenspiel von Obst & Wein rudimentär noch. Das Obst von dort ist jedenfalls ständig ausverkauft. Erfolgreiches, „phantastisches Obst", heute weltweit eine Rarität, hat in der Koblenzer Gegend die zu ausschließliche Konzentration auf Wein immer gebremst. Mit Obst war früher viel Geld zu verdienen, als die „Märkte" noch besser funktionierten, „terroirbestimmter", geschmacksbestimmter waren. Aber das ist das große Thema der veränderten Handelsstrukturen, wo es keine kleinen (eine Renaissance in den Städten deutet sich jedoch an!) sachkundigen Händler mehr gibt. Doch zurück zum Weingeschichtsverlauf: In den 70er Jahren zeichneten sich dann die radikalen Strukturveränderungen deutlich ab. Die Rebflächenausdehnungen vor allem an der Mittelmosel nahmen kein Ende. Die Steillagenwinzer mußten mit der immer stärkeren Konkurrenz der billiger produzierenden

Winzer anderer Gegenden leben. Als Reaktion darauf blieb in vielen Orten der Mosel weder das Zuckern aus, noch die illegalen (leider von den Kontrollorganen viel zu lange stillschweigend geduldeten) Verschnitte. Die kleinen Kellereien an der Unteren Untermosel sahen sich immer mehr dem Marktdruck der mächtig subventionierten „Großen" sowie der Genossenschaft ausgesetzt. Wer von den kleinen Winzern nicht aufgab, versuchte es nun mit der Selbstabfüllung und dies meist mit Sorbinsäure, wie nahezu überall an der Mosel zu dieser Zeit. Für den Kenner deutlich schmeckbar half dieser leider erlaubte Konservierungsstoff einem Imageaufschwung ebenfalls nicht. Dies ist übrigens auch einer der Gründe, warum die Holzfässer aus vielen Betrieben verschwunden sind: Einmal sorbingeprägte Fässer erbringen nie mehr sauberen Wein. Die Terrassen verfielen in dem Maße, wie es billiger war, Fremdwein einzukaufen und sich die Plackerei zu sparen. Das Kostenproblem auf der einen Seite und das mangelnde Renommee, das höhere Preise erlaubt hätte, auf der anderen Seite, verführten zu vielfältigen Manipulationen. Neuzüchtungen spielten an der Unteren Untermosel zwar nicht die ganz große Rolle wie etwa an der Mittelmosel, trugen aber dazu bei, den Stolz und die Kenntnisse der guten Lagen und der ehrlichen Weine zu beschädigen. In dieser Situation einer allgemeinen Ratlosigkeit, die man durchaus als Chaos bezeichnen könnte, in der die gesamte Mosel nach und nach ihren in den 60er Jahren noch hervorragenden Ruf verspielte, entstand dann eine Bewegung, die in ihrer regionalen Provenienz, in ihrer Suche nach Ordnung und eigenständiger Profilierung für die Mosel etwas völlig Neues und Einzigartiges war und (leider bis heute) ist. Der 1978 hierher zurückgekehrte Franz Dötsch spielte dabei eine Schlüsselrolle. Die von ihm bald festgestellten Mißstände und andererseits sein fester Glaube an den Wert des steilen Terrassenanbaus und seiner Weine, quälten ihn so sehr, daß er schließlich die Initiative ergriff. Zunächst in einem CDU-Arbeitskreis der Verbandsgemeinde Untermosel zum Thema „Wirtschaftsförderung und Fremdenverkehr" diskutierte man intensiv über die Bedeutung des Steillagenweinbaus für die Region. Zusammen mit dem damaligen Bürgermeister Gräf, der sich ebenfalls schon jahrelang gegen die negative Entwicklung gestellt hatte, faßte der Verbandsgemeinderat in seiner Sitzung vom 11. Oktober 1980 dann eine Resolution, die „Wahrheit und Klarheit im Weinhandel" forderte. Klar hatte der Arbeitskreis erkannt, daß die Terrassenlandschaft nur erhalten werden könnte, wenn ein ausreichender, kostendeckender Erzeugerpreis erzielt werde. Die im Markt nicht ausreichend erkennbaren feinfruchtigen Rieslinge von den Terrassen standen in einem aussichtslosen Wettbewerb gegen die legale wie illegale Vermassung des Moselweins. Bestärkt wurde das auch durch die positive Aufnahme dieses regional so brisanten Themas durch die Rhein-Zeitung (Gerd Schuth am 21.2.81: „...es galt eigentlich schon vor Jahren, gegen die immer stärker werdende Vermassung der Weine vorzugehen. Es waren einige wenige Leute, die warnend den Zeigefinger gehoben haben, jedoch ohne Erfolg...") formierte sich dann aus der ursprünglich nur für die Verbandsgemeinde Kobern-Gondorf geplanten Initiative bald eine „große Koalition". Der Landrat von Mayen-Koblenz, Dr. Georg Klinkhammer, gründete eine Arbeitsgruppe „Weinbauförderung" unter Leitung des Kreisdezernenten Dr. Kupfer. Auch der Koblenzer Oberbürgermeister Willi Hörter sagte seine Unterstützung zu.

Mit führenden Winzern der Untermosel und des zum Kreis gehörenden Teils des Mittelrheins arbeitete Jurist Dr. Kupfer eine Satzung aus. In insgesamt acht Winzerversammlungen an Mosel und Rhein wurde das Thema diskutiert. Bald war auch der Oberbegriff „Deutsches Eck" gefunden. Am 28. August 1981 war es soweit: Die Rhein-Zeitung verkündete in großen Lettern: „Historischer Tag in der Geschichte des Weinbaus." Und im Untertitel: „Erzeugergemeinschaft gegründet - Franz Dötsch Vorsitzender." 72 Winzer mit rund 100 Hektar Rebfläche unterschrieben am selben Tag die Beitrittserklärung. Das lange vorbereitete Projekt, an dem Dötsch so engagiert gearbeitet hatte, war geglückt. Seine grundlegende Idee kommentierte er bei der Gründungsversammlung so: „Wir können vom Staat keine absolute Kontrolle erwarten, sondern wir müssen den Freiraum ausfüllen, der in freiwilliger Selbstveranwortung und Selbstverwaltung bewältigt werden muß, um unseren Wein unverfälscht, ohne Manipulationen auf dem Markt anzubieten." Es müsse außerdem ausgeschlossen werden, daß dem wertvollen Wein von Untermosel und Mittelrhein Massenweine untergeschoben würden. Dem wäre wenig hinzuzusetzen. Die Rhein-Zeitung hatte damals mit ihrer euphorischen Überschrift vollkommen recht. Genau formuliert hatte es Dr. Kupfer: „Historisches Datum in der Geschichte des Weinbaus in unserem Lande!" Erst im heutigen Rückblick läßt sich die ganze Dimension, die visionäre Kraft, die Bedeutung der für den deutschen Weinbau neuartigen Denkansätze ermessen, die Dötsch, Dr. Kupfer, Dr. Klinkhammer, die Winzer damals in die Welt brachten. Fast alle der damals gestellten Fragen sind aktuell wie eh und je. Bewirkt hat die wegen ihrer wie nie zuvor auf breite Bewußtseinsbildung in der Winzerschaft und der Region angelegte „Revolution am Deutschen Eck" jedoch letztendlich („nur") interne Fortschritte im Image, in der Qualität, in der Ökologie. Die Wirkungen nach außen blieben leider zu begrenzt. Und an letzterem eben läßt sich erahnen, wie sehr diese Bewegung den deutschen Weinbau zum Positiven hin hätte befruchten können, wäre sie im Moselweinbauverband und anderen Weinbaugremien nicht sofort als „Aufruhr", sondern als eine bitter notwendige Reformbemühung aufgefaßt worden. Aber der deutsche Winzer hat im Allgemeinen - und im Gegensatz zum französischen - eben etwas gegen den Umsturz des Bestehenden, und es irritiert ihn dabei auch allem Anschein nicht, wenn er sieht, daß die Verbraucher gerne vom Wein der „Revolutionäre" trinken, so auch zunehmend die Weine vom „Deutschen Eck." Bedeutsam und erstaunlich bei der Gründung ist zudem das frühe Datum, die Tatsache, daß die Initiative noch vor den großen öffentlichen Weinskandalen gestartet war - auch vor den Neuerungen, dem Regierungswechsel (Kohl-Schmidt), dem Einzug der Grünen in den Bundestag, dem Entstehen der großen Weinverbraucherzeitschriften. Es war eine Bewegung der Selbsthilfe, der winzerlichen Selbstverantwortung, die für Deutschland fortschrittlich war, an französisches solidarisches regionenbewußtes Denken erinnert. Sie setzte offensiv ein Zeichen der „Ehrlichkeit", des kulturellen Identitätsbewußtseins noch vor der Allgemeingut werdenden Kritik am gepanschten deutschen Wein und auch vor dem ersten katastrophalen Weinpreiseinbruch mit der 82er-Ernte. Worin lag aber nun das revolutionäre Gedankengut, die revolutionären Forderungen der Erzeugergemeinschaft und des zurecht „Rebell" genannten Franz Dötsch?

Zuerst einmal war es der grundsätzliche, auch in diesem Buch verfochtene, Ansatz, Weinqualität und Landschaftserhalt (und damit indirekt auch den Tourismus) in einem elementaren Zusammenhang zu sehen. Was ansonsten nur in Sonntagsreden abgehandelt wird. Die Einzigartigkeit des Rieslings aus Mosel-Steillagen wurde hier in einer konkreten Satzung herausgestellt und geschützt. Und gleich der erste Schritt war ein bedeutender: Parzellengenau wurden alle steilen Terrassenlagen und ausschließlich Riesling-Flächen abgegrenzt. Nur Weine mit Trauben aus diesen Lagen sollten mit der „grünen Kapsel" der „Erzeugergemeinschaft Deutsches Eck" vermarktet werden dürfen. Wenn man so will, war es der erste Ansatz überhaupt in Deutschland, die Lagenspreu vom Weizen zu trennen und für den Verbraucher erkennbar zu machen. Die gleichzeitige Forderung eines 100-prozentigen Rieslings, für den es zu dieser Zeit deutschlandweit ebenso keine Garantie gab (inkl. Süßreserve ist 25% Verschnitt erlaubt) war ebenso vordenkerisch wie ein Hektarhöchstertrag von 8000 Liter.

Was im deutschen Weingesetz bis heute fehlt, der Zusammenhang von Herkunftsaussage, klarer Rebsortenaussage und qualitätsstützendem Hektarhöchstertrag, wurde hier schlicht aus einer klaren von gesundem Menschenverstand und nicht Partikularismus geprägten Analyse festgeschrieben und breit propagiert.

62 Grad Öchsle für Qualitätswein, 73 Grad für Kabinett, 80 Grad für Spätlesen sind deutlich über den gesetzlichen Anforderungen liegende Bestimmungen, die es zu diesem Zeitpunkt ebenso nirgendwo gab, wie eine freiwillige Ertragsbeschränkung. Bald konnten sich über hundert Winzer mit dieser Initiative identifizieren. Da die Untere Untermosel wie auch der anfangs stärker mitvertretene Mittelrhein seinerzeit national und international fast vollkommen unbekannt war und auch kein Weingut einen größeren Ruf besessen hat, könnte man aus heutiger Sicht das ganze als einen großen solidarischen Aufstand der „No-Names" bezeichnen. Grundtenor besonders der stark vertretenen Winninger Winzer war: „Wir sollten der übrigen Mosel endlich mal zeigen, wo's lang geht!" Es war ein Aufstand des Stolzes, eine Revolte von unten, wenn man so will, eine Rückbesinnung auf das bei vielen ja nie verlorengegangene Können und vor allem eine versuchte Wiederbesetzung der in der Historie so oft eingenommenen Vorreiterrolle Winningens im Moselanbaugebiet. Der bis heute vorhandene eigentliche politische Sprengstoff der Erzeugergemeinschaft ist dabei die Tatsache, daß es möglich ist, eine breite, solide Winzerbasis (über 130 Mitglieder mit über 80% der Fläche der Region waren es auf dem Höhepunkt im Jahre 1985) unter einem Qualitätsbanner zur Einigkeit zu bringen - und nicht eine historische oder selbstgekürte Elite. Ein Vertrauens- und Imagegewinn für die Region war bald die Folge wie auch die fast vollkommene Unabhängigkeit vom großen Massenweinhandel. Lange vor dem Gesetzgeber und auch vor dem berühmten VDP (in den ja ein Winninger Betrieb inzwischen Aufnahme gefunden hat - ein Durchbruch für die gesamte Untermosel - gleiches gilt für einen anderen Betrieb im angesehenen Bernkasteler Versteigerungsring) hat das „Deutsche Eck" Qualitätszeichen gesetzt. Der politische Sprengstoff dahinter, die Möglichkeit, Winzer unter dem Banner der Qualität zu solidarisieren, Gedankengut, Bewußtsein in dieser Richtung zu verbreiten und der Mengenproduktion eine entschiedene Absage zu erteilen, ist das

eigentlich historisch Bedeutsame. Der Vertrauensgewinn für die Region, die fast völlige Unabhängigkeit vom großen Weinhandel ist eine weitere Folge. Vor dem Hintergrund der in diesem Kapitel skizzierten Moselhistorie wird diese Leistung hoffentlich deutlich. Verblüffend ist dabei, daß dies ausgerechnet im Raum Koblenz geschehen ist, dort, wo in früheren Zeiten die weinbaupolitische und qualitative Dynamik selten die Höhenflüge des Trierer und mittelmoselanischen Raumes erreicht hat. Vielleicht liegt es aber auch gerade darin begründet, daß hier früher als am Rest der Mosel der Wein nicht mehr alles bedeutete, die Region nicht mehr so dominant beherrschte, so daß bereits ein etwas ganzheitlicherer, klarerer Blick der Zukunftsprobleme aufkommen konnte. Doch die Geschichte geht weiter: Wegen der relativ geringen Qualität des Jahrgangs 1984 entschloß man sich, keinen Wein dieses Jahrgangs unter der „grünen Kapsel" zu vermarkten. Als dann der Weinbauverband 1985 wegen dieses geringen Jahrgangs das Mindestmostgewicht pauschal (sogar für Müller-Thurgau) auf 50 Grad Öchsle absenkte, erhob Dötsch laut Protest. Wie kein anderer Weinpolitiker seinerzeit erkannte er, daß man dem Verbraucher und der Presse „Wahrheit und Klarheit" einschenken mußte, wozu auch Opfer seitens der Winzer notwendig sind. Mit Qualitätsforderungen das Vertrauen gewinnen, war sein Motto gerade auch in diesem größten aller Skandaljahre, wo sowohl die unerlaubten Zuckerungen des ehemaligen deutschen Weinbaupräsidenten Tyrell als auch der große „Glykol-Skandal" ans Licht kamen. Höhepunkt seiner Offensive war dann die Einführung der Mostgewichtskontrolle an der Kelter in den Mitgliedsbetrieben. Der Beschluß wurde zwar einstimmig gefaßt, aber dieses für deutsche Winzer nun völlig neuartige Verfahren der Selbstkontrolle führte dann schließlich zu einer Reihe von Austritten, weil dies wohl als Gängelung empfunden wurde. Als ein Zeichen der Vertrauens- und Qualitätsbildung ist diese von ehrenamtlichen Prüfern durchgeführte Kontrolle noch heute ein bindendes Element unter den Mitgliedern. Vor allem sorgt es für einen ausgezeichneten jährlichen statistischen Überblick über die Mostgewichtsresultate in den verschiedenen Weinlagen. Dieser Schritt und dieses Winzerhandeln auch ohne Staat könnte durchaus ein Vorläufer oder Ansatz für ein funktionierendes System der Lagenklassifizierung sein, das ohne Bereitschaft zur Selbstkontrolle illusorisch wäre. Daß die Welt am Deutschen Eck noch nicht heil ist, zeigt sich auch an einigen Austritten, die kurioserweise wegen des vorgeschriebenen Mindestverkaufspreises von 5,- DM stattfanden. Der Mittelrhein zog sich weitgehend aus der Vereinigung im Laufe der Jahre zurück, weil die Gemeinschaft zu stark untermoselorientiert schien. Die Schwierigkeit, zwei Weinbaugebiete in einer Vereinigung auf eine Werbestrategie zu verpflichten, scheint in der Tat nicht leicht. Noch mehr Untermosel- und besonders Verbandsgemeinde-Kobern-Gondorf-Dynamik bekam die Gemeinschaft dann durch die zunehmende Festlegung ökologischer Ziele wie dem Insektizid-Verbot im Jahre 1987, um den großen Reichtum an seltener Fauna, darunter vor allem den berühmten Apollofalter in seiner Population zu schützen. Die folgenreichste und zukunftsträchtigste technische Innovation an der Unteren Untermosel kam im Jahre 1990 mit der zunehmenden Einführung der Monorack-Schienenbahn, einer Bahn, die nicht nur Material, sondern auch den Menschen in die Höhen der Terrassen hinauffährt. Nach anfänglichem konservativen Widerstand, selbst oder gerade von Franz Dötsch, wurde dieses (trotz 80-prozentigem Zuschuß) teure Unternehmen von den Unteren Untermoselanern, allen voran den Erzeugergemeinschaftsmitgliedern entschlossen angenommen, ganz im Gegensatz zu der in dieser Hinsicht heute noch rückständigen Mittelmosel. Das Kulturamt Mayen als Berater und „Vermittler" der von Land und EG zur Verfügung gestellten Zuschüsse spielte dabei eine wichtige Rolle. Es erkannte früh die Vorteile gegenüber klassischen Flurbereinigungen. Auch der Neuaufbau und die Reparatur eingefallener und beschädigter Trockenmauern wird seit 1987 gleichermaßen bezuschußt. Mit diesen Neuerungen ist zugleich ein Schuß Optimismus in die Region hineingetragen worden, läßt sich doch nun eine Bewirtschaftung auch höchster und steilster Lagen mit einem vertretbareren Aufwand in Angriff nehmen. Die Wirtschaftlichkeit ist zwar damit längst nicht gesichert, dazu fehlen noch weiteres Image und bessere Preise, aber man hat eine gewisse Kosten-Atempause gewonnen. Mit dem Abflauen des größten Existenzdruckes ist es auch um die Erzeugergemeinschaft ruhiger geworden. Weitergehende ökologische Ziele wurden neu formuliert, die alten Regeln beibehalten, wenngleich sie heute weniger Sprengstoff bedeuten, weil auch andere Gruppierungen ständig neue Qualitätsziele formulieren. In ihrer Grundsätzlichkeit, zuerst vom Anbau und vom geringen Ertrag auszugehen, die klassischen Lagen zu schützen, ist das große bewußtseinsbildende Konzept jedoch nach wie vor einzigartig für eine Teilregion. In diesem Zusammenhang ist auch die von Bürgermeister Franz Dötsch in seiner Verbandsgemeinde im Jahre 1996 beschlossene Lagenklassifizierung zu sehen. Um ein Zeichen nach innen und außen zu setzen - unter dem Obertitel „Erhaltung unserer Kulturlandschaft" - hat der Rat für alle einzelnen Gemeinden eine Einteilung der Rebflächen in jeweils drei Klassen festgelegt. Es geht dabei nicht um eine absolute Qualitätsaussage mit weingesetzlicher oder weinbezeichnungsrechtlicher Implikation. Im Mittelpunkt dieser im Rahmen des Flächennutzungsplans erstellten Klassifikation steht der Akt der Selbstverwaltung, der Einschätzung des landschaftlichen und qualitativen Wertes der Lagen innerhalb einer jeden Gemeinde. Der Gedanke, daß erst einmal gemeindeintern, eine von möglichst objektiven Kriterien geprägte Einteilung stattfinden muß, bevor eine übergeordnetere weitergehende Klassifizierung erwogen werden kann, ist für deutsche Winzerverhältnisse schon wieder revolutionär genug. Insgesamt jedoch befindet sich die Region derzeit in einem beginnenden Aufbruch und zugleich in einer Phase der ruhigen Konsolidierung. Es besteht so etwas wie ein Fließgleichgewicht: An einer Stelle werden brachgefallene Weinberge neu aufgebaut und mit Schienenbahnen erschlossen, während es an anderer Stelle weiter bröckelt und verfällt. Diesen Verfall endgültig zu stoppen, das „Terrassenkapital" wieder neu und fruchtbar zu erschließen, im Weinberg wie beim Weintrinker, darauf kommt es nun nach der Jahrtausendwende an. Die 1996 abgehaltene große Fachtagung „Die Renaissance des Terrassenweinbaus" hat dazu ein gutes, animierendes Kaleidoskop aufgezeigt. Vor allem auch die Quereinsteiger, passionierte Neuwinzer, könnten hier in Zukunft belebend wirken. Wenn die gesamten Kräfte der Region gebündelt werden, die „Erzeugergemeinschaft Deutsches Eck" und die Initiative „Köche und Winzer an der Terrassenmosel", und auch der Herkunftsname durch Einigkeit Schlagkraft bekommt, darf man auf die Zukunft gespannt sein. Die größere geographische Korrektheit des

„Untermosel"-Begriffes, der dadurch deutlichere und gezieltere Wettbewerb zu den anderen Moselabschnitten könnte durchaus befruchtend sein. Der begriff „Unter"-Mosel jedenfalls klingt nur dann negativ, wenn der Inhalt schwach ist. Einen so hervorragenden Begriff wie „Terrassen-Riesling" dadurch zu versperren, weil ein „Terrassen-Riesling" von der Terrassen-Mosel doppelt gemoppelt ist, wäre schade. Wäre nicht vielleicht „Terrassen-Riesling" von der Untermosel der bessere Begriff, zur Renaissance des „Terrassen-Kapitals" beizutragen?

Boden, Klima, Mensch: Das „Terroir" der Unteren Untermosel

Nur die Franzosen haben einen einzigartigen Begriff für das, was den besonderen Wert, den besonderen Charakter eines landwirtschaftlich kultivierten Stück Landes ausmacht: terroir.

Er umfaßt sowohl die geologischen Voraussetzungen und den sich bildenden Boden, wie alle klimatischen Faktoren und die sich daraus in kaum dividierbaren Zusammenspiel entstehenden Besonderheiten wie z.B. beim Wein die natürlich in reicher Zahl auf den Traubenschalen sitzenden weinbergseigenen Hefen. Er bezieht aber auch gleichzeitig alle menschengemachten, also kulturbedingten Faktoren ein, die typische Kulturform von der Erziehungsart bis zur Pflanzdichte, die für die Region typische Rebsorte (oder Rebsortenkombination) bis hin zur Ausbauart, wenngleich es in dieser Beziehung „dank" der modernen Kellertechnik inzwischen nur noch wenige Regionen mit einer klaren Linie gibt. Aber Ausnahmen, wie immer, gehören wohl zur Regelkultur dazu. Und der überwiegend frisch-fruchtig-animierende Rieslingtyp an der Untermosel kann einzelne in ihrer Qualität manchmal sogar sehr verkannte „altmodischere" Weine oder manche moderne Verknüpfungen des jungen/reduktiven und des reiferen/oxidativen Typs als Abweichler gewiß verkraften. Könnte doch jede Art bereits wieder den zukünftigen „Hauptstil" beinhalten. Gefährlich wird es nur, wenn uninformierende nach Standardisierung und vermeintlichen (zugegeben oft guten und reizvollen) Idealen strebende Prüfungen, ob institutioneller, privater oder erzeugermäßiger Art, die manchmal außergewöhnlichen Abarten nicht verstehen. Genau hier ist es, wo der „Terroir-Gedanke", das Schmecken von innerer Weinbergsqualität einer von Boden, Steinen und einer ganz bestimmten klimageprägten Reife-, Säure- und Mineralstruktur wieder deutlicher Fuß fassen muß. Allem voran die schlichte und deutliche Unterscheidung von „Berg" und „Mark" (aus der flachen Gemarkung), wie sie in Winningen von jeher gemacht wurde. Vor Jahrzehnten war dieses Bewußtsein noch viel deutlicher, entschied die wirkliche, von den Lagen kommende Qualität über den Preis. Schließlich besaßen Winzer und Weinhändler mit dem Erkennen des Wertes der Lagen auch oft den entscheidenden Kompetenzvorsprung vor der Konkurrenz. Sämtlicher Gewinn und Verlust im Weinbau hat sich in der Vergangenheit immer um das Thema der Qualität gedreht und die großen Gewinne standen immer demjenigen zu, der geschickter damit umging, sie besser beherrschte. Dies galt beim Winzer vom Weinberg bis zur Vermarktung, beim Händler vom Einkauf bis zum Verkauf. Der Kopf, das Erkennen der Qualität und des damit erzielbaren Preises war der entscheidende Marktvorteil. Selbst in den Zeiten, wo der Weinpreis für den Ort einheitlich festgelegt und bestimmt wurde, funktionierte dieses Prinzip. Der Ort, die gesamte Winzerschaft, natürlich auch angeleitet von den herrschenden Kräften, sorgte dann für ein gewisses Durchschnittsniveau das über dem anderer Orte lag, wenn er seine natürlichen Vorzüge erkannt hatte. In diesem „Wissensthema" dürfte noch bis heute der althergebrachte Ruf oder „Nicht-Ruf" vieler Gemeinden begründet liegen. Genau dieser Mechanismus des Unterscheidens hat in dem von den zentralistisch organisierten Zisterziensern jahrhundertelang stark beeinflußten und wirtschaftlich geführten Frankreich diesen „Oberbegriff" aufkommen lassen. Erstmals bereits um 1200 erwähnt, ist die genaue Entwicklungsgeschichte des Wortes noch nicht erforscht. In Burgund ist dafür ohnehin normalerweise der Begriff „climat" gebräuchlich, mit der der Winzer seinen ganz bestimmten Weinberg (oft eine noch so kleine Parzelle, die gerade ein 225-Literfäßchen erbringt) sowohl inhaltlich wie geographisch lokalisiert. Der heute so aktuell gewordene, inzwischen weltweit heiß diskutierte und daher übernommene „Terroir-Begriff" scheint jedoch letztendlich ein von der zentralistischen Nation Frankreich geschaffener, objektivierender Begriff für den Wert eines Stück Landes zu sein (auch Käse und viele andere Agrarprodukte leben ja vom Terroir-Begriff). Der Begriff hat damit den Winzern und Bauern der „Agrar-Nation" und ihren Vermarktern ein sprachliches Stück Identität, Stolz und Selbstbewußtsein vermittelt, das sich besonders heute in der globalen Mediengesellschaft so ausgezeichnet auszahlt. Ist es doch bildliche Verkörperung der weltweit raren Tradition. Die Crux an der ganzen Geschichte, die in diesem Buch ja zum ersten Mal versucht wurde, tiefer anzureißen, ist nur, daß in Deutschland und hier

speziell an der Mosel das „Terroir", das Lagenbewußtsein womöglich noch früher entstanden ist, so alt ist, daß es geradezu für selbstverständlich in der Bevölkerung verankert wurde. Wo die Felsen bebaut wurden bis in die Wolken, wie es die römischen Dichter beschrieben haben, wo alles getan wurde, um noch einen besseren Weinberg zu erhalten, wo sich mit jeder Bergwendung, jedem zügigen Talwind, unzähligen klimatischen und geologischen Schwankungen die Qualität auf engstem Raum so stark ändern kann, wie nirgendwo auf der Welt, war das Lagenbewußtsein von jeher so stark, daß kein Staat, kein Volk auf die Idee kommen mußte, einen Extra-Begriff dafür zu schaffen.

Geologie und Boden - der Schlüssel zu den Weinlagen

Ist das Klima der Untermosel samt der vielen mikroklimatischen Einflüsse trotz spärlicher Datenlage insgesamt noch recht gut erfaßt und verstanden, so gehört die Geologie des Gebietes und die davon zentral beeinflußte Bodenbildung noch immer zu den weißen Flecken in der wissenschaftlichen Landschaft (und selbst, daß sie so wenig erforscht ist, ist kaum bekannt!). In der Tat ist diese so differenziert und vielgestaltig, daß man über sie (bis zu den aktuellsten wissenschaftlichen Arbeiten) immer wieder verzerrende oder falsche Darstellungen findet. Als Folge einer unerlaubten Globalisierung im Blick auf die Mosel-Gesamtregion, unterschlägt man wichtige Spezifika. Die Untere Terrassenmosel besteht eben nicht wie die Mittelmosel relativ einheitlich aus dem tonigen Hunsrückschiefer, sondern aus einer Wechselfolge von insgesamt acht geologischen Schichten/Zeitaltern (s.Erläuterungskasten), die in den einzelnen Weinlagen einfachen, zweifachen oder wie im Uhlen gar sechsfachen Einfluß haben. Von härtesten Quarziten über quarzitige Sandsteine, siltige Sandsteine, quarzitige und sandige Schiefer, siltige Schiefer bis hin zu fast ausgesprochenen Tonschiefern findet man hier höchst verschiedene Ausgangsgesteine unterdevonischen Ursprungs, die zum Verständnis der Böden und Weinlagen auch angesprochen werden sollten. Die „Grauwacke"! Je mehr sie von Geologen, Geographen, Bodenkundlern, Weinwissenschaftlern und -beratern, Weinbuchautoren und -journalisten und natürlich den Winzern als der einprägsame Zentralbegriff und sinnfälligste Unterschied zur Mittelmosel in Gebrauch kam, um so mehr hat es (wie in unserer Detektivgeschichte angedeutet) die wahren Verhältnisse vernebelt. Wurde doch unter diesem Etikett letztlich alles „nicht weiche" Gestein in einen Topf geworfen und hat zudem auch noch der härter gepresste und daher weniger „schiefrig" spaltende Schiefer letztlich den Volksbegriff „Grauwackeschiefer" erhalten. Dies alles, obgleich per definitionem

Grauwacke ein „unreiner Sandstein mit Gesteinsbruchstücken" ist. Und so definiertes Gestein findet sich (wie allerdings schlüssig erst in den siebziger Jahren durch Feinschliffanalysen belegt werden konnte) nirgendwo an Rhein und Mosel. Grauwacke war also schlicht und einfach ein Begriff der „Feldansprache", ein Terminus, der je nach Gusto des Geologen mehr oder weniger oder gar nicht gebraucht wurde. Der typischen Grauwacke des Harzes haben die hiesigen Gesteine zwar nie entsprochen, aber die „Feldschweine" (mit Verlaub! - aber so lautet nun einmal der Spitzname unter Kollegen für jene Geologen, die ständig im „Feld" statt im Lehrstuhl sitzen) haben die irrige Bezeichnung (immer auf der Suche nach anschaulichen Begriffen) bis heute in Gebrauch behalten, weil zudem Alternativen wie quarzitiger Sandstein wegen der umgangssprachlichen Nähe zum klassischen Sandstein (z.B. Buntsandstein) auch nicht unbedingt Klarheit zu schaffen versprachen (und daneben auch noch die Abgrenzung zum Schiefer oft schwerfällt). Also lautet die grobe Marschregel zum Thema (soweit die Grauwacke-Problematik überhaupt bewußt diskutiert wurde) bislang eher: „Solange wir nicht ganz sicher sind, vertrauen wir (?bis auf Widerruf?) dem Feld und den Alten!" Die neueste Vorgabe des Zuständigen beim Geologischen Landesamt von Rheinland-Pfalz, Dr. Gad, allerdings zeugt nun endlich von Einsicht und folglich wird in den gerade entstehenden geologischen Karten von Koblenz und Boppard das ominöse Wort nicht mehr erscheinen.

Dem Landesamt kann man wegen der erst verspätet entschlossenen Haltung wohl nur bedingt einen Vorwurf machen, schien der Casus doch eher nebensächlich, und tatsächlich könnte man mit dieser begrifflichen Unklarheit ja auch durchaus leben, hätte sie nicht ihre Bewandtnis bei der korrekten Ansprache der Weinlagen und der Weine (und all ihrer möglichen Marketingfolgen).

Dazu kommt die personell minimale Ausstattung des Amtes (im Vergleich zu Hessen z.B. halb so stark bei gleicher Fläche), die kaum hinreichende Kapazität freistellen konnte für eine aktuelle Kartierung des Landes (wie sie in den meisten ...?... Bundesländern vorhanden ist) - sonst hätte eine solche Arbeit wohl zwangsläufig auch Begriffsklärungen mit sich gebracht. Daß ausgerechnet das Rheinische Schiefergebirge, eine der geologisch interessantesten, aber eben auch kompliziertesten Regionen (der Welt!), nicht wirklich einmal konsequent erforscht und kartiert wird, das ist nicht zuletzt die logische Folge dieser Personalsituation.

Trotz anthropogener Umformung durch den Menschen (begonnen beim Anlegen der ersten Terrassen über vielfältige Bodenbeeinflussungen bis zu Extremmaßnahmen wie Flurbereinigung) besteht kein Zweifel daran, daß die Grundlagen für den Boden und damit die Weine immer noch von der Geologie abhängen. Durch physikalische, chemische und biologische Verwitterung beeinflußt, gibt sie dem Boden ihr Gepräge.

Neben den für die Ernährung der Rebe wesentlichen oberen 50-60 Zentimeter ist dabei auch das in trockeneren Phasen besonders wichtige darunter liegende Gestein oder Bodengefüge, das eventuell noch Wasser und Nährstoffe liefern kann, nicht zu unterschätzen. Auch spielt das Relief und der Verlauf der geologischen Schichten und der damit verbundenen Felsformationen eine erhebliche Rolle. Ideal in den besten, sonnigsten Lagen ist z.B. ein Einfallen nach dem Berghang hin, weil dadurch in steinreichen, trockenen Lagen, immer wieder Untergrundwasser aus den Schichten zu Tage bzw. in den Oberboden hineintreten kann.

Ist nun das Klima der Unteren Terrassenmosel trotz spärlicher Datenlage wenigstens stellenweise meßbar, so ist die Geologie und die damit verbundene Bodenbildung das eigentliche, wenig entschlüsselte Geheimnis der Region, dem bislang nur wenige näher gekommen sind. Sowohl einer Profilierung als auch einer Ausreizung des vorhandenen Qualitätspotentials steht somit noch viel entgegen. Der geologisch falsche „Grauwacke-Begriff" nimmt hier eine Schlüsselfunktion als Vernebeler der wahrhaft höchst komplexen und spannenden Bodenrealität ein. Falsche Globalisierungen ohne Ende, unaufgelöste Widersprüche in zahlarmen Veröffentlichungen oder Nicht-Veröffentlichungen (z.B. den kaum bekannten Bodenkarten des Geologischen Landesamtes) kennzeichnen die Region. Wie ein Phlegma haftet der Grobbegriff „Grauwacke" dieser an, um nichts verstehen zu müssen. Nicht eine einzige wissenschaftliche Arbeit hat sich jemals mit den Böden dieser Region detailliert befaßt. Warum? Den differenziertesten Ansatz, den Böden der Untermosel in ihrem Zusammenhang in der Gesamtregion nahezukommen, stammt immer noch vom damaligen Trierer Weinbaulehrer Friederichs, der 1907 eine Fortsetzungsserie in „Der deutsche Wein" mit dem Titel „Einige Daten über die Weinbergsböden des Moseltales" verfaßt hat. Der bescheidene Titel für das „große Thema" und der Vermerk „Fortsetzung statt Schluß" beim zweitletzten Aufsatz deuten die Schwierigkeit des Themas an. Schon damals erkennt er, was noch heute im Kerne gilt. Über die Hälfte der Mosel-Weinberge fußen auf Hunsrückschiefer. Diese Mittelmosel, Saar und Ruwer prägende Gesteinsschicht besteht fast ausnahmslos aus Tonschiefer von sehr gleichmäßiger Beschaffenheit. „Die Nachteile der Kleinstparzellierung treten darum hierselbst nicht ganz so ausgeprägt in Erscheinung wie an der Untermosel, woselbst durch den häufigen Gesteins- und Bodenwechsel sich so manchmal weitgehende Unterschiede im Geschmackston der Weine ergeben." Friederichs unterscheidet schon damals die Böden nach ihrer Herkunft aus grob vier geologischen Zeitaltern, erklärt neben dem Hunsrückschiefer die im untersten Moselbereich ausschließlich vorkommenden Schichten des Oberkoblenz, Unterkoblenz, Koblenzquarzit (heute Oberems, Unterems, Emsquarzit). „Der Mär vom leichten Untermoselwein und -boden" erliegt er nicht, zeigt Gegensätze in Ertragskraft und Weintyp zwischen und innerhalb der Gemeinden auf. Obwohl er noch mit falschen Begriffen wie „Grauwackeschiefer" oder „Grauwacke" operiert, versucht er den Zusammenhang zwischen den Gesteinen und Böden differenziert aufzudekken. Auf den heutigen Stand übertragen, sollte man bei der Unterscheidung der Untermoselgesteine folgende Begriffe anwenden: Quarzite, quarzitige Sandsteine, siltige Sandsteine, bei den Schiefern dominieren sandige und siltige, nebst ausgesprochen harten quarzitigen. Obwohl aus Ton entstanden, verwittern die Schiefer hier noch seltener zu toniger Substanz als an der Mittelmosel (wo siltige Schiefer dominieren). Die im Schnitt durch eine stärkere Metamorphose härter gepressten festeren Steine erbringen

dadurch zwar einen höheren Steinanteil der Böden, der relativ oft sogar die
80 Prozent-Schwelle überschreitet, der dazwischen und darunter liegende
Boden muß jedoch nicht unbedingt leichter sein - auch Friederichs betont
die „Bindigkeit" und gute Ertragskraft gerade bei den festeren quarzitige-
ren Gesteinsböden. Auf der anderen Seite entsteht der leichteste Boden aus
den feinspaltenden, dünnblättrigen Schiefern besonders in steiler Lage, wo
sich wenig Feinerde und damit Absorbtionskraft für Wasser und Nährstoffe
bildet (s. dazu Kasten „Stein oder Korn"). Das Image von den „leichteren
Böden und leichteren Weinen an der Untermosel" basiert auf den letzte-
ren, von denen allerdings ein beträchtlicher Teil inzwischen brachgefallen
ist. Zum andern suggeriert die bizarre Felslandschaft, das enge Tal mit
seinen steilen Hängen und Terrassen steinigeren, also leichteren Boden.
Daß damit verbunden, unterstützt vom wärmeren rheinnahen Klima, der
überwiegend dunkleren Farbe der Gesteine und des Bodens, aber mehr
„Dampf", sprich Wärme und Zugkraft, in den Boden kommt, eine raschere
Verwitterung also auch Umsetzung stattfindet, der Boden durchaus Power
und Kraft in den Wein bringt, wird häufig übersehen. Dieses von der Wärme
angeregte „Powern" des Bodens muß aber nicht in schneller Auslaugung
der Nährstoffe enden, dafür sorgen die erosionshemmenden Terrassen, der
geringe Niederschlag als bereits angesprochene Sonderfaktoren, die für den
natürlichen Nährstoffgehalt des Bodens von zentraler Bedeutung sind.
Friederichs ist der erste und vom systematischen Ansatz her bis
heute einzige, der den Kalkgehalt innerhalb einiger unterdevonischen
Gesteinsschichten gezielt anspricht (das Pauschalurteil vom „sauren
devonischen Schiefer" und „Grauwacke" also widerlegt) und außerdem auch den besonderen Einfluß der Eisenoxide (oft erkennbar an der
Rot- und Rostfärbung) betont. Nimmt man nun noch den an der Unteren
Terrassenmosel spezifischen Einfluß der nur hier mehr oder weniger kalkrei-
chen Lösse hinzu, ist die geologische Besonderheit und Ausnahmestellung
der Region im Gegensatz zur Gesamtmosel bereits eingekreist. Sowohl
die für den rheinischen Bereich typischen Lößeinflüsse, als auch die
Kalkgesteine dürften auch die Haupterklärung dafür sein, daß an der Unteren
Untermosel in früheren Zeiten (wie an der ebenfalls vom Löß mitgeprägten
Ahr und am Mittelrhein) der Rotwein mit über 70 Prozent dominierte.
Auch der Bims vom „Laacher See" ist oft ph-puffernder Sonderfaktor. Was
Friederichs auf einer noch begrenzteren geologischen Basis bereits erkannte,

wird heute in der derzeit im
Entstehen begriffenen genaue-
ren geologischen Kartierung
des Nordwestrandes der
sogenannten „Moselmulde"
deutlich. Ganze acht verschiedene geologische Schichten
und Zeitalter druchstreifen in
komplizierter Tektonik den
Bereich zwischen Hatzenport
und Koblenz - jede Schicht
repräsentativ für einen Zeitraum von etwa 400.000 Jahren, entstanden
vor grob 400 Millionen Jahren. Der Gesteins- und Mineralcharakter jeder
Schicht besitzt seine eigene Charakteristik für Boden und Wein. Die Inhalte

der Schichten auch analytisch genau zu beschreiben, daran arbeitet seit etwa zwei Jahren das Geologische Landesamt, unterstützt von etlichen laufenden Diplomarbeiten. Wenngleich man sich zuviel Aussagekraft davon für den Wein nicht erwarten sollte, so besteht für mich doch kein Zweifel daran nach allen Verkostungen von Weinen, daß es auf der Zunge spürbare Zusammenhänge zwischen den einzelnen devonischen Schichtenzeiträumen mit seinen typischen Ablagerungen und dem Wein gibt.

Daß von dem großen Nachteil der Untermosel, der kleinen Splitterparzellierung, nicht mehr soviel übriggeblieben ist, heute hingegen überwiegend Parzellengrößen bestehen, die einen „Extra-Ausbau" aus einer „Schicht" ermöglichen, auch das macht das Thema aktuell. Scheiterten herausragende Weine, „Auslesen", früher oft an zu verschiedenen Qualitäten, an schon durch die Geologie vorgeprägten viel größeren Schwankungen oft sogar innerhalb einer Lage (man schaue sich die berühmtesten Mosel-Lagen an - sie verfügen meist über ein relativ homogenes Relief), so ist diese Situation durch die Konzentration auf weniger Betriebe heute wesentlich verbessert. Eine nun neben der intuitiven Erfahrungerkenntnis der Weinberge auch durch genaueres geologisches Verständnis verbesserte Kenntnis der Lagen erlaubt die Erzeugung noch speziellerer und interessanterer Weine, wobei mittelfristig eine Differenzierung zwischen Riesling- und Burgunder-Lagen als möglich erscheint. Neufestlegungen und -abgrenzungen einzelner Weinlagen sollten dabei ins Auge gefaßt werden. Herausnehmen einzelner Parzellen, die dem Typ einer Lage nicht entsprechen und Abstufung oder Umstufung zum lagenlosen Gemeindewein oder zu einer passenderen Lagebezeichnung wären unvermeidbar, wenn es darum geht, die besondere Bodenqualität einer einzelnen Lage hervorzuheben. Jeder Differenzierungsversuch würde helfen, der geologisch und klimatisch stärker mit Mittelrhein und Ahr verwandten Unteren Terrassenmosel ein eigenes „Spezialitäten-Profil" zu verleihen, das über das nahe Umfeld hinausstrahlt. Graff's Zitat aus dem Jahre 1821 trifft dabei den Nagel auf den Kopf, wenn er nach einer Charakterisierung und Klassifizierung der Moselweine (Brauneberg, Piesport, Zeltingen, Wehlen Graach sind erste Klasse) zum Schluß bemerkt: „Bei Winningen, einem an der Untermosel... wächst noch ein sehr guter Wein, welcher der genannten ersten Klasse gleichkommt, und folglich der rühmlichsten Erwähnung verdient. Er besitzt von allen Moselweinen die blumigste Gähre, ist aber in allen übrigen Eigenschaften so sehr von ihnen verschieden, daß er gar nicht besonders mit ...?... verglichen werden kann." Bemerkenswert noch der Hinweis, daß er in kleinen Fässern und nicht in Fudern verkauft möglicherweise auch deshalb teurer ist und meist in Koblenz verbraucht wird. Hat die damalige Koblenzer Bourgeoisie sich also feinste kleine parzellenindividuelle Uhlen und Röttgen-Fässer geleistet?

Die unterdevonischen Schichten in den Weinlagen der Unteren Terrassenmosel

Insgesamt acht geologische Schichten durchziehen in einem komplexen, durch viele tektonische Störungen beeinflußten und daher noch nicht überall gesicherten Verlauf die Weinberge zwischen Koblenz und Hatzenport, manchmal hangparallel, manchmal gleich in mehreren Schichten eine Weinlage *durchschneidend*. Von der Hunsrückschiefer-Stufe, *welche* die Mosel ansonsten dominiert, ist nichts feststellbar, stattdessen sind alle Stufen des jüngeren (oberen) Unterdevons (von den Singhofen-Schichten bis zum bereits ans Mitteldevon anstoßenden Kieselgallenschiefer) vertreten. Die Nähe zum etwa 380 Millionen Jahre alten durch viele Kalkmulden geprägten Mitteldevon erklärt bereits, warum dieser Moselabschnitt sich ganz entgegen der allgemeinen Erwartung auch durch Kalkgehalte im devonischen Gestein (oft an Fossilien gebunden) auszeichnet und allein dadurch schon sehr grundlegende Unterschiede auch für den Wein impliziert. Von der Tendenz nimmt von der ältesten vertretenen Schicht, der Unterems-Stufe, den Singhofenschichten (die noch in tiefem Wasser entstanden sind) der Sandgehalt ständig zu, besonders in den bereits durch weite Verlandungszonen im devonischen Meer gekennzeichneten Nellenköpfchen-Schichten und kulminiert dann in dem „fast reinen" Emsquarzit, welcher die Unterems-Stufe vom Oberems abtrennt. Ab hier kehrt sich der Prozeß der Regression des Meeres wieder um zur Transregression und die sandigeren Schichten verlieren zunehmend wieder an Bedeutung zugunsten der tonigeren und stärker schieferbetonten Gesteine. Dieser vielfältige und wechselhafte Verlauf der unterdevonischen Schichtstufen des Ems-Zeitalters (bis Anfang der 50er Jahre wurde diese als Koblenz-Stufe bezeichnet) bildet die Voraussetzung für die große höchst komplexe Vielfalt der Böden der Region. Andere Bodeneinflüsse wie Ablagerungen von Sand, Lehm, Kies, devonischem Schotter und Geröll von den früheren Moselterrassen spielen je nach Lage vorwiegend an den Gleithängen natürlich noch eine Rolle, wie auch die Einflüsse der in diesem Raum häufigen Löß- und Bimsschichten. Dennoch kann auch in diesen weniger felsendominierten Lagen das devonische Gestein im Untergrund oder in der Mischung, eventuell durch das früher übliche „Schiefern" eine bedeutende Rolle spielen. Was das Hereintragen von ortsfernem Gestein in die Felslagen betrifft, so ist dieses in Einzelfällen, besonders beim aktuellen Mauerbau nicht auszuschließen. Generell wurden die Steine jedoch überwiegend ortsnah gebrochen, von den Felsen über und neben den Weinbergen. Der Boden und die Terrassen basieren traditionell aus dem lokalen Gestein, das zur Bodenbildung und für die Kummerauflage oft sogar einen Meter (oder mehr) tief aufgegraben und zerhackt wurde. Dieser Prozeß des „Rottens" war Basis zur Anlage eines Weinberges. Bei jeder Neuanlage wurden immer wieder Steine und Boden umgewälzt und umgeschichtet, zerschlagen und gegraben, um die Feinbodenbildung zu forcieren. Die Basis war aber immer das Gestein, also die geologische Schicht vor Ort. Nur in Einzelfällen (z.B. im Niederfeller Fächern oder im Uhlen) haben weitsichtige Winzer scheinbar erhebliche Mengen aus den kalkreichen Steinbrüchen der Laubach-Schichten weiterverteilt.

Singhofen-Schichten: sind durch die Nähe zum Hunsrückschiefer neben dem Kieselgallenschiefer die tonreichste und schieferreichste Formation der Region. Es dominieren Wechsellagerungen von meist grauen, blauen, tonig-siltigen, nur vereinzelt auch sandigen Schiefern mit im oberen Bereich leicht zunehmenden vereinzelten meist siltigen Sandsteinlagen. Harte Quarzite kommen praktisch nicht vor. Es entsteht oft ein relativ kräftiger sandiger Lehmboden wenn der Steinanteil nicht zu extrem ist. Die Weine tendieren zum geradlinigen, mineralisch-rassigen Schiefergeschmack, sind als Zechweine fein und als Auslesen reif hochedel.

Rittersturz-Schichten: benannt nach dem berühmten Rittersturz-Steinbruch oberhalb Koblenz. Sie sind ebenfalls fast monoton schieferbetont, meist siltig oder gar tonig, Folge der bereits geringer gewordenen Meerestiefe (zur Zeit ihres Entstehens!). Es tauchen aber auch schon sandige und dann meist recht mürbe Schiefer auf und vereinzelt dazwischen gelagert Sandsteine (teilweise quarzitisch). Der Boden ist ohne zu große Vermengung vermutlich der leichteste und am meisten sandige Lehmboden der Region, da der Großteil der Schiefer sehr gut verwittert, aber unglaublich locker und feinsplittrig ist. Er kann sehr feinfruchtige, duftige Weine erbringen wie sie für die Region typisch sind, bei ausreichendem Feinerdegehalt auch große Spitzenweine vor allem im restsüßen Bereich.

Nellenköpfchen-Schichten
(inkl. Klerfer Fazies): sind auf dem Höhepunkt der Meeresregressionsphase entstanden, die Gesteine entstanden zu einem großen Teil auf Wattflächen und kleinen Inseln, die unter dem Einfluß der Gezeiten standen. Es überwiegen deshalb bereits die sandigen Folgen mit vielen quarzitischen und  gröberen Sandsteinen - oft mit vielen Glimmerblättchen, die dafür sorgen, daß sich die Steine leicht in dünne oft mit malerischen Rostmustern versehene Platten trennen lassen. Die überwiegend sandigen siltigen Schiefer sind im unteren Bereich noch häufiger, nehmen zum Hangende fast ganz zugunsten der Sandsteine und Quarzite ab. Charakteristisch in manchen tonigeren Schiefereinlagen ist auch eine schwarzblaugraue Färbung mit Anhäufung von Pflanzenresten und Kohleflözchen. Für den Stoff und die besondere Würze der Nellenköpfchen-Weine können diese tonig-siltigen, bröckelig zerfallenden Substanzen eine Rolle spielen. Vor allem aber ist es der hohe Eisengehalt (u. a. auch Toneisenkonretionen), der die Nellenköpfchen-Schicht prägt und für sehr charaktervolle und langlebige Weine (vor allem im trockenen Bereich) sorgt. Je nach Nellenköpfchen-Lage dominiert ein gelbbrauner Rost oder eine regelrechte Rotfärbung, besonders an den Kluftflächen der Sandstein- und Quarzitbänke. Im Bereich von Hatzenport, Alken und Burgen wird die teilweise sogar primäre, starke Rotfärbung deshalb als Klerfer Fazies angesprochen, angelehnt an die „roten" Klerfschichten, die im Eifelbereich das Äquivalent zu den Nellenköpfchen-Schichten darstellen. Auch die dunkelgrauen Schiefer können durch Farbverlagerung aus den anliegenden roten Quarziten rot eingefärbt erscheinen.

Der **Emsquarzit:** an der Schwelle vom Unterems zum Oberems, lag wie die Nellenköpfchen-Schichten zum Teil im Verlandungsbereich, enthält deshalb ebenfalls je nach Lage viel rotfärbendes dreiwertiges Eisenoxid. Es ist die von der Lithologie her reinste Form, die fast keine Schieferzwischenlagen besitzt und nur aus sehr harten Quarziten und quarzitischen Sandsteinen besteht. Dennoch, wie an mehreren Stellen geschildert, entsteht unter ihm oft ein schwerer, kräftiger fast lehmiger Boden, angeregt durch die Eisenoxidhydrate und den Mangel an zur „Sandfraktion" verwitternden kleinen „Schieferkörnern". Von Wucht und Stoff her entsteht ein beeindruckender Wein, der viel Zeit zur Entwicklung benötigt.

Hohenrhein-Schichten: sind in den unteren Bereichen noch im tieferen Flachwasser entstanden und deswegen im unteren Hangbereich noch überwiegend von Quarziten, vor allem aber 5-150 cm mächtigen Sandsteinbänken geprägt (die Schichten hießen deshalb früher Hohenrheiner Sandstein). Mächtige Einschlüsse von Meeresablagerungen (bestehend aus kalkreichen Brachiopoden und Muschelschalen) tragen zu einem beträchtlichen Kalkgehalt der Schichten bei. Zum Hangende hin nehmen kontinuierlich meist graue Schiefer zu mit toniger, siltiger als auch sandiger Struktur, teilweise ebenfalls mit Fossilien verbunden. Die Weine sind charaktervoll und langlebig, mit oft fester und feiner Säure und Frucht, verstärkt durch den Kalkgehalt. Es ist vielleicht die typischste Lage für eine gut „durchwachsene" Mischung von allem, was die Region prägt: Sandstein, Quarzit und Schiefer mit einer guten Dosis Kalk und Fossilien angereichert.

Die **Laubach-Schichten** sind benannt nach dem Steinbruch bei der Laubach unter Koblenz-Karthause und sind in ihrem beeindruckenden Potentialschmeckbar gewesen in dem dortigen jetzt brachgefallenen Karthäuserhofberg (der als „Affenberg" 1897 aus erstklassig kartiert war). Noch stärker als in den Hohenrhein- Schichten ist im Unteren Terrassenmosel-Bereich hier der Kalkgehalt, der nachweislich nicht nur mit den zahllosen Fossilien zusammenhängt, sondern in vielen Steinen (sowohl Schiefer als auch Sandstein) in hohen Mengen enthalten ist. Die dadurch vorhandene natürliche ph-Pufferung im Boden trägt zur großen Fülle als auch Feinheit der Weine erheblich bei. Keine Düngung kann die scheinbar sehr ausgewogene und komplexe Mineraldüngung aus dem Laubach-Gestein erreichen, die Trauben zeichnen sich durch eine besonders reife und dichte Aromatik gegenüber den unmittelbaren Nebenparzellen aus anderem Gestein aus. Die Kalkeinlagerungen sind teilweise regelrecht marmorisiert. Im unteren Bereich dominieren die überwiegend kalkreichen Sandsteine, nach oben hin nehmen diese ab zugunsten meist siltiger und auch sandiger Schiefer, die ebenfalls Kalkknollen und auch dreiwertige Eisenoxide enthalten können. Rotfärbungen können vorkommen, sind aber im Bereich der besprochenen Lagen nicht eindeutig als Laubach nachgewiesen.

Die **Flaserschiefer:** sind durch die weitere Absenkung des Meeres bereits deutlich toniger in der Substanz als die Laubach-Schichten. Schiefer dominieren eindeutig, meist im siltig-tonigen Bereich, vereinzelt noch sandig und auch mit Kalkgehalten. Richtige Sandsteinbänke kommen nicht mehr vor. Die Abgrenzung zu der nächstjüngeren Schicht, dem Kieselgallenschiefer, fällt schwer, obwohl die Flaserschiefer tendenziell eher hell bis dunkelgrau sind, flaseriger und eben vorwiegend siltig. Der Name rührt daher, daß sich besonders an den oft glimmerigen Schicht- und Schieferungsflächen die Schiefer in 10-20 cm lange und bis 3 cm hohe linsenförmige Stücke zerlegen lassen, die man Flasern nennt. Die Weine, in Reinform kaum ausbaubar, da die Schichten zu schmal sind und nicht klar genug abgegrenzt, dürften interessant und feinfruchtig sein, vielleicht eine Spur leichter als die aus den Laubach-Schichten.

Die **Kieselgallenschiefer:** sind bereits wieder im tieferen Meer entstanden und lehnen sich in ihrem Tongehalt und der ausgeprägten Schieferung direkt an die älteren tonigen Hunsrückschiefer an. Die Farbe ist oft dunkel, blaugrauschwarz, im Gegensatz zu den helleren Flaserschiefern. Obwohl im allgemeinen sehr hart, sind die Schiefer wegen des geringen Kalkgehaltes und eines Pyritanteils recht verwitterungsanfällig. Sandstein kommt nur noch vereinzelt vor. Wegen des hohen Steinanteils sind die Böden oft relativ leicht und erbringen sehr schieferbetonte, spritzige, rassige Rieslinge.

Ein gedanklicher Ausflug in die Weinwelt - geboren an der unteren Untermosel

Die Eisen-Theorie oder das Rätsel vom roten Boden

Der Einfluß des Eisens im Boden auf den Wein ist ein recht mysteriöser, weil nirgendwo schlüssig erforscht, wenn überhaupt beachtet. Es mag daran liegen, daß das vierthäufigste Element der Erde und zweithäufigste Metall zu selbstverständlich und zu häufig vorkommt und Eisenmangel-Erscheinungen an Reben (laut Auskunft von deutschen Bodenkundlern) nie in einer zu gering vorhandenen Menge im Boden begründet sind. Nur indirekt (z. B. zu hoher Kalkgehalt) entstehen Krankheiten durch eine Aufnahme des vorhandenen Eisens. Die Schwierigkeit, Eisen einfach zu düngen (dies geht nur über teure Eisenchelate aufs Blatt), Mängel überhaupt quantifizieren und erkennen zu können, mag auch eine Rolle für die eher nebensächliche Beachtung des Themas spielen. Es scheint wie beim Menschen zu sein, wo das für den Sauerstofftransport im Blut verantwortliche Hämoglobin (die Substanz der roten Blutkörperchen) sich ebenfalls nicht durch quantitatives „Eisenfutter" vermehren läßt, sondern Eisenmangel immer noch am einfachsten durch die „richtige Ernährung" beheben läßt. Was nun aber den Eisengehalt in den Böden der Unteren Terrassenmosel betrifft, so ist nicht das Thema eines eventuellen Mangels hier von Interesse. Im Gegenteil: es ist besonders augenscheinlich in den rot gefärbten Böden (durch Gesteinsverwitterung?) das Thema eines besonderen Reichtums. Einigkeit besteht bei praktisch allen Winzern darüber, daß die Weine aus den „roten Böden" einen verhalteneren, aber stahlig-markanten Charakter besitzen. Sie benötigen mehr Zeit, sind weniger charmant vor allem in der Jugend, haben aber dann oft einen längeren Atem. Und wegen ihrer nachhaltigen, aber weniger filigranen Art, ist dieser Untergrund tendenziell besonders gut für trockene Weine geeignet. Spricht man mit Winzern aus anderen Teilen der Mosel-Saar-Ruwer-Region, wo es teilweise ebenfalls „rote" hämatitische Bodenbildungen gibt, so hört man ähnliches, wird der Gedanke überall bestätigt: „brauchen mehr Zeit, sind zuerst nicht so fruchtig, kommen aber dann beim Älterwerden..." Angeregt wurde die Recherche zum Thema durch die eigenwillige Art des „roten" Coberner Uhlen, der vielleicht der klassische ist (siehe Uhlen-Artikel), zum andern aber durch die rätselhafte Verwandtschaft im Bukett wie im Geschmack zwischen vielen Alkener und Hatzenporter Weinen, die nur das „rote Band" der Klerfer Fazies zu einen scheint, trotz verschiedenem Kleinklima, anderer Moselseite... Verfolgt man dann die „Eisenspur" weltweit, beginnt es spannend zu werden. Auch beim etwas weinerfahrenen Leser dürfte es spontan „Klick" machen, wenn man daran denkt, daß die besten Weine Rheinhessens von der „roten Rheinfront" kommen. Je mehr man flüchtig in der Weltweinliteratur blättert, je mehr kollidiert man (trotz im allgemeinen sehr spärlicher und „zufälliger" Bodenansprache) auf die Eisenspur und dies vor allem bei den charaktervollsten, nachhaltigsten, größten, oft berühmtesten Weinen der jeweiligen Region. Übertragbar auf die im allgemeinen als eine „arme Bodenregion" abgestempelte Untermosel ist das in Paulliac (dem berühmtesten aller Weindörfer von Bordeaux - wo Mouton- und Lafite-Rothschild, Latour und viele mehr zu Hause sind) geflügelte Wort: „Der Reichtum des Bodens von Paulliac ist seine Kargheit!" Doch unter dieser Kargheit verbirgt sich eine reiche eisenhaltige Kiesschicht. Zieht man weiter nach Pomerol und St. Emilion, zu den preislich abgehobensten Weinen (1000,- DM und mehr pro Flasche bei jüngeren Jahrgängen), so spricht man dort von einer „Crasse de fer" bei den besten Weinen einer harten eisenhaltigen Sandsteinschicht. Schaut man nach Burgund, auf den legendären Romanee-Conti oder z.B. in die besten Einzellagen von Pommard, stößt man wieder auf Eisen wie auch in der besten Rotwein-Appellation Australiens, Coonawarra, die nur nach dem schmalen Streifen mit „rotem Boden" gesetzlich abgegrenzt wurde. Und Italien? Der größte und eigenwilligste Rotwein, der Barolo fußt in den charaktervollsten Gemeinden auf quarzhaltigem und sandhaltigem Verwitterungsgestein. Der schwerste, längste und komplexeste von allen, der Barolo von Serralunga, besitzt ein besonderes (na was wohl?!) eisenhaltiges Verwitterungsgestein. Die Suche nach Eisen, das im devonischen Gestein der Unteren Untermosel, besonders in Kobern und Niederfell auch in Gängen als Erz abgebaut wurde, soll hier abgebrochen werden, es bedürfte einer noch systematischeren Erforschung. Nur ein Hinweis noch, weil jetzt dauernd von großen Rotweinen die Rede war und Rotwein ja auch traditionell den Eisengehalt im Blut stärken soll. Bei der Frage, warum in der Region früher zu rund 70 Prozent Rotwein angebaut wurde und dafür eine Berühmtheit entstand, fällt auf, daß die anderen historisch rotweinberühmten Orte der Mosel, Saar und Ruwer alle über rotes Gestein verfügen. Und wenn es sich nur um kleine Enklaven handelte, so wachsen dort heute noch besonders charaktervolle und langlebige Rieslinge. Doch nun der Versuch einer wissenschaftlichen Erklärung. Der Eisengehalt im Wein dürfte es nach der Literatur eigentlich nicht sein, der das Besondere ausmacht, er wird durch Kontakt der Trauben oder Moste mit eisenhaltigen Materialien oft mehr geprägt als von den Trauben selbst, obwohl grundsätzlich eine klare Abhängigkeit zwischen Eisengehalt im Boden und in der Traube besteht. Mehr aber dürfte es der Boden selbst sein, der eine andere „Würz- und Mineralkraft" enthält, der durch, das Schlüsselwort lautet „Eisenkutane" viel bindiger wird, Wasser und Nährstoffe besser festhalten und damit darüber auch in Notzeiten besser verfügen kann. Zum andern haben die dreiwertigen Eisenoxidhydrate, die im Untermoselbereich gegenüber den zweiwertigen Eisenoxiden dominieren (an der absolut gesehen ebenfalls eisenreichen Mittelmosel ist es umgekehrt) die Eigenschaft einer starken Pufferwirkung hinsichtlich des ph-Bereiches. Nicht so stark wie Kalk, aber dennoch recht wirksam, können sie den Boden vor einer Versauerung schützen und damit die Nährstoffverfügbarkeit, die Kraft im Boden erhalten und in den Wein transportieren. Das Faktum, daß diese Oxidhydrate per se neutral sind, in zu basenreichen Böden auch den ph-Wert senken können, läßt die Vermutung aufkommen, daß es die Balancierkraft des dreiwertigen Eisenoxids ist, die das Besondere macht. Wie eine Bremse können sie die Nährstoffe und das Wasser im Boden speichern, einem „Ausbluten" über zu starke Aktivität entgegenwirken. Wie eine geheimgehaltene Reserve geben sie diese dann ab, wenn der Weinberg, die Reben, die Trauben sie benötigen. Ähnlich gebremst, nie überschäumend explosiv fruchtig (erst im Alter) verhält sich der Wein.

Das Weinklima der Region

Obwohl das spezifische Weinklima einer Region und noch vielmehr seiner einzelnen Weinberge sich von den topographischen Voraussetzungen, der Geologie, der Böden, und den menschlichen Kultureinflüssen kaum trennen läßt, besitzt auch die Untere Untermosel so etwas wie ein Makroklima, ein Regionalklima. Es ist das, was wir im landläufigen Sinne unter Klima verstehen. Im weiteren Sinne zählt das Untere Moseltal von Hatzenport bis Koblenz schon zum Klimaraum des Mittelrheinischen Becken, das im Gegensatz zur stark atlantisch beeinflußten Mittelmosel bereits eine deutliche kontinentale Tönung besitzt. Der Akzent liegt dadurch trotz der höheren nördlichen Breite bei etwa 50,2 Grad auf einer höheren Jahresdurchschnittstemperatur, einem ausgeprägteren trockeneren heißeren Sommer mit Bedingungen, wie wir sie sonst eher an der südlicher gelegenen Nahe finden. Als jährliche Durchschnittstemperatur wird im allgemeinen noch die ehemalige Koblenzer Meßstelle mit ihren 10,5° C angegeben. Dieser Wert, der um ganze 1,5° C über der allgemeinen angenommenen Anbaugrenze für Weinreben liegt, überschreitet Bernkastel mit 9,8° C. und Trier mit 9,1° C deutlich, läßt sich mit den besten Werten des Rheines vergleichen. Dieser langjährige Mittelwert dürfte jedoch um einige Zehntel zu hoch liegen, da er im kleinklimatischen Schutz einer städtischen Hochhauswand gewonnen wurde. Der wissenschaftlich unkorrekte Vergleichswert bietet kurioserweise aber bereits einen guten Hinweis auf die reale Sondersituation des unteren Moseltals mit ihren steilen oft extrem geschützt liegenden Felsenpartien. Alleine, exakte langjährige Messungen dazu gibt es nicht, gehen wir also von einer Durchschnittstemperatur von etwas über 10 Grad aus. Wie hoch die Klimagunst des Untermoselraums ist, wird am bildhaftesten deutlich durch den Kontrast zur umgebenden Eifel und zum Hunsrück. Innerhalb von einer Minute gewinnt man 2 bis 3° C, fährt man aus einer dicht zugeschneiten Landschaft oder aus beißenden Windverhältnissen in ein angenehm sonniges mildes Tal, wo nur ein leichter Flußwind geht. Die Berge der hohen Eifel sind es auch, die die Untermosel nicht nur vor Kaltluft schützt, sondern auch vor Regen. Die ausgesprochene Leelage im Regenschatten, die auch die „Trockeninsel" des Maifeldes bereits auszeichnet, macht den Raum zu einer der trockensten Gegenden Deutschlands mit Niederschlägen, die sich um die 550 mm im Jahresmittel bewegen und damit deutlich unter Bernkastel mit 676 mm oder Trier mit 719 mm liegen. Feine Unterschiede gibt es auch innerhalb der Region. Löf, Lehmen und Kattenes gelten mit 540 mm als trockenste Orte. Moselaufwärts nimmt der Regen wieder leicht zu, moselabwärts steigt er besonders ab Kobern (555 mm) Richtung Winningen an (der Uhlen als letzte Wetterscheide) und erreicht kurz vor Koblenz annähernd 600 mm, der Unterschied zwischen Uhlen und Röttgen kann in manchem Jahr schon alleine vom Regen dominierend bestimmt sein. Je nach Jahr können sich durch den Treiser Schock, der mit seinen 426 Metern als Regenverteiler wirkt, sehr verschiedene Verhältnisse ergeben. Gemeinden wie Alken und Hatzenport zeigen dann in bestimmten Jahrgängen nicht nur eine geologische Besonderheit mit ihren roten Gesteinen, sondern oftmals auch, von ähnlichen Niederschlagsverhältnissen geprägt, im Sommer einen Jahrgangscharakter, der mit Winningen kaum etwas zu tun haben muß.

In der Folge des Klimas? - Das Wunder der Fruchtsäure

Es mögen die kühlen Nächte sein, der Wechsel von Tag und Nacht, der hier stärker ausgeprägt ist als in den weiter südlich gelegenen Weinanbaugebieten, die ein Wunder bewirken, das man als vielleicht das große Geheimnis des Mosel-Rieslings bezeichnen kann. Es ist die einzigartige stabile Fruchtsäure mit ihrem niedrigen ph-wert, die den Mosel von jeher so wertvoll gemacht hat als Wein in guten Jahren und als Geheimrezept zur mikrobiologischen Stabilisierung fremder Weine und Sekte. Nicht die Öchsle sind das größte Problem in der Welt der Weine. Es ist vielmehr die Säure, die woanders so selten ausreichend ist und so oft zugesetzt werden muß, damit Weine, die ansonsten vollkommen fad schmecken würden, ein wenig Frische zeigen und bakteriell stabil werden. Hier hat der Mosel-Riesling seinen souveränen vermutlich in erster Linie klimabedingten Vorteil, übertrumpft er seit Jahrtausenden die Konkurrenz, kann deshalb seine Trauben reifen lassen, ohne vor Schlappheit und Breite Angst haben zu müssen. Die Mineralien der steinigen Böden sorgen dafür, daß er auch bei hoher Säure noch genießbar ist und reif ist und keinen biologischen Säureabbau (eine Milchsäuregärung) benötigt, um nicht zu hart und apfelig-sauer zu schmecken. Würde der so beliebte Chardonnay keine Milchsäuregärung machen, er würde vielfach sauer und spitz schmecken. Diese Säurespitze wirkt als trockener Wein belebend und erfrischend, ermöglicht im Grunde erst Weine mit Fruchtsüße, die harmonisch sind.

Die Flora, die Fauna & zuerst der Mensch
Wie die Kultur „Natur" schafft
Wie aus der größten Begrenztheit
der größte Reichtum erwächst

Der Apollo: Auf dem Oregano

Symbole haben in einer totalen Mediengesellschaft eine kaum zu überschätzende Macht.

Der Apollo-Flug zum Mond in den Sechzigern wird von vielen Philosophen als Symbol gesehen für ein vollständiges Abheben von der Erde, von Flora, Fauna, den natürlichen Lebensbedingungen auf unserer begrenzten Erde. Man schaute nun von ganz oben, von draußen quasi auf unsere kleine Erde, brauchte sich nicht mehr die Mühe zu machen, sie genau anzuschauen und zu verstehen, was ist, weil alles von der Zukunft schwärmte. Es war sicherlich der Höhepunkt unserer Fortschrittsgläubigkeit, unserer Träumerei von den unbegrenzten Möglichkeiten der großindustriellen Technik. Viele der damals prophezeiten Dinge haben wir vergessen, sind heute nur noch zum Lachen.

Man muß dies so betonen, weil überall auf der Erde in dieser Zeit totale Machbarkeit gefragt war, die Industrialisierung der Landwirtschaft, immer perfekter geplante Massenproduktion und Vernichtung aller kleinen, feinen Produktionsräume die Stimmung der Zeit war. Italien, Frankreich, Deutschland, überall waren die Winzer trainiert, war ihnen von Lehrern eingepaukt worden moderne ertragreichere Klone, gigantische Düngermengen, eine Planierung der Landschaft. Fremder toter Boden wurde teilweise auf die teuersten Weinberge der Welt gekippt, Plastikmüll diente als Düngung und Humuslieferant.

Es herrschte überall eine unglaubliche Naivität hinsichtlich der Qualität. Nur der Winzer, der vorsichtig, konservativ die herrschenden Lehren nicht so ganz mitmachte, behielt seine Qualität. Die Untere Untermosel hatte den Vorteil, daß man außer zu kräftigem Düngen soviel gar nicht verändern konnte, die Natur auf den Felsen, in den vielen Nischen auch nicht abgespritzt werden konnte, man in dieser kleinstrukturierten Landschaft eine totale durchkalkulierte Monokultur gar nicht errichten konnte. Man war chancenlos, Außenseiter der Industrialisierung des Weinbaus. Zu steil, zu hart, zu starrsinnig waren die Felsen und auch die Menschen hatten hier nicht völlig abgehoben ins Wolkenkuckucksheim (das ja schon von den alten Griechen im Theater verspottet wurde). Schließlich heißt in Winningen der Fels „die Fels", ist hier anerkannt als Mutter Erde, als Mutter Fels aus ganz alter Zeit, als man begann den nackten Felsen als wirtschaftlichen Nährstoff, als Sicherung der Lebensgrundlagen zu entdecken, indem man aus dem puren Nichts, dem scheinbar wertlosen Felsenland nicht nur Steine abbaute zum Bauen, nicht nur Gruben grub für Bodenschätze, sondern gleich „die Fels" selber als Schatz erkannte, als Basis, auf der sich die dauerhaftesten und ewigsten nie an Mineralien verarmenden Weinberge der Welt errichten ließen mit einer Pflanze drauf, die ein Sparsamkeitsspezialist war, die mit geringsten Mitteln aus dem spärlichen Bodenwasser einen köstlichen mineral- und aromareichen, dauerhaften und lagerfähigen Wein machen konnte. Ich muß bei dem biblischen

Wunder der Verwandlung von Wasser in Wein an Reben in Felsen denken, nicht an künstliche Bewässerung. Der Göttinger Biologe und Professor für Forstbotanik A.P. Hüttermann hat zusammen mit seinem Sohn, dem Chemiker Dr. A.H. Hüttermann in einer Neuerscheinung 2002 „Am Anfang war die Ökologie. Naturverständis im Alten Testament" die alten Israeliten als erstes Volk mit einem „unglaublichen biologischen und ökologischen Verständnis" geschildert, die Bibel als ein durch und durch ökologisches Buch, das nur kontinuierlich in dieser Hinsicht mit falsch verstandenen Schlagworten falsch interpretiert wird.

Doch wie im Geschichtskapitel geschildert, darbte die Untermoselregion in dieser „Wachstumswunderzeit" eher mit ihren eng begrenzten Wachstums-möglichkeiten, die Winzer gaben auf oder überlebten mit „die Fels". Das Drama der deutschen Weinbaugeschichte ist, daß genau in diese oft blind agierende alles positiv wie negativ verändernde Zeit (man denke an 1968 und die Folgen oder die kulturell gesehen unglaublich tiefgehende und oft brutale Verwaltungsreform) das neue deutsche Weingesetz unter großem Zeitdruck seitens der EG verabschiedet werden mußte. Nur aus diesem hybriden, zentralistischen auf die gerade startende Großvermarktung in Supermärkten starrenden Zeitgeist ist es zu verstehen, daß damals das Wissen um Weinbergslagen gesetzlich durch oft willkürliche Flächen- und Namenszusammenlegungen und -veränderungen systematisch verwirrt wurde. Verstärkt wurde dies mit der Zulassung eines die einzigartige Riesling-Kultur modisch vernebelnden und zerstörenden Spektrums an Rebneuzüchtungen, die unbegrenzte Machbarkeit versprachen, Auslesen nach Belieben. Der Weinberg war kein Problem, wurde als Ursprungsort quasi gedanklich ausrangiert. An alle Orte die „passende Sorte", war die Devise. So wurde argumentiert. Warnende Stimmen gingen im Lärm des Aufschwungs unter. Aus heutiger Sicht absurde Angstszenarios wurden aufgebauscht, man lese nur die damalige Presse: Es gibt nicht genug Moselwein, wir sind nicht lieferfähig, der Moselwein wird unbezahlbar teuer usw. Warum man seit rund 100 Jahren Weißweinregion Nr.1 in der Welt war, wurde in der Öffentlichkeit immer wieder unterschlagen. Daß nur die Steillagen und der Riesling den Geschmack hervorzauberten, der so gefragt war und auch nur unter diesen Bedingungen eine zarte Süße ohne Pappigkeit und Kopfweh möglich war wie bei keinem anderen Wein der Welt, wurde vergessen. Anders als in Bordeaux, wo es verboten ist, Cabernet-Sauvignon oder andere Rebsorten aufs Etikett zu schreiben oder Burgund, wo die Sorte vorgeschrieben ist bei vielen Gemeindeweinen und Lagenweinen, die Rebsorte nur bei anonymen Billigweinen aufs Etikett kommt, versäumte man an der Mosel, die Sorte an den Ort zu koppeln, obwohl bis dahin die meisten Orte und Lagenweine Riesling-Weine waren, eine klare Ordnung geherrscht hatte in der Sorte auch ohne Gesetz, nur durch den Markt und die Tradition der Winzer. Abgehoben von „der Erde" und „der Fels" wurden in Deutschland aus heiterem Himmel (ein wunderbarer Ausdruck an dieser Stelle, rheinisch-moselanisch m.E.) Spitzenweine und andere Utopien von fetten Äckern apostoliert, wie es die gesamte herrschaftliche Schlaraffenland-Erzählungsindustrie seit Jahr-tausenden tut. Selbst viele traditionelle hervorragende Winzer wurden von den Wundersorten, man hatte ja keine Erfahrung, überrumpelt. Das „Land, wo Milch und Honig fließt" aus der Bibel, wie oft wird es als Klischee benutzt, ohne daß sich jemand das karge Land anschaut, wo die Juden eben deshalb nur murrend hinzogen aus Ägypten, weil Milch für ein paar

Schafe und Ziegen von Nomaden stand, Honig für ein paar wilde Bienen. Die Bibel-Erzählung weist auf ein karges und leeres Land hin, bitterarm, in dem dann auch nur mit Steinterrassen und großer Mühsal, ökologisch denkend, etwas aufzubauen war (so erklärt es sehr instruktiv Hüttermann). Und genauso bleibt an der Mosel die Rebe und der Winzer in „der (!) Fels" stehen. Wie die Israeliten (heute ist Israel eher das Gegenteil, eine bewässerte High-Tech-Landwirtschaft mit wenig ökologischer Perspektive) gestalten die Winzer hier auf Terrassen und Chören das schier Unmögliche. Sie reden nicht, sie versprechen nicht, schwärmen nicht von Möglichkeiten, sondern haben den Kampf aufgenommen um den besten Wein am schwierigsten Standort. Sie verwirklichen einfach, was eine geschichtslose wertfreie Wissenschaft für unmöglich hält, weil unökonomisch hält, nicht begreifend, daß dies nur von dem Wert und dem Preis abhängt, der vom Kosten gemacht wird, das Jahrtausende wichtiger als die Kosten war.

 Es ist wichtig in diesem Zusammenhang einmal den Gegensatz von der laborhaften auf klare meßbare Ziele hin ausgerichteten „Züchtungsindustrie"; der angewandten Weinwissenschaft, wo es die Frage nach dem Besten und der Wahrheit nicht geben kann und dem nach idealen fein angepaßten Lösungen suchenden Winzer vor Ort und der örtlichen Winzergesellschaft insgesamt. Zu dieser gehörten praktisch fast der ganze wingert - und landbesitzende Ort. Und da die Fast - Habenichtse nur irgend einen nackten Felsen, den sie auf ihrem einzigen Katasterblatt entdeckten (Gerhard Löwenstein hat dazu ein wunderbares Mundart-Gedicht verfaßt, in dem die Entstehung der Chöre plastisch wird) gab es viele Grundbesitzer, der Großteil des Ortes eben. Ganz ähnlich, dafür spricht vieles, dürfte sich in Griechenland die Demokratie und die so vorbildhafte Kultur entwickelt haben. In den führenden Winzerorten der Mosel (und deren gab es viele) war die Weisheit (und natürlich immer auch die Dummheit) von Adel, Klerus, Bürgern und Bauern versammelt im ewigen Gerangel und Zusammenspiel - alle hohen und kleinen Schichten, alle Berufsgruppen dachten mit. Selbst der Adel war hier weniger hochnäsig und angesteckt vom Wettbewerb. Nur in dieser weingesellschaftlichen Erfahrungsdichte und Konkurrenz sind die weinwissenschaftlichen und weinschriftstellerischen Pionierleistungen etlicher deutscher Ärzte wie des Winningers Dr. Arnoldi zu erklären, die in zeitloser Schärfe stärker und ganzheitlicher ein Profil des Mosel-Rieslings entworfen haben, als es irgendeinem Autor, schon gar nicht einem von vornherein zu spezialisierten Fachwissenschaftler heute möglich wäre. Unwillkürlich aus ihrem Beruf heraus waren diese Ärzte Meister der Theorie und Praxis im doppelten Sinne, besonders, als die moderne Medizin den Wein als traditionelles und klassisches Heil- und Gesundheitsmittel noch nicht verdrängt hatte. Dr. Arnoldi war von diesen vielleicht der mit dem weitesten zeitlichen und räumlichen Horizont, verglich den Mosel wirklich mit allem verfügbaren Weltweinwissen seiner Zeit. Vor allem lernte er aber aus der Praxis, als bester Zuhörer, Sammler und Interpret der Winzersorgen aller Klassen. Besonderes Interesse an der Sache und eigener Weinausbau kamen

hinzu. Ärzte waren in der Lage Weinerfahrungswissen zu synthetisieren, ganzheitlich zu erfassen, wie es den heutigen in Fächern heillos zersplitterten Fachwissenschaftlern unmöglich ist. Hinzu kam bei Arnoldi das besondere theoretische wissenschaftliche Interesse, seine Zusammenarbeit mit der Schlickum-Apothekerdynastie, aus der das viele Jahrzehnte immer wieder neuaufgelegte deutsche Standardlehrbuch „Der Apotheker-Lehrling" stammte (der später von Bayer übernommene Farbenpionier Leverkus wurde in Winningen ausgebildet). Arnoldi bekriegte sich heftig mit Dr. Mohr aus Koblenz, der neben vielen pharmazeutischen Erfindungen und Büchern auch eine Mostwaage erfunden hatte, die genauer als die von Öchsle ist und lange Zeit wichtig war. Außerdem hatte er ein Weinlehrbuch geschrieben, das Arnoldi als Anleitung zur Verfälschung guter Weine kritisierte und in vielen Sachfragen auseinandernahm, z. B.: „Mohr glaubt, der Untergärung zu lieb, daß ein bei kaltem, regnerischem Wetter gelesener Wein besser werde, als der an schönen heißen tagen geherbstete". Auch Mohr's Freund, der berühmte Justus von Liebig, Vater der Agrikulturchemie, dessen Rolle als Plagiator (die meisten ihm zugeschriebenen Leistungen waren geklaut) jüngst beim Jubiläum wieder publik wurden, bekam von Arnoldi die Wahrheit immer wieder durch Veröffentlichungen schriftlich. Liebig's Behauptung, die Gärung sei eine Fäulnis, erwiderte Arnoldi mit einer schönen Erklärung der Hefezellen und ihrer Eigenschaften, die zu diesem Zeitpunktt (1868) noch sehr unverstanden waren.

Bei der Untersuchung der einzigartigen Flora und Fauna einer Kulturlandschaft wie dieser Chorterrassenkultur komme ich als Autor nicht umhin, das zu beschreiben, was ich am besten kenne und was immer vergessen wird, wenn wir irgendwo Natur bestaunen, was in Wirklichkeit Kultur ist. Daß der Mensch der Erschaffer dieses Ortes ist und die Grundlage für seltene und hochinteressante Pflanzengesellschaften sowie Tierarten, die hier einen ganz spezifischen unverwechselbaren  Lebensraum gefunden haben, ist für mich eine Haupterkenntnis dieses Buches. Der Winzer als Kulturschaffender ist Hauptbestandteil der Fauna und der am wenigsten Beschriebene und am meisten Abgeschriebene. Ganz ähnlich geht es mit dem Wein und seiner Rebe. Wäre die Einzigartigkeit des Mosel-Riesling und seiner spezifischen Standorte ähnlich gut beschrieben wie der Lebensraum der Terrassen für Pflanzen und Tiere, man bräuchte sich keine Sorgen zu machen um die Zukunft. Das Besondere, die ganz große Rätselfrage die mir seit Jahren auf der Zunge liegt, ist die Frage, wie ist es möglich, eine so unglaublich an den Standort angepasste Sorte wie den Riesling zu entwickeln. Und ich meine mit Anpassung hier das geschmackliche Anpassungsvermögen des Rieslings, das alle anderen Rebsorten um riesige Spannweite übertrifft. Der Riesling ist aus Felsenböden im leichtesten und sauersten Zustande noch genießbar ohne, abstoßend oder flach zu wirken, wie der Großteil der Rebsorten, wenn sie unreif oder zu reif sind. Das größte Geheimnis der Flora des hiesigen Weingebirges ist der Riesling selbst in seinen Eigenschaften und Talenten, die vom Menschen gefördert die beste Garantie für den Bestand der Kulturlandschaft bildet, die von den Ökologen so bewundert wird. Die Findigkeit, die Selektionslist (die schwer berechenbare Rebe erfordert List) der Winzer als Schaffer der raffiniertesten Kulturrebe, die Felsen spaltet und in 20,30 Meter in den Untergrund geht, um Wasser zu suchen statt 20,30 Meter am Baum hoch zu klettern ans Licht, ist das Phänomen, das zu beschreiben ist. Es ist die in den nachweislich alten und kontinuierlichen Weinbaukulturen jahrtausende lange natürliche Selektion auf ökologische und zugleich ökonomische Anpassungsfähigkeit, die immer mit den geschmacklichen Talenten zu tun hat (s. u.a. Klima-Kapitel) war. Nur für die Mosel und vermutlich auch Burgund, vielleicht auch die Mittelhardt läßt sich einigermaßen schlüssig eine kontinuierlich nie völlig von einer durchgehenden kulturellen Qualitätsentwicklung abweichende weinbauliche Kontinuität über rund 2000 Jahre nachweisen, also eine tiefgehende Selektions- und Anpassungsleistung an den Ort. Für die einzigartige Rolle der Mosel-Kultur kann ich eine schlüssige Argumentations- und Datenkette zusammenbinden, wie sie für das hiesige Buch erarbeitet wurde, aus Umfanggründen aber erst in einem zukünftigen Buch umfassend dargestellt wird (siehe Einführung zum Geschichtskapitel).

Genau diese Einzigartigkeit hat der Anreger dieses Buch, die Erzeugergemeinschaft Deutsches Eck erkannt und versucht zu erhalten, sich festzulegen mit strengeren Regeln und Konzepten als das Weingesetz, den hundertprozntigen 100%-igen Riesling mit begrenztem Ertrag und nur aus steilen Terrassenlagen zum Marketing-Prinzip erhoben.

Alte List hat sich hier geregt (List hieß ursprünglich Wissen!), um das zu verteidigen, worin man lebte, gegen den in der Region von vielen Institutionen und Geschäftsinteressen eingeführten Kopierergeist den Originalgeist auszupacken.

Nur wenige Jahre später nach der Qualitätsoffensive entdeckte die Erzeugergemeinschaft neben der Logik des Weines, verkörpert in den Rieslingterrassen auch das Thema der Ökologie, daß im Schutz des Apollofalters einen einzigartigen Symbolträger fand, den Parnassius apollo viningiensis, der hier an der Untermosel die größte Population nördlich der Alpen besitzt. Es ist ein großes Rätsel, warum er nirgendwo sonst an Rhein und Mosel in vergleichbaren Standorten vorkommt, dieses ehemalige Schmuckstück jeder Schmetterlingssammlung (heute natürlich streng geschützt), das uns sonst eher vom Himalaya-Gebirge bekannt ist. Der Einsatz für den Schmetterling hat das Bewußtsein geschärft für ein absolutes Insektizidverbot in den Weinbergen und die Population gedeiht seitdem besser als zuvor. Entscheidend haben sich damit aber nicht nur die Bedingungen für eine vielfältige Flora und Fauna verbessert, der Lebensraum Weinberg rückte erst richtig in den Blickpunkt. Ohnehin waren in den 1980er Jahren mit dem Aufkommen der Ökologie als Thema immer mehr Geographen, Ökologen, Biologen auf die Kulturlandschaft der Terrassen aufmerksam geworden, daß hier durch die Felsen und die Trockenmauern so zahlreiche Nischen vorhanden waren, daß sich ein außerordentlicher Artenreichtum entwickeln konnte, bei denen einige Raritäten nur die Höhepunkte sind in vielen äußerst differenzierten Pflanzengesellschaften. Wie beim Apollo finden viele Pflanzen und Tiere, deren Hauptverbreitung im Süden ist oder eben (s.o.) in Hochgebirgen wie dem Himalaya in den trocken-heißen

Felsformationen hier oftmals ihre nördliche Verbreitungsgrenze. Es ist anders als beim Wein, der wie wir aus alten Zeiten wissen auch bis Königsberg zur Ostsee hin, bis Skandinavien und Schottland gewachsen ist und wachsen könnte, wenn Felsen und Mauern vor dem Wind schützen. Hat der Wein nahe am 51. Breitengrad doch nur seine Grenze als noch wirtschaftlich interessantes Produkt solange man hier einzigartige

Der Goldlack: Versprüht Anis-Zauber im Wein

Spezialitäten anbaut. Interessant sind auch die oftmals über den Weinbergen gelegenen Niederwälder, die früher traditionell zur Gewinnung von Gerberlohe wirtschaftlich genutzt wurden und sich heute meist zu einem interessanten „Urwald" (es gibt hier oft keine Zugangswege in diesem Felsenwald!) entwickeln mit ebenfalls einer spezifischen reichhaltigen Pflanzen- und Tierwelt. Deren Umsetzungsprodukte liefern bei schweren Gewittern dann einen würzigen Humus in die Weinberge hinunter. Unter den Bäumen sind hier besonders der Felsenahorn, die Felsenbirne und die zahlreichen Trauben- und Steineichen. Auch der seltene Buchsbaum ist hier an der Mosel noch zu Hause. Unter den höchst seltenen wärmeliebenden Tieren (rote Liste!) ragen hervor: die Zippammer, die scheue nur selten sichtbare Smaragdeidechse und die Rotflügel-Ödlandschrecke mit ihren rotschwarzen Hinterflügeln, die nur im Flug sichtbar sind. Wie das Leben so spielt haben mir weit mehr als 100 Tage in den Steillagen keine einzige Smaragdeidechse vor die Kamera gebracht, bei einer Verabredung mit einem Freund wurde dieser beim Warten prompt von einer dieser größeren grünen Echsen unterhalten. In anderen Regionen selten sind die kleinen flinken Mauereidechsen an ausreichend warmen sonnigen Tagen hingegen nahezu an jeder Mauer zu entdecken. Bemerkenswert neben Apollo sind auch die mehr als 50 anderen Schmetterlingsarten. Interessant ist das Thema von Flora und Fauna aber nicht nur um ihrer selbst willen. Von Anfang an haben mich als täglicher praktischer Koch in den Weinbergen begeistert die wilden Thymianarten, der Oregano, der Feldsalat, die wilden Lauchorten, der Schildampfer (eine Sauerampferart, die sonnige Steinhalden

Fertiges Rezept: Weinbergschnecke im Thymian

liebt) und vereinzelt auch köstlich intensive Raukenarten. Ein großräumiges über ein Probieren hinausgehendes Abräumen ist natürlich nicht nur verboten, es würde meines Erachtens mit Sicherheit auch den hier wachsenden Weinen einen Teil ihrer Reize nehmen. Das für mich Spektakulärste an der Flora und der Fauna im Weinberg ist nicht nur ihre reizvolle Vielfalt oder eben die sichtbaren Highlights, die dabei helfen diesen

Schildampfer unter den Pfählen

seltenen einzigartigen durch Kultur geschaffenen Lebensraum ernstzunehmen. Anders als die verschiedensten Einzelinteressen an diesem Raum ist, darin klassischem ökologischem Gedankengut verwandt, das Spannende zu verfolgen wie eindeutig gerade der Reichtum der Pflanzen- und Tierwelt in diesen nicht monotonisierten Weinbergen den besonderen Geschmack vieler Weinbergsparzellen vielleicht erst ausmacht. Schon vor vielen Jahren ist mir aufgefallen, daß der aus Burgen ausgewilderte Goldlack im Weinberg oder darüber auf rätselhafte Weise dem Wein eine wunderbare anisartige Note verleihen kann. Der höchst seltene Diptam könnte verantwortlich sein für manche feine Zitronennote im Steillagen-Riesling. Summa summarum kann ich mangels botanischer und zoologischer Kenntnisse sehr wenig über die geheimnisvollen Zusammenhänge der Weinbergswelt mit dem Geschmack des Weines sagen. Daß eine große Vielfalt aber ein Signal für einen intakten Lebensraum ist und damit auch einen lebendigeren umsatzstärkeren Boden mit würzigerem Humus, ist vielen Weinen besonders beim Abgang anzumerken. Ausspucker und Weinschwätzer (besonders unter den Fachleuten aller Art so häufig vertreten, die mit dieser Notwendigkeit oft selbstkritiklos umgehen und die Verantwortung tragen für den Erfolg vieler Neuzüchtungen und charakterloser Weine auf dem Markt) nehmen von der nachhaltigen Würze natürlich bestenfalls den zauberhaften Duft wahr, der leicht täuschen kann. Es ist bemerkenswert, daß aus die Fels, die nackt gewesen ist, durch viel Fleiß und Intelligenz mit viel Kummer auf dem Boden sich aus dem Nichts die fruchtbaren Reben erheben. Diese machen im Zusammenspiel mit dem Pflanzen- und Tierleben aus einem äußerst

Sedum album: Die unersetzliche Futterpflanze für den Apollofalter, im Weinberg ein Zeichen für einen gesunden Boden

schwachen Umsatz eine große Umsatzstärke im Boden, die in dem kargen Stein notwendig ist. Dieses intensive Leben ist notwendig damit Humus entsteht, dessen Güte durch die reichhaltige Luft, die in den lockeren Boden außergewöhnlich tief eindringen kann, begünstigt wird. Jeder Besucher der Chöre kann beim Umdrehen des Kummers leicht feststellen welche krabbelnde Lebendigkeit hier unter dem Steine lebt und hartnäckig für

Rebe und Mensch arbeitet. Die Schieferböden der Mosel gelten zurecht als ewige Weinberge weil ihnen nie die Nährkraft der Mineralien ausgegangen ist. Sie können, wenn man einigermaßen ökologisch mit ihnen umgeht, ein Musterbeispiel darstellen für das heutige Thema des nachhaltigen Wirtschaftens unter dem allerdings meist ein nachhaltiges Wirtschaften unter industriellen Bedingungen verkauft wird, was hier nicht der Fall ist. Es darf als ein historisches Wunder angesehen werden wie in diesen Weinbergen aus mengenmäßiger Ertragsschwäche eine wirtschaftliche Ertragsstärke in Jahrtausenden entwickelt wurde. Es ist die große Kunst der Moselaner, immer beim Stock geblieben zu sein. Das stärkste entwaffnende Marketing Argument der Burgunderwinzer, warum man sie nie kopieren oder einholen könne ist es, daß hier eine Wurzelmasse von 2000 Jahren Rebland immer weiter verrottet und dadurch neues Leben schafft, das in den Weinen erfahrbar ist. Untersuchungen haben dort ergeben, daß die Humusmasse bis in größere Tiefen sich zu rund 60% aus abgestorbenen Rebwurzeln zusammensetzt. Diese Menge ist in neuen Weinbaugebieten oder zwischendurch brachgefallenen Weinbaugebieten oder überdüngten Weinbaugebieten (Stickstoffdüngung lähmt das Wurzelwachstum, die Eigenkraft der Rebe) oder Weinbergen mit einem zu guten Wasserhaushalt niemals einholbar. Dieselbe Argumentation wie die Burgunder könnten sich die Moselaner vermutlich auch zu eigen machen, wenn es denn einmal Untersuchungen zum positiv Vorhandenen und nicht nur zu meist fragwürdigen Verbesserung

smöglichkeite gäbe. In diesem Zusammenhang ist die Aussage von Jean-Claude Bourgoignon interessant, dem französichen „Bodenlebenpapst", dessen zentrale Aussage lautet: „Wir verstehen fast nichts vom Boden. 95% seines Lebens sind uns unbekannt, deshalb müssen wir ihn schätzen." Mit Aussagen wie: „Es ist eine Frechheit von Grand Cru zu reden, vom gro-

Die Hauswurz: Ein Humuspionier

ßem Terroir in Burgund zu reden, wenn 99% der Böden toter sind als die Wüste der Sahara." Er hat damit in dem traditionell noch rücksichtsloseren und umweltverachtenderen französischen Weinbau ein großes Umdenken ausgelöst. Ein großer Teil der dortigen Winzer hört ihm inzwischen andächtig zu. Viele Spitzenbetriebe haben ihn als Berater für ihr Bodenleben, der Basis für die Spitzenqualität, eine große Qualitätshumusgenossenschaft hat sich gegründet, der Boden ist in Bewegung gekommen. Ähnliches läßt sich von den Winzern an der Untermosel sagen. Wie praktisch überall in der Welt hatten sie ihre Böden in den sechziger und siebziger Jahren zunehmend überdüngt und die von Kultur aus so nachhaltigen Steinböden stark verarmt. Daß sich hier etwas getan hat und nicht nur geredet wird, beweist ein äußerst eindrucksvolles Dokument. Der Brunnen am Schwimmbad befindet sich direkt unter der stark bewirtschafteten Weinbergslage Winninger Hamm. Die Nitratwerte gingen von dramatisch hohen 681 mg/l binnen 17 Jahren auf rund ein Zwanzigstel zurück, beeindruckenderweise als ununterbrochener Steilabfall in jedem Jahr.

```
                        Nitrat-Entwicklung

                  Brunnen am Schwimmbad Winningen
                  ─────────────────────────────────


          Oktober '81          -          681 mg/l

          Oktober '82          -          643 mg/l

          Oktober '83          -          608 mg/l

          Oktober '84          -          566 mg/l

          Oktober '85          -          541 mg/l

          Oktober '86          -          438 mg/l

          Oktober '87          -          413 mg/l

          Oktober '88          -          411 mg/l

          Oktober '89          -          392 mg/l

          Oktober '90          -          351 mg/l

          Oktober '91          -          334 mg/l

          Oktober '92          -          308 mg/l

          Oktober '93          -          212 mg/l

          Oktober '94          -          153 mg/l

          Oktober '95          -           92 mg/l

          Oktober '96          -           72 mg/l

          Oktober '97          -           63 mg/l

          04.03.1998           -         34,5 mg/l


    PS: Sehr geehrter Herr Dr. Stumm,

        die Nitrat-Messung heute morgen habe ich selbst überwacht. Das Er-
        gebnis ist überraschend gut. Die Höchstwerte sind immer im September/
        Oktober und sind nicht unbeeinflußt durch Mineralisierung und von
        Humusversorgungen. Die Wetterabhängigkeit spielt dabei auch eine
        Rolle.

        Mit freundlichen Grüßen
```

Der Mensch und sein Ort:
Terroir-Bestimmung und Rebsorten

Wenn heute von Terroir die Rede ist, von dem spezifischen Zusammenspiel eines bestimmten Bodens und Klimas, wird der wichtigste Faktor oft vergessen, werden diese oft wissenschaftlich-wertfrei-schematisch oder mystisch-verklärend dargestellt.

Das Entscheidende bleibt oft auf der Strecke der halbherzigen Mode-Informationen: der Mensch und sein Ort, die kulturelle Leistung, das genau und auf lange Sicht Paßgenaue für den jeweiligen Ort gefunden zu haben und dieses Passende stetig (natürlich mit Aufs und Abs!) weiter entwickelt zu haben an diesem Ort. Ich meine die anfangs intuitive, später systematische Wahl der Rebsorten. Wenn in den zahllosen populären Weinartikeln oder -sendungen, besonders in Deutschland aber auch in den Fachzeitschriften der Branche heute von gutem Terroir oder guter Lage und dabei gleichzeitig von einer fast wahllosen Vielfalt an Rebsorten die Rede ist, ist das pure Scharlatanerie. Es gibt keine besondere Lage, die für vieles besonders ist, auch wenn dies neoromantisch überall im Denken und in der Presse herumgeistert, so z. B. in einem Artikel über ein traumhaftes kalifornisches Weingut (deutschen Besitzes), wo das Terroir exzellent ist für ...es folgt eine Aufzählung der widersprüchlichsten und gegensätzlichsten Rebsorten rot und weiß. Alles, was der Markt so hergibt und verlangt, wächst plötzlich auf edelstem Terroir.

Das große Rätsel ist und bleibt jedoch: wie hat der Mensch die ideale Sorte oder evtl. Sortenmischung für einen spezifischen Ort gefunden und dann evtl. im Ort noch einmal auf den Punkt sortiert? Welche kulturellen und sozialen Faktoren sind dafür verantwortlich, daß ein Ort sich auf eine Sorte festgelegt hat und sie festgehalten hat, das Beste einmal gefunden hat und die Kühnheit besessen hat, dabei zu bleiben? Es ist das Geheimnis des Erfolges an einem Ort gegen die gefährliche Beeinflussung durch Moden und „Reiser" aller Art. Reisen doch seit rund 3000 Jahren die Reiser-Verkäufer durch die Welt um an jedem Ort die vermeintlich besseren Edelreiser zu verkaufen, neue Rebsorten die Schätze versprechen und Armut und Niedergang bewirkten in den meisten der längst vergessenen ehemals berühmten Steillagenregionen. Das Geschäft der Reiser erleichtern heute die naiven irregionalen Hofberichterstattungen über das ewig Neue, das morgen bereits das ewig Alte ist, seit es die Druckerpresse gibt.

Terroir wird erst dann wirklich interessant, wenn die Winzer eines Ortes (wirkliches Finden der passenden Sorte geht praktisch immer nur von einer mehr oder weniger selbstständigen Winzerkultur eines oder einiger führender Orte aus, wobei Winningen als vor den Flachlagenerweiterungen der Mosel größter Weinbauort immer eine wichtige Vorreiterrolle gespielt hat) das Risiko der besten Lösung, der besten Sorte eingegangen sind, die Tradition bewahren, sich der Verlockung der kurzfristigen geographisch und zeitlich schnellen Profite zu erwehren wissen. Gerade in den traditionell von kleinen Winzern dominierten kleinstrukturierten Steillagenregionen, insbesondere natürlich den Chorterrassenregionen ist dies fast nie der Fall gewesen auf Dauer. So sind im Laufe der Zeit die meisten der berühmten Terrassensteillagen der Antike und des Mittelalters brachgefallen, so die edelsten Steillagen der Neuen Welt im 18. und 19. Jahrhundert, immer mit einem merkwürdigen Schweigen der Geschichtsschreibung, handelte es sich doch um den Fall der kleinen Leute. Vergaß man den Luxus, der gerade von diesen immer produziert wurde, so wie die edelsten Kräuter, Gewürze, Duftessenzen, Rauschmittel usw. fast alle aus kärgstem, entlegenstem, mageren, nicht oder kaum bebaubarem Land kommen, wo alles schön langsam und strukturiert, auf natürliche Weise gedrosselt, wächst.

Soweit die Erläuterung zum folgenden Vorschlag!

*

Der französische Terroir-Begriff ist unlösbar mit ganz bestimmten Rebsorten oder Rebsortenkombinationen verknüpft, die den typischen „gout de terroir" ausdrücken. Wird dieser Zusammenhang nicht klar gesetzlich geregelt, ist das Aufkommen eines Lagenbegriffes als deutsches Äquivalent zum „terroir" kaum zu erreichen. Die Untere Untermosel hat sich ein klares Image

für den Riesling geschaffen, Neuzüchtungen spielen kaum eine Rolle. Sie sollten mittelfristig von jeder näheren Ortsbezeichnung ausgeschlossen werden. Vor allem übergangsweise könnte ein Hinweis auf bessere, beispielsweise Müller-Thurgau-Weine über andere Zusatzbezeichnungen wie etwa „Steillagen-Müller-Thurgau" möglich sein - ohne Ortserwähnung. Rieslinge hingegen sollten, wie im Klassifizierungsmodell vorgeschlagen, nähere Herkunftsbezeichnungen erhalten, die sich dann entsprechend profilieren können. Die für die Zukunft vielleicht spannendste und diskussionswürdigste Frage ist die der Verbindung von „terroir" und Burgundersorten, die an der Unteren Untermosel eine große Tradition besitzen, welche in diesem Buch auch geologisch begründet wurde. Streng genommen ließe sich für manche Lage unter Umständen ein besseres Profil für Burgunder herausarbeiten als für den Riesling. Unterschiede der Lagen sind beim Spätburgunder mindestens ebenso faszinierend. Dies läßt sich bei jeder größeren Mosel-Spätburgunderprobe deutlich wahrnehmen. Das klima- und bodenbedingte Besondere - vielleicht an der gesamten Mosel sogar herausragende - Spätburgunder-Potential ist bei dem zunehmenden Rotweintrend und der Erkenntnis, daß es, richtig angepackt, klimatische Probleme kaum, nur kellertechnische und erfahrungsmäßige Defizite gibt, auf jeden Fall alle Überlegungen wert. Weiß- und Grauburgunder sollte man diskutieren, obwohl beide nachweislich eine gewisse Tradition besitzen und bereits verblüffend gute „Beispielsweine" erbringen, ob man Lagen- oder auch Ortsbezeichnungen hier zubilligt. Es könnte eventuell zu dem Profil einzelner Orte beitragen, die nach entsprechender Forschung und qualitäts- und profilfördernden Vorschriften dafür ein Recht erhalten. Es gilt dabei dies abzuwägen gegen eine Verwässerung des Riesling-Profils. Chardonnay als edelste Sorte neben dem Riesling wird in Deutschland immer das Image der Kopie haben.

Er wäre für die Untere Terrassenmosel nur sinnvoll, wenn diese kein unverwechselbares, autochthones Spezial-Profil für den Riesling besäße. Beim roten Spätburgunder ist die Konkurrenz zum weißen Riesling weniger gegeben. Er war zudem noch im 19., vor allem aber im 18. Jahrhundert als „schwarzer Burgunder" eine wichtige, hochstehende, zum Ruf der Region entscheidend beitragende Sorte. Eine Orts- und Lagenbezeichnung könnte hier parallel zum Riesling erfolgen, eine Klassifizierung bedarf der Forschung. In jedem Falle sollte eine Lagenbezeichnung aber an das Vinifizierungsverfahren der „klassischen Maischegärung" gekoppelt werden, da die vordergründigen Fruchttöne und schwachen Tanninstrukturen der maischeerhitzten Weine nur wenig „terroir-" Charakter hervorbringen.

Die Weinbauorte
Die Weinbergslagen

Der Thema der Klassifizierung

Es ist erstaunlich. Es ist paradox. In den meisten Weinbauländern der Welt gibt es keine Weinbergslagen im deutschen Sinne, verstehen weder Kellereien, noch Genossenschaften oder Weingüter, was eine Weinlage ist. Große Partien von Weinen oder Trauben vom jeweiligen Winzer oder Weingut werden zu Phantasiemarken oder regionalen Weinen oder evtl. Weinguts- bzw. Chateau-Namen zusammengefaßt. Fragt man einen typischen winemaker aus der Neuen Welt nach den Weinbergen, wo sein Wein wächst, weiß er dies oft nicht einmal, weil er nur die Trauben verarbeitet oder er spricht von einer bestimmten bloc-Nummer. Es geht um große Flächen und wenn es sich um kleinstrukturierte Flächen handelt, dann ist diese bestenfalls als Arbeitsfläche des Winzers bekannt, aber niemand käme auf die Idee eines Lagennamens.

Das Konzept der Lage, der kleinstmöglichen und engsten Bezeichnung einer landwirtschaftlichen Produktionsfläche, der es gelingt, mit ihrem Namen auf das Etikett zu gelangen und damit praktisch zu einer Persönlichkeit zu werden, die über die allgemeine Massenware hinausragt, ist von jeher ein Exklusives. Nur ganz wenige spezielle herausragende Orte in der Welt haben es geschafft auch noch über ihren Ortsnamen hinaus (auch dies ist sehr selten und schon exklusiv) verschiedenen Weinbergen einen Namen zu verschaffen, die Qualität weiter zu differenzieren und dadurch höhere Preise zu erzielen als es der Fall wäre mit einer größeren allgemeineren Bezeichnung. Fast alles, was wir im Supermarkt finden sind Weine von mehr oder weniger großen Regionen oder es werden unter Kellereimarkennamen wie z.B. im Falle von Australien oder Kalifornien Weine verkauft, die aus riesigen Ländern oder Bundesstaaten verschnitten werden dürfen, damit sie rund gefällig, verbrauchergerecht sind und möglichst gut standardisiert in jedem Jahr. Auch z.B. der berühmte Champagner verdankt seine als edel angesehene Qualität der Kunst, die Weine zahlloser Ortschaften und Winzer aus verschiedenen Rebsorten und Jahrgängen so geschickt zu vermählen und als Cuvee in der Flasche zu vergären, daß die Kunden zufrieden sind wegen der Beständigkeit und Gleichmäßigkeit der Qualität. Es sind Marken wie Parfums, die großen Handelshäuser profitieren davon, niemand käme im Normalfalle auf die Idee eine besondere Lage hervorzuheben und sich damit abhängig zu machen von dem Winzer, der sie bebaut, der im Falle eines guten Rufes natürlich ständig mehr Geld für seine Trauben verlangen würde. Deutschland und insbesondere die Mosel als über 100 Jahre führende Weißweinregion der Welt hat eine völlig andere Tradition.

Schon im 19. Jahrhundert haben, wie nirgendwo auf der Welt (die Winninger Familie Knebel kann mit 1880 den ältesten Nachweis führen für Flaschenweinversand mit individuellen Lagenweinen aus Winzer- also nicht Handelshand) die Winzer an der Mosel begonnen, sich vom Handel zu befreien, um zu höheren Gewinnen zu kommen. Parallel dazu war die Qualität natürlich auch individueller, keine Cuvée, sondern Produkt eines einzelnen Weinberges und zudem auch schon damals oft mit Garantie der Naturreinheit ausgestattet, also totaler Freiheit von Zucker oder anderen „verbessernden" Zusätzen.

Mit der Vermarktung solcher Originalweine wehrte man sich gegen die auch damals schon enorme Globalisierung und die großzügigen Verschnittpraxen des Weinhandels. Individuelle Qualität stand gegen unsichere Massenqualität. Der deutsche Wein kostete im Schnitt um 1900 das annähernd Fünffache des Französischen. Es war eine exklusive Kultur, die sich der Normaldeutsche gar nicht leisten konnte, der bestenfalls mal einen billigen Spanier kaufen konnte oder preiswertere deutsche Weine, die mit Franzosen oder anderen preiswerten Fremdweinen zur Preisverminderung gestreckt waren. Wie groß und differenziert besonders an der Mosel die Differenzierungskultur, die auch heute wieder so gefragte Authentizitätskultur war, wird an einer Unzahl von alten Preislisten vieler seriöser Weinhandlungen deutlich, die oft 40, 50 Weine mit Ortsnamen und dann noch einmal mehr als 100 verschiedene Lagennamen enthalten, darunter auch viele unbekannte. Denn schon damals gab es die Vorläufer der Großlagennamen, Weine, die gar keine Lagen waren, sondern eher Marken, Verschnitte aus Lagen eines größeren Umkreises, die unter einem Lagennamen verkauft wurden, der gar keine Lage war, so wie heute der Oppenheimer Krötenbrunnen, der Piesporter Michelsberg usw. und auch viele baden-württembergische Namen, deren Markenpoesie die Kellereien und Genossen scheinbar nicht aufgeben wollen. Mitten im Informationszeitalter mit solcher systematischer Desinformation damit das Schönste zu verstecken, was die ganze ansonsten so vernebelte Konsumwelt zu bieten hat, ist ein beispielloser Skandal, eine beispiellose Dummheit. Denn welcher Normalverbraucher weiß, daß es in Deutschland echte Lagenweine gibt, die wirklich von einem oft winzigen spezifischen Stückchen Erde oder Fels stammen. Es sind Produkte mit einer Transparenz, einer Informationsgüte, die selbst vielen Weintrinkern gar nicht klar ist. Der Winzer hingegen faßt es als selbstverständlich auf ebenso viele Kunden in Weingütern.Es ist nichts Besonderes, was sie kaufen, weil sie gar nicht wissen, daß es dies fast nirgendwo sonst gibt und vor allem nicht zu bezahlbaren Preisen. Im weitesten Sinne industrielle Weine beherrschen die Regale und handwerklichen individuellen Produkte werden nicht erkannt, weil die Großlagennamen den selben individuellen Scheincharakter im Namen tragen, eben auch als Lagen gelten.

Als weiteres Erschwernis, die Besonderheit deutscher Einzellagennamen zuerkennen, kommt die 1971 eingeführte Weinbergsrolle hinzu. Hier wurden viele der ehemals 30000 Lagen zu einem neuen oft willkürlich von einer bestimmten namhaften Einzellage weggenommenen Namen zusammengeführt zur Rationalisierung von Vermarktung und Kellerwirtschaft, hieß es. Bis heute ist der Geist der Lagenvereinfachung nicht aus Bürokratie und Verbänden verschwunden, hält man die deutschen Weine trotz ihrer Kleinstrukturiertheit für zu kompliziert wegen der angeblichen Vielzahl ihrer heute rund 2500 Lagen. Als müßte irgendjemand diese auswendig lernen, als müßten alle bekannt sein. Kein Burgunder-Winzer aus Gemeinden, die 50, 60 oder 100 Lagennamen haben, sähe es als Problem an, daß der Verbraucher sie nicht alle kennt. Es ist ja sein ganzer Stolz, den Flurnamen, seinen Arbeitsplatz quasi, auf dem Etikett tragen zu dürfen, wie es schon viel früher der Stolz der Moselaner war. Originale sucht man, man muß sie nicht finden. Wenn in diesem Buch die Weinbergslagen mit einer großen Differenz von z.B. 3 bis 5 Sternen ausgezeichnet werden, dann ist dies ein Hinweis darauf, daß die 71er Lagenzusammenlegungen unglücklich gewesen sind und unter dem gleichen Weinbergsnamen sehr ungleiche Qualitäten verkauft werden, der

Lagenname alleine also keine sichere Information bietet. Hier ist eben die visionäre Leistung der Erzeugergemeinschaft „Deutsches Eck" zu sehen, die falschen weingesetzlichen Grenzen durch selbstgesetzte Grenzen zu korrigieren und nur die Terrassen- und Steillagen anzuerkennen. Was die Bewertungen angeht, ist in diesen kleinstrukturierten Terrassenräumen ohnehin immer zu beachten, daß es große Unterschiede auf engem Raum gibt - eine objektive Lagenklassifikation nie möglich sein wird, einc als Markennamen gedachte Lage der Realität des Weines entgegensteht. Es kommt ohnehin immer auf die Qualität des spezifischen Jahrgangs an. Jeder Weinberg kommt anders mit einem bestimmten Wetterverlauf zurecht. Wenige hundert Meter können oft darüber entscheiden ob ein Weinberg einen rettenden oder einen schädigenden Regen erhält. Eine komplexere unmöglichere Angelegenheit als eine objektive Lagenklassifikation ist kaum denkbar, ist in diesen nicht monotonen Räumen mit ihren feindifferenzierten geologischen klimatischen sowie ökologischen Unterschieden immer nur ein Annäherungsversuch. Die speziell an der Mosel traditionsreiche Differenzierung der Weine nach ihrer natürlichen Reife, die sich heute noch im Prädikatsweinsystem ausdrückt, kann man als eine begriffsfeinmechanische Lösung der natürlichen Schwankungen in den Qualitäten betrachten. In Deutschland besitzt man keine wirkliche Weinmarkentradition. Die natürlichen Unterschiede in den Jahrgängen und in den Lagen in den Reifeunterschieden können auf dem Etikett ausgedrückt werden. Dies ist ein einzigartiger Vorteil des deutschen Prädikatsweinsystemes, dessen Wurzeln in der großen moselanischen Tradition der Originalabfüllungen von Naturweinen der verschiedensten Gütestufen zu sehen ist. Der Wein wurde aufgrund der ungeheuren Transparenz des Marktes, der Vielfalt von Handel und Erzeugern seit dem 19. Jahrhundert sehr stark nach der individuellen Qualität verkauft. Am Fuder entschied sich oft, ob der Wein eine feine, feinste oder hochfeine Spätlese oder Auslese war. Der Wein bekam den Namen für das was er war nach einer oft strengen Selbsteinschätzung. Die Prädikate sind im Grunde ein Korrektiv gegen die ausschließliche Rolle des Lagennamens. Jeder Kenner weiß, daß eine zum optimalen Zeitpunkt sorgfältig gelesene Auslese einer „kleinen Lage" ein besserer Wein ist als ein zu früh gelesener Kabinettwein aus einer Spitzenlage. Gerade der heiße Jahrgang 2003 stellt einen einzigartigen Beweis dafür dar, wie leicht sich die Qualitäten zwischen den Lagen verschieben können. Ausnahmeweine aus klimatisch ungünstigeren Lagen sind an der Mosel auf lange Sicht immer wieder die Ausnahmeregel gewesen wenn der Boden aus dem selben exzellenten Gestein besteht wie die besten Lagen. Der Mosel-Riesling ist nicht nur bekannt für sein Spiel. Die Weine mit dem höchsten Spiel kommen auch selten immer aus den selben Lagen. Das es hier keine Lagenklassifikation gegeben hat ist sehr gut verständlich aus der Situation heraus als es fast nur Steillagen gab. Eine Lagenklassifikation ist nur deshalb absolut notwendig weil besonders in vielen anderen Teilen der Mosel sehr viele moseluntypische und moselunwürdige Weinberge mit wenig Steingehalt hinzugekommen sind. Das diese mittels Neuzüchtungsprädikatsweinen oder neuerdings Rotweinneuzüchtungen bei billigen Produktionkosten den Steillagen den Namen geraubt haben und davon profitieren ist das Problem. Hier ist eine Korrektur angebracht. Die modernen Marketingbestrebungen mit dem Begriff Selection ist eine weitere Attacke gegen das Thema der guten Lagen, da die Herkunft hier keine Rolle spielt. Die Idee der „ersten Gewächse" oder der „großen Gewächse" berücksichtigt zwar die Spitzenlagen, aber schließt viele andere je nach Jahr ebenfalls großartige Weine aus, wirkt zudem im Grunde eher wie ein Marke, wie ein Prädikat bei dem allerdings kurioserweise das Zuckern erlaubt ist im Gegensatz zu den traditionellen Prädikatsweinen. Es ist in der derzeitigen Weise schlichtweg ein Rückschritt in Richtung Frankreich ohne die Vorteile zu sehen, die der hiesige Winzer in der vielfältigen Differenzierung des Prädikatsweinsystems besitzt. Die Kundenfreundlichkeit und Verständlichkeit ist dabei enorm, wenn der Winzer oder die Region das System korrekt benutzt. Es ist geradezu paradox, wie ausgerechnet, als dieses Buch begonnen wurdem, endlich immer mehr Winzer das System seriös anwandten eine Diskussion entstand über Abschaffung der Prädikate und Hinwendung nur zum einfachen Lagenthema. Es war nie meine Absicht, wie es heute vielfach der Fall ist, das Thema der Lagenklassifikation als Kampfmittel gegen die Prädikate zu nutzen. Es ist im Gegenteil gerade das Ordnungsmittel, daß den Prädikaten erst wieder ihren Sinn gibt.

In diesem Sinne soll das Buch nicht statisch verstanden werden, nicht als tumber Führer, sondern als Anregung zur Wahrnehmung einer einzigartig differenzierten Kultur, die nur deshalb kaum als diese verstanden wird, weil sie so allgemein ist. Ach, das Gute liegt so fern.

Das „Wunder der Ortssatzung"

Wieder einmal überfiel der genius loci (der Winninger Ortsgeist) die Gemeinde zu einer schlagkräftigen Tat. In etlichen Weinbüchern, die sich mit der deutschen oder der moselanischen Weingeschichte befassen, auch in internationaler Weinliteratur findet man den Hinweis darauf, daß in Winningen die erste deutsche Ortssatzung betreffs der Weinlagen entstanden ist, wenn man so will, die erste saubere Abgrenzung der Lagen, die Basis einer jeden Klassifikation, eines Redens und Schreibens über Weinbergslagen, das Sinn machen soll. Das Erstaunliche ist nämlich, daß man es drehen und wenden kann, wie man will. Gerechtigkeit, die in einem pseudodemokratischen 71er-Weingesetz mit Füßen getreten wurde durch eine absolute Privilegierung der Maschinen- und Massenlagen, einen Mund- und Namensraub seitens der billigen Lagen an den kostbaren, wertvollen, aber meist mühsamen und daher keineswegs priviligierten Weinbergslagen, schien damals kein Problem. Der Ort hatte Weisheit, eine Meinung und Schlagkraft mit möglichem positivem Effekt in den Medien und im wichtigen Weinhandel.

Wie ich bei meinen Recherchen im Koblenzer Landesarchiv herausfinden konnte, schrieb der Winninger Bürgermeister Mitte September 1912 an den Binger Bürgermeister, man habe über 100 Weinbergslagen und wolle diese zwecks Übersichtlichkeit auf eine überschaubarere und kellergerechtere Anzahl reduzieren. Das 1909er Weingesetz hatte erstmals einen besonderen Schutz der Weinbergslagen formuliert und Handlungsbedarf geschaffen, wenn Winzer und Gemeinden wirklich korrekt und zugleich wirtschaftlich mit einer Weinberg slagendifferenzierung auf dem Markt agieren wollten. Das Erstaunliche: wie unten ersichtlich hatte sich Winningen scheinbar im großen Orts- und Winzerrat binnen zwei Wochen auf eine gerechte und klare Ordnung der Weinbergslagen geeinigt, mit einer geradezu perfektionistischen „Weisheit" eben. Wie im römischen Wort saber war hier schmecken und wissen noch eins. Aufgrund

Orts-Satzung

betr. die Bezeichnung der Weinbergslagen in der Gemarkung Winningen.

Auf Grund des § 11 der Rhein. Landgemeinde-Ordnung wird gemäß Beschluß des Gemeinderats von Winningen vom 3. Oktober 1912 folgendes Ortsgesetz erlassen:

§ 1.

Die Weinbergslagen in der Gemarkung Winningen erhalten fernerhin, unbeschadet der im Grundbuch und Kataster eingetragenen Gewannbezeichnungen und etwaiger reichsrechtlich geschützter Privatrechte, folgende, zur Vereinsachung der Herkunftsbezeichnungen der Weine dienenden Bezeichnungen.

A. Unterhalb der Ortschaft:

1. Rötgen:
Die Weinberge von der Güller Gemarkungsgrenze bis zum Brückstücksfloß.

2. Brückstück:
An Stelle der jetzigen Bezeichnung "Im Geißen".

3. Sternberg:
Die Weinberge vom Brückstücksfloß bis Seifenfloß.

4. Heideberg:
Die Weinberge von vorgenannter Grenze (3) bis Heide einschließlich Daubesberg.

5. Mäuerchen:
Sämtliche Bodenlagen unterhalb des Ortes.

6. Heilsborn:
Die Weinberge aufwärts des Daubesberg zu beiden Seiten des Tales.

7. Pfarrheck:
Die Weinberge oberhalb der Lagen Rötgen, Brückstück, Sternberg und Heideberg.

B. Oberhalb der Ortschaft:

1. Uhlen:
Die Weinberge von der Coberner Gemarkungsgrenze bis zum Distrikt "Oberer Hamm", ausschließlich der Distrikte "große und kleine Grube".

2. Hamm:
Die Weinberge von "Oberer Hamm" (einschließlich) bis zu einer Linie, die in gerader Richtung vom Beginn des Wolfstelsberges zum Breitenweg führt.

3. Breitenweg:
Von vorgenannter Grenze (2) bis Wolfstelspfad.

4. Rosenberg:
Unterhalb Wolfstelspfad die Distrikte Wolfstelsberg, Kirschenberg, Distelberg, das untere Tal des Sollig, Krambachsberg, Höllenberg, Rosenberg und vom Distrikt Hölle die Weinberge vom Krambachsberg bis zur Parzelle 3676/1404 einschließlich.

5. Hölle:
Die Weinberge unterhalb der zu 4 genannten Grenze bis Künneweg.

6. Münzstück:
Alle übrigen Bodenlagen oberhalb des Ortes.

7. Eisenberg:
Die Weinberge oberhalb der Lagen Uhlen, Hamm und Breitenweg.

8. Distelberg:
Die Weinberge oberhalb der Lage Rosenberg, einschließlich Kompenabering und das obere Tal des Sollig, soweit es höher liegt als nebenan die obere Grenze des Desdentalberges.

§ 2.

Diese Ortsatzung tritt mit dem Tage ihrer Veröffentlichung in Kraft.

Winningen (Mosel), den 3. Oktober 1912.

Der Bürgermeister.
Meyer.

Erklärung.

Nach der vorstehenden Satzung sind somit zusammengefaßt unter dem Namen:

1. Rötgen:
Die bisherigen Weinbergslagen: "Im Rötgen", "Im Brückstück".

2. Brückstück:
Die Lage "Im Geißen".

3. Sternberg:
Die bisherigen Weinbergslagen: "Im Sternberg", "Am Sternberg", "Im Seifenberg", "Im Seifengraben".

4. Heideberg:
Die bisherigen Weinbergslagen: "Am Kenntchesberg", "Im Hinterhall", "Im Lohwinkel", "Im Wetttingsberg", "Im hohen Rain", "Im Schrottelberg", "Im Göttchesberg", "Im Häuschesberg", "Unter dem Häuschesberg", "Taubesberg", "Im Heideberg".

5. Mäuerchen:
Die bisherigen Weinbergslagen: "Im Rech", "Im Fach", "Im Engwell", "Im Prossen", "Im Auen", "Im Binstel", "Im Emmering", "Im Mühlenpfad", "Im Sand", "In den Rachenmauern".

6. Heilsborn:
Die bisherigen Weinbergslagen: "In der Rübert", "In der Kubbach", "Im Knetschepfädchen", "Oben im Kompenabering", "Im Katzenschinder", "Im Hasborn", "Im Weilsborn".

7. Pfarrheck:
Die bisherigen Weinbergslagen: "Auf dem Geißen", "In den Kirchenstüden", "An der Heide", "In der Pfarrheck", "Auf dem Seifenborn".

8. Uhlen:
Die bisherigen Weinbergslagen: "In den oberen Uhlen", "In den vorderen Uhlen", "Im Rabenberg", "An der Blaufüßerlay", "Unter der Blaufüßerlay".

9. Hamm:
Die bisherigen Weinbergslagen: "Im oberen Hamm", "Im vorderen Hamm", "Im Hamm", "Im Hammsboden", "Im Breitenweg".

10. Breitenweg:
Die bisherigen Weinbergslagen: "Am Breitenweg", "Im Leichen", "Im Wolfstelsberg", "Unterm Wolfstelsberg".

11. Rosenberg:
Die bisherigen Weinbergslagen: "In der Wolfstel", "Im Kirschenberg". Die an den Desdentalspfad angrenzenden Weinberge des Distrikts "Auf dem Desdentalsberg", "Unterm Desdentalsberg", "Im Sollig" (untere Hälfte), "Im Höllenberg", "Im Krambachsberg", "Im Höllenberg", "Im Rosenberg", "Auf dem Zweig", vom Distrikt "Hölle" die Weinberge von dem Zweige "Krambachsberg" bis einschließlich Parzelle 3676/1404.

12. Hölle:
Die bisherigen Weinbergslagen: Der übrige Teil des Distrikts "Hölle", "Auf dem Leim", "Auf dem Kreuz", "Im Bärg", "An der Krambach", "Auf dem Gaul", "Im Herrenweg".

13. Münzstück:
Die bisherigen Weinbergslagen: "Unten im Breitenweg", "Im Strang", "Auf dem Münzstück", "Auf der Benn", "Auf dem Anwend", "Auf dem Acker", "In der Oberkunde", "Im Floß", "Am Fahr", "In der Unterkunde", "Im Koß", "Im Kammert".

14. Eisenberg:
Die bisherigen Weinbergslagen: "In der großen Grube", "In der kleinen Grube", "Im Eisenberg", "Oben auf der Wolfstel".

15. Distelberg:
Die bisherigen Weinbergslagen: "Unten auf der Wolfstel", "Auf dem Desdentalsberg", "Sollig" (obere Hälfte), "Auf der Klocksmaus", "Im Kompenabering".

Winningen (Mosel), den 3. Oktober 1912.

Der Bürgermeister.
Meyer.

dessen konnte man die wohl noch etwas zögerlicheren Binger überflügeln und sich in die Geschichte als Erster eintragen. Die traurige Situation des ganz exzellenten Binger Lagenpotentials voller Riesenbrachen ist sicherlich nicht nur auf die (von mir nicht weiter recherchierte) langsamere und andere dortige Weichenstellung zurückzuführen. Für Winningen aber war die Ortssatzung ein Meilenstein im örtlichen Weinverstand, der hier nie, wie anderswo an der Mosel, auf die Idee gekommen ist, daß Mark (der einheimische Ausdruck für Flachlagen) und Gebirge (der Name für steile Weinberge) gleichwertig sein könnten.

KOBLENZ

„Coblenz liegt nicht umsonst an der Stelle, wo Rhein und Mosel, die beiden rebenreichsten Ströme Deutschlands, zusammenfließen, und nicht ohne tieferen Grund heißt die Telegrammadresse des Coblenzer Casinos kurz und bündig ‚Weincasino'. Alljährlich... wenn am Dreikönigstage die Gesellschaft ihr Stiftungsfest feierlich begeht, schallt es aus tausend Kehlen durch ihre Räume:

> *Wir aber im Casino, wir haltens mit dem Vino.*
> *Er wachse wo er will auf Gottes weiter Welt,*
> *wenn er nur trefflich ist und kostet wenig Geld!"*

Dies schrieb Dr. Bellinghausen (der führende Stadt- und Regionalhistoriker seinerzeit, später langjähriger Direktor der Stadtbibliothek) 1925 in einer Darstellung über das „Coblenzer Casino". Kein anderes Zitat könnte das Phänomen der „Weinstadt Koblenz" besser charakterisieren. Im Casino, das 1808 noch unter Beteiligung von Franzosen gegründet worden war und einen phasenweise weltweiten Ruf für seine hervorragenden, aber eben auch preiswerten Weine besaß, waren damals alle bedeutenden Persönlichkeiten der Koblenzer Bürger- und Beamtenschaft sowie der früheren Garnison Mitglied. Aus dem ehemals eindrucksvollen Casino-Weinkeller ist übrigens die frühere Quelle-Tiefgarage geworden. Überhaupt würde die gesamte Bedeutung des Koblenzer Weinhandels erst deutlich überschaubar, wenn man (wie in anderen Weinstädten geschehen) einen unterirdischen Stadtplan anlegte. Was da noch an imposanten Kellern ehemaliger oder aktueller Weinhandlungen sowie vieler alter Adels- oder Bürgerhäuser (von denen viele ehemals Gutsbesitzer und/oder „Weinspekulanten" waren) ans Licht käme, wäre gewiß beeindruckend. So hatten die Vereinigten Weingutsbesitzer ihre Sektkellerei bis 1946 beispielsweise unter dem kurfürstlichen Schloß. Der oben zitierte Schlußreim ist das Ende von dem Lied, das von dem Geheimrat und Arzt Dr. Julius Wegeler gedichtet wurde, dessen gleichnamiger Vater, als späterer Deinhard-Teilhaber, 1894 – 1905 in einer entscheidenden Zeit die Geschicke des gesamten „Deutschen Weinbauvereins" als Präsident mitbestimmt hat. Der launige Vers verkörpert einerseits die Koblenzer Weltoffenheit den Weinen gegenüber, bedingt durch die geographische Lage an zwei Flüssen, mit vier Anbaugebieten im Regierungsbezirk. Internationalisiert und verstärkt wurde diese noch durch den häufigen Einfluß der Franzosen im Lauf der Geschichte. Deren Aristokratie hatte die Stadt zur Zeit der Revolution als Hauptzufluchtsort erwählt. Sie schuf die Grundlage zu einer regelrechten „Champagner-Mode" in Koblenz', besseren Kreisen (vgl. dazu die Schriften von Dr. Helmut Prößler). Das dann von den schnell assimilierten französischen Eroberern mitbegründete Wein-Casino, Deinhard und im Gefolge viele andere Weinhäuser hatten am „Deutschen Eck" schnell ein Profil darin entwickelt, Weine der verschiedensten Anbaugebiete von Koblenz aus zu vermarkten. Diese nicht „lokalpatriotische" Sicht der Dinge ist in der herrschenden Meinung der Stadt bis heute feststellbar. Andererseits war in der früheren Residenzstadt mit ihrer über Jahrhunderte gewachsenen geradezu archetypischen Beamtenmentalität der Weinhandel wie auch die „Weintrinkerschaft" immer von zwei Maximen gleichzeitig geprägt: Qualität und Preis. Nicht nur im Casino mit seiner ehemaligen Kellerkapazität für 1000

Fuder Wein und 350.000 Flaschen – auch bei den noch wesentlich größeren Vereinigten Weingutsbesitzern war die Kombination „preiswert & gut" durchschlagendes Marketingargument, wie alte Preislisten dokumentieren, in denen seitenlang Lobes- und Dankesschreiben von Justizräten, Rentmeistern, Professoren, Ärzten, Pfarrern und anderen Kunden abgedruckt wurden.

Die beim Kunden Vertrauen erweckende Mittellage in und zwischen mehreren Weinbaugebieten hatte in Koblenz dieses Unternehmen, gegründet 1901 von vierzig Weingutsbesitzern als Gesellschaftern zu dem modernen Pionier der Versandhandels-Direktvermarktung eines Weinvollsortimentes (neben deutschen Weinen u. a. auch das berühmte Chateau Lafite) werden lassen. Federführend zeichneten sich hierbei die heutigen Inhaber der Gesellschaft aus, die aus Ürzig stammende Familie Selbach. Koblenzer „VW-Weine" waren übrigens vor dem Wolfsburger Käfer bekannt und liefen und liefen... gesetzlich geschützt zunehmend besser (weswegen es sogar einmal einen Prozeß gab mit harmlosem Ausgang, da es sich, wie der Richter beschied, um zwei verschiedene Warengruppen handele). Nimmt man das Casino, das allerdings überwiegend an Mitglieder und Umfeld vermarktete, und die 1925 entstandene Königmarck'sche Kellerei noch hinzu, so könnte man der Stadt Koblenz eine zumindest nationale Vorreiterrolle für den Direktvertriebsweg im Versand von Wein zuschreiben. Hatten Selbachs ihre Ursprünge an der Mittelmosel wie weitere namhafte ehemalige Koblenzer Weinhandlungen, so startete die Königmarck'sche von Cochem aus. Die Kompetenz für die gesamte Mosel ist quasi nach Koblenz eingewandert, die Untere Untermosel mit traditionell weniger großhandelsbezogenen Absatzstrukturen spielte im Handel nur eine Außenseiterrolle.

Auf der ganz großen Handelsebene hingegen war Deinhard die alles dominierende Kraft am Ort, die Anfang des 19. Jahrhunderts über mehr als die Hälfte der in Koblenz lagernden Weinvorräte verfügte. Das 1794 von Johann Friedrich Deinhard gegründete Haus wurde nach politisch schwierigen Anfangsjahren sehr bald zu einem der großen Pioniere des deutschen Weinexportes, machte sich zudem bald einen Namen als Lieferant renommiertester Spitzenweine von Rhein, Mosel und Ahr an den preußischen Königshof und andere hochrangige Adressen. Daß die damalige Firma „Deinhard & Tesche" zu einem der großen Wegbereiter des Sekts aufstieg und den Grundstein für die in Deutschland im letzten Jahrhundert phasenweise führende Sektmetropole Koblenz (mit den meisten Produzenten) legte, sei hier nur am Rande vermerkt. Dynamik bekam der Koblenzer „Champagner-Ehrgeiz" übrigens im Jahre 1828 durch die Heirat einer Tesche-Tochter mit Remy Auguste Ruinart vom ältesten Champagnerhaus überhaupt (gegründet exakt 100 Jahre früher). Daß die Erfolgsgeschichte des letzten Familienunternehmens unter den ganz Großen der Sektbranche (im Frühsommer 1997) ausgerechnet in einer Phase mit dem Verkauf endete, in der die alte Qualitätsphilosophie immer mehr unter den Druck einer den Lebensmittelhandel beherrschenden „Mengen- und Billigideologie" geriet, paßt wie die Faust aufs Auge zur Geschichte des Koblenzer Weinhandels, der eher konservativ arbeitete und auch deshalb nie zur ganz großen, nur über den Preis durchsetzbaren „Massenweinabsatzmetropole" wurde.

Wie sehr Koblenz aber dennoch durch und durch eine Weinstadt war (wenngleich dies im Detail noch viel zu wenig erforscht ist und beispielsweise in der zweibändigen großen „Geschichte der Stadt Koblenz" – erschienen

1992/93 – nur wenige Zeilen diesem Thema gewidmet sind), unterstreicht auch das 1982 veröffentlichte Standardwerk von Etienne Francois „Koblenz im 18. Jahrhundert". Das Hauptkapitel über die Koblenzer Wirtschaft, „Der Handel und die Kaufleute", beginnt mit dem Thema „Wein und Holz als wichtigste Ausfuhrprodukte des Mittelrheinlandes". Der Wein liegt darin das gesamte 18. Jahrhundert hindurch an deutlich führender Stelle und Schiefersteine (das Geheimnis des Moselweins!) nahmen nach Holz zumindest Ende des Jahrhunderts den dritten Rang ein. Mindestens 5% der Koblenzer Bevölkerung lebte, laut Francois, nach der Volkszählung von 1795 direkt vom Weinbau (Weingärtner, Faßbender, Weinwirte) – ungerechnet der Weinhändler sowie der Schiffer, Fuhrleute oder Schröder..., die einen bedeutenden Anteil ihres Verdienstes aus dem Weinhandel erzielten. Darüberhinaus bezog ein großer Teil des Adels, der Geistlichkeit, der Beamten, der Bürger einen wesentlichen Teil seines Einkommens aus Weinbergen oder Abgaben daraus. Dazu kommt noch die im 18. Jahrhundert weit überwiegend vom Wein lebende Bevölkerung der heutigen Koblenzer Mosel-Vororte Moselweiß, Lay und Güls, nicht zu vergessen der damals bedeutenden Weinorte Lützel, Metternich, Rübenach und Neuendorf. 1904 schrieb dann Koch zum „Moselwein zu Coblenz" (die damals bereits eingemeindeten Orte Moselweiß, Metternich und Neuendorf hatte er noch nicht berücksichtigt): „Hat keine Weinberge, ist aber ein Haupt-Handelsplatz für Moselweine; es beschäftigen sich mehr als 50 Geschäfte mit dem Vertriebe von Moselweinen."

Letztere Tatsache ist viel zu wenig bekannt, wenngleich die Moselwein-kellereien in Trier und Traben-Trarbach und später auch Bernkastel noch stärker waren. Diese hatten gegenüber Koblenz den großen Vorteil einer klangvollen Absenderadresse, die sie als Mosel-Spezialisten auswies. Umso mehr zählte dies, wenn man weiß, wie sehr schon seit dem Mittelalter der Direkteinkauf im Erzeugergebiet eine wichtige Rolle bei führenden Kunden spielte. Könige und Fürstenhöfe suchten die Qualität am liebsten direkt vor Ort zu importieren. Koblenz erlangte auch deshalb nie einen Nimbus als Moselweinmetropole, stand immer zwischen den zwei Gleisen Mosel und Rhein, besonders als die ganze Welt in den Mosel- und Saar-Boomzeiten zur Jahrhundertwende nach Moselwein schrie. Aus diesem Komplex heraus ist es mit erklärbar, daß, soweit sich dies verfolgen läßt, der Koblenzer Weinhandel die Untermosel eher links liegen ließ (wörtlich) und ganz auf die national wie international renommierten Lagen der Mittelmosel und Saar setzte, um eine vermeintlich bessere Chance zu haben, dem mächtigen mittelmoselanischen Handel Paroli zu bieten. Der legendäre Kauf des Bernkasteler Doktor-Weinbergs im Jahre 1900 seitens der Wegelers, ist dafür geradezu das Musterbeispiel. Daß der Handel grundsätzlich nicht gerne die Weine der Güter „vor der Haustüre" vermarktet, weil diese zumindest von den einheimischen Kunden ja auch leicht direkt zu erreichen sind, kommt sicher hinzu. Dem entgegengesetzt wurden die Weine der heutigen „Terrassenmosel" von den Mittelmoselkellereien nicht nur als hervorragende Verschnittweine geschätzt, sie erschienen dort auch erstaunlich oft unter Orts- oder sogar Lagenbezeichnung auf Listen zu Anfang des 19. Jahrhunderts mit durchaus beachtlichen Preisen. Demgegenüber standen zweifellos die in einer Sektstadt wie Koblenz vorhandenen Interessen, gute Grundweine zu nicht zu hohen Preisen einkaufen zu können. Eine Profilierung von Untermosel und Mittelrhein lag also nicht in jedermanns Interesse.

Auffällig war auch die verhältnismäßige Zurückhaltung des Koblenzer Weinhandels bei den historisch aufregendsten Weinereignissen der Stadtgeschichte in den goldenen Zwanziger Jahren. Es waren dies vor allem die unter Oberbürgermeister Dr. Russell, besonders vom damaligen Hafen- und Verkehrsdirektor Lanfers geförderten Versteigerungen des „Wein-Versteigerungsring Koblenz", einer Vereinigung von Weingutsbesitzern des Rheins, der Untermosel und der Ahr. In der damaligen Festhalle stattfindend, wurden diese mit wechselndem Erfolg in unregelmäßigen Abständen abgehalten - entsprechend der wirtschaftlichen Konjunktur. Die Zeitung schrieb im März 1925: „...bis auf den letzten Platz gefüllt... geht lustig zu... viele Winzer von der Mosel... Wirtskreise..." Als die teuren 21er kamen, wurde die Versteigerung nach der 7. Nummer abgebrochen, da keine dem Wert entsprechenden Preise zu erzielen waren. „Wir armes Volk und können nicht bezahlen..." war der Tenor des Artikels. Legendär war gewiß auch die vermutlich erste (als Konkurrenz zu den Bernkasteler und Trierer Ringen initiierte) Versteigerung des Koblenzer Ringes im Jahre 1923 (1898 – 1900 gab es in Koblenz schon einmal Versteigerungen von Winzervereinen mit geringem Erfolg). Ein naturreiner 21er Winninger Uhlen brachte hier 15,7 Milliarden RM das Fuder. Das Eintrittsgeld von 1 Million RM für alle Tage oder 500.000 RM pro Tag wurde zur Rechtfertigung dieser „Luxusveranstaltung" an arme und notleidende Koblenzer Rentner verteilt. Ende der 20er bis in die 30er Jahre war Koblenz dann auch Versteigerungsort für eine Vereinigung von Weingütern der Ruwer und der Mittelmosel. Daß sich die unter Wert gehandelten Ruwer-Weine in dem Umfeld der „Mittelmosel- und Saarbarone" in Trier nicht so wohl fühlten wie im Umfeld der „Understatement-Untermoselregion" in Koblenz, mag hierfür ebenso ein Grund gewesen sein, wie die Meldung, daß besonders die 25er Versteigerung des Coblenzer Ringes prächtige Ergebnisse gebracht hatte.

Ein Markstein in der Weingeschichte der Stadt war jedoch die große nationale Reichsausstellung „Deutscher Wein" 1925 im Rahmen der Tausendjahrfeiern des Rheinlandes (vergleichbar der heutigen Intervitis). In dem eigens zu diesem Anlaß angelegten, ja heute noch bestehenden „Deutschen Weindorf", spielten Kreszenzen der Unteren Untermosel in der Preisliste jedoch eine sehr untergeordnete Rolle. Über die damaligen Aktivitäten namhafter Koblenzer Weinhäuser wie z.B. Matthias Lintz, Carl Scheid, Botzet ... ist leider bislang nichts auffindbar.

Durch den zweiten Weltkrieg erfuhr der traditionelle Koblenzer Weinhandel eine entscheidende Schwächung (alles war weggetrunken!). Die Prognose von Heinz Lönertz (Geschäftsführer des Verbandes der Weinhändler Mittelrhein) aus dem Jahre 1950, daß der Weinhandel zum Wohle der Stadt und des ganzen Landes seine frühere Leistungsfähigkeit wieder gewinnen werde (er lobt vorher die Geschichte als Hauptweinumschlagsplatz durch die Wasserstraßen und die Stärke des Koblenzer Weinhandels wegen seines breiten Sortimentes aller Erzeugergebiete) ist nur sehr bedingt wahr geworden.

Einen positiven Trend hat Koblenz als Weinstadt erst wieder in den letzten Jahren erfahren durch verschiedene Aktivitäten, forciert vom neuen IHK-Geschäftsführer Hans-Jürgen Podzun, einen der renommiertesten deutschen Weinkenner. Mit einer Ausschreibung der „Kammerweine des Jahres" hat er einen zusätzlichen Wettbewerb entfacht unter den Betrieben des Koblenzer Kammerbezirks. Gerade die „Terrassenmosel" (und insbesondere Winningen) ist hier bereits sehr erfolgreich gewesen. Unter diesem neuen „Etikett" haben sich, ebenfalls mit Podzun's wohlwollender Unterstützung, „Winzer und Köche an der Terrassenmosel" zu niveauvollen Veranstaltungsinitiativen auf der Wein-, Gastronomie- und Kulturebene zusammengefunden, um der Untermosel mit ihrem Oberzentrum Koblenz ein frisches Profil zu verleihen. Mit „Wein im Schloß" hat Podzun zudem 1997 vom Start weg die größte Weinpräsentation im gesamten Moseleinzugsbereich etablieren können. Über 2000 zahlende Weinnasen im Schloß dokumentierten eindrucksvoll das schier unbändige Weininteresse der Weinstadt Koblenz und ihrer Umgebung – eine Stadt, die auf eine solche Veranstaltung vermutlich seit den Versteigerungen vor über einem halben Jahrhundert gewartet hat. Was jedoch verwundert, ist die Absenz der Koblenzer Weine auf dieser Renommee-Veranstaltung, „die das Mittelzentrum stärken soll."

Dabei kann Weinanbau in Koblenz, auf eine bedeutende Geschichte zurückblicken. Im Mittelalter gab es innerhalb und außerhalb der Stadtmauern an Rhein und Mosel eine Unzahl von Weinbergen, mehrere Millionen Rebstöcke, die heutigen Vororte mitgerechnet. Selbst der für Moselwein berühmte Himmeroder Hof und die allererste  deutsche Zisterzienser-Abtei Kamp vom Niederhein, oder Trierer, Kölner und andere wichtige geistliche Institutionen steckten ihre Reviere ab und sorgten dafür, daß die Koblenzer selbst vor ihrer eigenen Haustür keineswegs allein dominierten. So stark war das Interesse an Koblenzer Lagenweinen, die nachweislich schon im Mittelalter in Kölner Zisterzienserhöfen ausdrücklich geschätzt und gehandelt wurden. Die neuzeitliche Unterschätzung des Niveaus insbesondere der Koblenzer Moselweine (bei den Rheinweinen stellt sich diese Frage ja heute leider kaum noch) dürfte verschiedene Gründe haben: Agrarische, soziologische und wirtschaftliche. Es ist ein Komplex von Ursachen, der sehr oft und geradezu klassisch dazu führt, daß in größeren Städten die Qualität der eigenen Weine meist unterschätzt wird. Ein nachvollziehbarer Grund liegt darin, daß naheliegenderweise der billigste Schoppenwein in den einfachen Schenken, für die einfachen Leute – aus Transport- wie Steuergründen – meist „Einheimischer" gewesen ist und dessen Bild prägte, während das „Bessere" für die oberen Schichten hingegen von auswärts kam. Auch in Städten wie Freiburg, Stuttgart, Wiesbaden oder Trier läßt sich dieses Phänomen beobachten, daß sich heute in dem allgemeinen Trend fortsetzt, das Fernerliegende, den Auslandswein höher zu schätzen als das einheimische Produkt. Noch schlimmer: Man kennt es gar nicht. Es ist völlig vergessen. Trotz des derzeit nicht nur modischen Gegentrends hin zum regionalen Produkt, käme kein Koblenzer, der etwas auf sich hält, auf die Idee, sich dieses wegen seiner herausragenden „Lagen-Qualität" zu kaufen. Das mag bei Äpfeln dasselbe wie beim Wein sein. Er kauft sie nur, weil sie, ganz im Casino-Sinne, zugleich „trefflich und preiswert" sind.

Image und Nachfrage stehen jedoch meist in Wechselbeziehung zur weinbaulichen Seite. So hat der engere Koblenzer Raum traditionell eine große

Bedeutung im Rotweinanbau besessen, die sich geologisch wie klimatisch hervorragend begründen läßt. Kalkgehalte im Löß und sogar im devonischen Gestein haben spätestens die Klöster des Mittelalters (die ja regelmäßig mit Frankreich konferierten) bereits als besonders burgundergeeignet registriert. Die Champagner-Bestrebungen insbesondere von Deinhard haben die Grundweininteressen für roten Burgunder noch einmal belebt.

Daneben spielte die durch die Bimseinflüsse zusätzlich verstärkte hervorragende Eignung vieler Böden für edles Obst eine große Rolle für alle koblenznahen Moselgemeinden, die nicht zu steiles, karges Land besaßen, also besonders im gesamten Einzugsbereich der Mündung.

Daß vor dem Hintergrund dieses wirtschaftlich vielseitigen Interessenfeldes, Koblenz als Erzeuger nicht vornean stehen konnte, als sich im 19. Jahrhundert – den Moselruf ab etwa 1860 bestimmend – die Riesling-Kultur zur höchsten Höhe entwickelte, ist damit erklärbar.

Hinzukam die zunehmende Industrialisierung, der Bedarf an neuen Wohn- und nicht Weinbauflächen. Dies zeigt auch das nun Geschichte gewordene Beispiel des einzigen Koblenzer Renommiergutes, des Karthäuserhofes mit seinem in der 1897er Untermoselkarte noch in der höchsten Klasse eingestuften „Affenberg" (der dann später zum „Aveberg" katholisiert wurde). Der später zum Mittelrhein gezählte leider brache Spitzenweinberg wurde vermutlich in diese Karte aufgenommen, weil die Karthause damals auf die Mosel hin orientiert war. Die Steuerklassifizierungskarte zeigt, nebenbei gesagt, aber auch schon für viele andere Koblenzer Lagenbereiche das durchweg gehobene mittlere Niveau.

Entscheidend für das „Vergessen" der Koblenzer Lagen, die sich heute, nach der maßlosen Ausdehnung vieler schlechter Lagen in anderen Orten und Weinbaugebieten, im Vergleich um so mehr aus der Masse hervorheben könnten, ist aber wohl die meinungsbildende Kraft der ausgeprägt abgehobenen Koblenzer Oberschicht gewesen. Der Hofstaat um den letzten Kurfürsten Clemens Wenzeslaus und seine Vorgänger, die Adligen, wie die hohen geistlichen und weltlichen „Beamten" und Würdenträger haben das „Beste" getrunken. Die Genußsucht der damaligen Zeit wird auch daran deutlich, daß sich der Koblenzer Stadtrat bereits Mitte des 18. Jahrhunderts beim Kurfürsten in Trier beklagte, daß durch den Import französischer Weine Geld ins Ausland abfließe. Die Revolutionsflüchtlinge des hohen französischen Adels kamen gerade recht, um den Trend zu verstärken. Neben den von jeher in Koblenz berühmteren Rheinweinen und einer schon längeren frankophilen Genußtradition gelangten so, zuerst durch den „französischen Hof", dann durch die Besatzer, verstärkt französische Einflüsse nach Koblenz. Rotwein konnten die Franzosen als Konkurrenz zudem nicht gebrauchen. Zudem war vor allem Burgunder schon damals in den Kellern der höheren Schichten. Also empfahlen und förderten sie gezielt die Obstpotentiale, wo nicht wie in Winningen oder Kobern bereits die Riesling-Kultur stark aufgeblüht war. Der schlichte Grund, daß man in den obersten Kreisen der Stadt das absolut Beste trinken wollte (zumindest zu schätzen wußte), hat nicht zufällig gerade hier das Haus Deinhard zu einem so exklusiven Exporteur vor allem der nobelsten Lagen und Weine werden lassen. In Koblenz wurde stolz der Elitegedanken der berühmtesten Rheingauer Weine bereits zu Anfang des 19. Jahrhunderts zelebriert.

Und genau im Jahre 1900, als der Moselwein auf dem absoluten Höhepunkt seines Rufes gestanden hat, nahm die Familie Wegeler wohl nicht zufällig den vermutlich bis heute weltweit teuersten Weinbergskauf aller Zeiten in Angriff, den des Bernkasteler Doktors. Die unfaßbare Summe von 100 Goldmark pro Quadratmeter wurde bezahlt. Carl Wegeler meldete es seinem Bruder Julius am 7. 11. 1900 per Telegramm: „Rasches Handeln war notwendig!" Das entspräche heute in etwa 5000 DM für einen einzigen Weinstock! Es war eine wahrhaft bedeutende, höchst aufregende Tat der damaligen Wegeler-Brüder, um Qualitätsspitze und Meinungsführer sowohl im Exportgeschäft als auch in den führenden deutschen Kreisen zu bleiben oder erst recht zu werden. Aus dieser außerordentlichen und geradezu vorbildhaften Stellung Deinhards wird erklärbar, daß viele Weinhandlungen dem „Rufe nach Mittelmosel und Rhein" gefolgt sind. Nur kleinere, weniger bekannte Händler kümmerten sich intensiver um die Untermoselweine. Die Koblenzer Weine selbst gingen ohnehin oft direkt in die Kneipen und zum Verbraucher. Auch die Macht und Einflußstellung von Julius Wegeler im Deutschen Weinbauverein erklärt sich besonders durch die Tatsache seines bedeutenden Besitzes ausgerechnet in den zwei absoluten Spitzenzonen des deutschen Weinbaus zur damaligen Zeit, des Rheingaus und der Mittelmosel. Als ein führendes, unerreichbares Glanzlicht des deutschen Weines, als Erzeuger und großer Exporteur hat das Haus Deinhard damals für den deutschen Wein international gestrahlt. Pikanterweise sogar in Australien wurden die „Goldgräber" Mitte des 19. Jahrhunderts mit Deinhard-Wein „geimpft".

Eine Preisliste von 1808: Winninger Wein und überhaupt Untermosel war auf den Preislisten der großen Koblenzer Weinhändler eher selten vertreten.

WEIN-PREISE
von
DEINHARD und TESCHE,
in Coblenz und im Thal-Ehrenbreitstein.

MOSEL-WEINE.		Das Fuder von 6 1/2 Ohm Reichsthaler.	
1807.r	Zeller · · ·	100 à	115
—	Couser · · · ·	120 -	125
—	Winninger ·	145 -	165
—	Trabener · ·	140 -	150
—	Zeltinger ·	165 -	170
—	Pisporter · ·	175 -	190
—	Dousemund – oder Brauneberger	220 -	240
1806.r	Kinheimer · ·	120 -	125
—	Couser · · · ·	135 -	145
—	Winninger ·	155 -	175
—	Wehlener · ·	165 -	175
—	Zeltinger · ·	170 -	185
—	Pisporter · ·	190 -	210
—	Dousemund – oder Brauneberger	250 -	275

Vielleicht ist es also nur folgerichtig, daß die Australier als Nachahmer von einst heute dem Vorbild auf manchen großen Marktsegmenten ihrerseits den Rang ablaufen und bei mancher deutschen Kellerei oder Genossenschaft selbst zum Vorbild geworden sind. Und im Koblenzer Raum waren es Deinhard-Gutsweine, die unzähligen Weinanfängern (den Autor inbegriffen) einen ersten Begriff von seriösem, echte Klasse andeutendem oder verkörperndem Wein vermittelt haben. Ich möchte nicht pathetisch, ironisch oder anklagend sein, zu verdienstvoll (zu sympathisch auch) sind die Wegelers noch heute. Man muß aber das einzigartige Phänomen verstehen, daß in einer Großstadt, die ja immer auch Abnehmer und „kritischer Konsument" ist, ein solch großer Fixstern des deutschen Weinhimmels geleuchtet hat, und dahinter alles andere zwangsläufig zurücktreten mußte. Überall sonst, in allen wichtigen weinproduzierenden Städten, gab es eine Aufteilung, ein gewisses Gleichgewicht der größeren und großen Namen.

Der Name Wegeler-Deinhard hat im Laufe seiner 200-jährigen Geschichte bis
heute an dem großen Ruf von Mittelmosel, Rheingau, später auch Mittelhardt
und Ruwer gearbeitet. Kein anderes deutsches Weinhandelshaus hat auf der
Erzeugerseite mit einem so breiten Anspruch führende Spitzenregionen hervorgehoben
Erst vor diesem Hintergrund wird meines Erachtens klar, in welchem Schatten
der Koblenzer Wein stand und steht. Und an dieser Stelle ist es bemerkenswert, daß der vom Layer Hans Mader geleitete „Arbeitskreis Koblenzer
Winzer" es jüngst geschafft hat, daß seit Antritt des neuen Oberbürgermeisters
Dr. Schulte-Wissermann nur noch Koblenzer Herkünfte zu Geschenk- und
Repräsentationszwecken benutzt werden. Vorbei sind die Zeiten, in denen die
stadteigene Kellerei Weine woanders nur wegen des günstigen Preises ein-
gekauft hat, wie der ehemalige Kellermeister heute einräumt. Wenn man so
will, hat die Stadt heute wieder ihre Anbau- vor die Handelstradition gestellt.
Eine Probe, eine Präsentation der Winzer mit entsprechendem Gespräch hat
die Stadtoberen offensichtlich vom Wert ihrer eigenen Weine überzeugen
können. Die Qualität, davon konnte sich auch der Autor in einer umfassenden
Blindprobe und mehreren Einzelverkostungen mit unabhängigen „Mosel-
Riesling-Fexen" vergewissern, ist, vor allem im Schnitt, positiv verblüffend!
Niemand hätte es geahnt!

Verbesserte Keller- und Lese-
anstrengungen, angeregt durch
regelmäßige   Fortbildungs-
reisen   und   den   Austausch
innerhalb des Arbeitskreises,
erbringen in Koblenz zunehmend Weine, die insbeson-
dere im Hinblick auf das
Verhältnis Preis/Qualität nicht
nur zu den besten der Terrassenmosel gehören, sondern

der Mosel überhaupt. Dazu trägt auch der quasi exklusive „Koblenzer Mini-
Weinbautag" aller Winzer am „Schwörmontag" mit Fachvorträgen bei, der
mit einer Jungweinprobe endet. Dieser Tag nach den Heiligen Drei Königen
hat die Gülser, Layer und Moselweißer seit einer alten gemeinsamen Aktion
aus dem Dreißigjährigen Krieg vereint – also kurioserweise lange vor der
Koblenzer Eingemeindungs-Vereinigung und der Arbeitskreisgründung.
Auch im Rathaussaal dürfen die Koblenzer Winzer seit 1997 zu einer öffentlichen, freiverkauften Weinprobe vor 140 Koblenzer Weinnasen bitten und die
Existenz der Koblenzer Weine wieder deutlich ins Blickfeld rücken.
Die Dramatik ist damit jedoch nicht abgeklungen. In dem Ort der Tanzpaläste,
der Kirschen und der Nüsse (es gab hier eigene Nußmühlen für Öl sowie
zahlreiche Nuß-Trockenspeicher), in Güls, das 1954 noch 54 Winzer besaß,
sind zwar in allen 6 Betrieben Nachfolger vorhanden. Sie gehen das „Risiko
Weinbau" jedoch nur in Verbindung mit Obst und/oder anderen landwirtschaftlichen Aktivitäten ein. Oft allerdings mit Passion für beides. Das
allgemein Positive an der Reduzierung des Weinbaus ist ja zweifellos das pro-
portional gestiegene Interesse am Beruf unter den wenigen „Weitermachern".
Die Fläche hat deshalb in den letzten Jahren sogar wieder zugenommen
auf rund 24 Hektar (incl. der überwiegend von Winningen bebauten Lage

Königsfels). Gerade die besten Lagen sind aber am schwierigsten zu bebauen, haben deshalb noch große Lücken und zum Schoppenpreisniveau wohl keine Zukunft. Dies gilt noch mehr für den Moselweißer Weinbau mit nur noch sieben Winzern (1954 waren es 18) und den Layer Weinbau mit heute 12 Winzern, davon nur zwei im Vollerwerb. 1954 waren es hier beispielsweise noch 64 Winzer, mit 18,5 ha Rebfläche, immerhin ein Zuwachs von 80 % gegenüber dem Anbaustand von 1934! Unter den traditionell als wohlhabende „Großbauern" bekannten Moselweißern sind die Nachfolgeschwierigkeiten noch größer als bei den als arme „Kleinbäuerchen" und Arbeiter „historisch klassifizierten" Layern. Der Absatz höchst vernünftiger Qualität an die Koblenzer, in oft eigenen Lokalen oder Straußwirtschaften, läuft zwar überall, ganz im Sinne uralter Tradition, gut. Die zu starke Orientierung am Schoppen für ein knapp kalkulierendes Publikum ist für die Zukunft der Winzer, den Erhalt der besten Lagen und die qualitative Ausreizung des guten Potentials jedoch eine Bremse.

So schön der nun auch von der Stadt als nicht zu teuer anerkannte Genuß vieler Koblenzer Weine ist. Es wäre reizvoll zu sehen, was den so aktiven Winzern qualitativ noch einfallen würde, wenn nicht unter dem intensivsten Kostendruck gearbeitet werden müßte. Ohne dies positiv oder negativ zu bewerten: Die Kreativität in der Rationalisierung ist in Koblenz fortschrittlich wie nirgendwo an der Mosel. Elektrische Rebmesser mit Aggregat, damit es schneller geht und kein Tennisarm entsteht, Trierer Räder, damit man sich weniger bücken muß, Querterrassierung als rationelle Alternative im Steilhang sind nur einige typische der ansonsten an der Mosel seltenen Innovationen. Noch häufiger und gezielter das Potential der Lagen auszuspielen und so großartige Spät- und Auslesen wie die viel zu lange viel zu preiswert verkauften 93er auch an einen erweiterten Kennerkreis zu vermarkten, ohne die soliden Schoppen zu vergessen, das wäre für Koblenzer Lebens- wie Landschaftsqualität gewiß ein Gewinn. Es könnte ein noch größeres Staunen und Raunen geben, als es dies bei wenigen „stillen Genießern" und Insidern bereits gibt. In einer Zeit, in der das Knowhow nicht mehr auf wenige Renommiergüter und Lagen begrenzt ist, wäre dies eigentlich die Herausforderung der Zeit!

Über 800.000 Rebstöcke wie im 18. Jahrhundert in Moselweiß oder über 700.000 in Güls oder über 300.000 in Lay und auch hunderttausende in Metternich, in Lützel (das ganze hängige linke Moselufer war Wein!), in Neuendorf und Rübenach müssen es ja nicht mehr sein, aber wenigstens die erhaltenen guten Lagen lohnen den Einsatz weit mehr als es viele Koblenzer Weintrinker und auch Winzer vermuten.

Wenn an dieser Stelle auf die äußerst umfang- und folgenreiche und gewiß spannende Weinbaugeschichte der Koblenzer Mosel nicht weiter eingegangen wird, dann deshalb, weil der Koblenzer Handel den Winzern einmal wieder den Platz weggenommen hat. Zu Moselweiß und Lay gibt es zudem bereits einige gute Veröffentlichungen. Die gegebenen Erklärungen sprechen jedoch, glaube ich, um so mehr für sich. Sie waren in dieser Zuspitzung wichtig, um die Bedeutung und den Wert des Weinbaus hervorzuheben, auch für unsere Zeit, wenngleich die verbliebenen gut 40 Hektar an der Mosel zusammen mit den knapp 10 Hektar am Rhein (im Mühlental), weit weniger als der zehnte Teil der Gesamtrebfläche des Mittelalters ausmachen. Und diese damals gigantische Rebfläche mit ihrem „Zehnten" und all den anderen

Abgaben und Akzisen auf Wein war, vergessen wir es nicht, auch in Koblenz der wichtigste Motor der Stadtentwicklung. Keine Kirche und wohl auch kaum eines der anderen großartigen historischen Gebäude oder der besten kunsthandwerklichen Leistungen hätte ohne den Koblenzer Gewinn aus dem Wein so prachtvoll verwirklicht werden können. In diesem Sinne sollte man den „Koblenzer Zehnten" (wenn es denn nur 500 Hektar gewesen wären) heute denkmalschützerisch schätzen und verstehen. Und, das ist das Positive an den Recherchenresultaten dieses Buches: Es geht hier nicht um Traditionsbewahrung von gestern, es geht um die Erhaltung und Förderung höchst aktueller weltweit konkurrenzfähiger Produkte!

Gülser/Metternicher Marienberg ∗ ∗ ∗ - ∗ ∗ ∗ ∗

Theoretisch im Ortsnamen auswechselbar wie der Uhlen, wird der letzte Weinberg von Metternich vom letzten Winzer von Metternich dennoch getrennt vom Gülser ausgebaut und ist – man staune – der derzeit letzte Weinberg der Mosel, geographisch betrachtet. Mit eigenen Schriftzügen im Weinberg wird der Metternicher (gut 1,5 ha) jedoch optisch deutlich vom Gülser (fast 2 ha) unterschieden. In seinem Gesamtbild verbindet er nicht nur die beiden heutigen Stadtteile, –sondern bietet auch den ersten reizvollen Einblick in den Koblenzer Weinbau beim Hinein- oder Hinausfahren, beim Promenieren am Moselweißer Ufer oder beim Überfahren der Eisenbahnbrücke. Reizvoll ist dies bereits am frühesten Morgen, denn die traditionelle, früher „Pattiger" genannte, – Spitzenlage von Güls, dreht sich nach Südosten. Der Wein erhält auch dadurch seinen Nerv und seine rassigere Säure gegenüber einer reinen Südlage. Stoff und Charakter besonders der trockenen und halbtrockenen Weine bringen die kontinuierlichen Lößabschwemmungen von den über den Weinbergen anstehenden Wänden und Böden, besonders Richtung Metternich. Die Marienquelle in der Bergmitte, die ihren Namen wie der Marienberg von dem ehemahligen Hauptbesitzer, dem Zisterzienserkloster Marienstatt, erhalten hat, deutet zudem auf gute Wasserführung hin. Grundlage des Bodens ist jedoch ein siltiger, bröseliger Schiefer, gemischt mit Sandsteinen und Quarziten. Auf den obersten Terrassen wird der skelettreiche Lehmboden etwas leichter und trockener, im unteren flach auslaufenden Hang ist er sehr kräftig und schluffig, und bringt manchmal eine etwas rohere Säure hervor als auf den mittleren und oberen Terrassen. Bemerkenswert ist der für den größten Teil des Berges vollzogene Schritt zur arbeitswirtschaftlichen Erleichterung der befahrbaren Querterrassierung. In den Mostgewichten hat gerade der 98er wieder mit 100 Öchsle vom Stock herunter den auch qualitativ erfolgreichen Ansatz bestätigt, wenngleich das Mostgewicht natürlich nicht alles sagt. Die große klimatische Bevorzugung wird durch die Moselnähe und den fast vollkommenen Frostschutz (seit mehr als 50 Jahren kein Frühjahrsfrost!) unterstrichen. Wie ein geschützter Kamm liegt der Marienberg vor der gestauten besonders breiten Mosel. Sie bringt eine Hitze, Fülle und Stoff in die besten „Marienberge" wie man sie beim „Mosel" sonst kaum kennt und dies vielleicht im Metternicher Marienberg noch eine kleine Spur mehr als im Gülser. Auch wegen dieser inneren Geschmacksqualitäten scheint hier neben dem Riesling das Spätburgunder-Potential sehr groß.

Gülser Bienengarten ✳✳ - ✳✳✳✳

Mit etwa 7 Hektar bepflanzter Rebfläche ist der von Südosten von der Mosel aus bis Südwesten sich landeinwärts drehende Bergkegel zwar weder die größte Weinlage von Güls, noch von Koblenz. Aber es ist in großen Teilen die steilste, mit Steigungen über 70 Prozent und von Güls die ortsbildprägende – zudem exklusiv in Gülser/Metternicher Winzerbesitz. Den Weinberg an dem alten Kreuzweg „Am Heyerberg" hochzulaufen (oder auch nur mal vor Sonnenuntergang schnell hochzufahren), bietet einem den großartigsten Anblick auf den Moselweißer/Layer Hammbogen in seiner ganzen Länge. Früher teilte sich der Bienengarten in viele Einzelteile, von denen der zur Mosel hin sich neigende Heyerberg der geschätzteste war. Der originale Bienengarten dreht sich ganz ins Tal hinein, liegt in einer klimatisch, wie bodenmäßig hervorragenden SW-Mulde mit leichter seitentalbedingter Frostgefährdung, die sich wie in den meisten Seitentallagen durch entsprechende Mengenreduzierung aber auch positiv auswirken kann. Ein guter Teil liegt jedoch hier wie auch in den steilen zum Ort hinab fallenden Terrassen brach. Den Bienengarten einheitlich zu bewerten, ist unmöglich. Er verfügt über eine Vielzahl von Bodenarten und Reliefformen. Von richtiger Flachlage oben auf dem Plateau mit tiefgründigen kalkhaltigen Kiesböden und armdicken Stöcken bis zu den trockensten Felskuppen mit steinigen Schiefer-Sandstein-Quarzitböden reicht das Spektrum. Dazwischen, angereichert durch Lößeinflüsse und Anschwemmungen sowie teilweise kalkhaltigem Gestein aus den „Hohenrheinschichten" finden sich Teilbereiche von großer Qualität und Finesse, die in Fülle und Aroma nicht nur den Marienberg erreichen können, sondern im Typ fast an einen guten Rheinwein heranreichen. Er ist insgesamt nicht so mineralisch und kantig wie der Moselweißer Hamm, weicher, blumiger, weniger rassig. So groß das Spektrum der Weine je nach Lage und je nach Trockenheit und Feuchtigkeit des Jahrgangs innerhalb des Weinberges immer wieder variiert – beim Stichwort Spät- oder Auslese aus dem Bienengarten, sollte man immer aufhorchen, ohne manchen oftmals viel zu tiefgestapelten Qualitätswein oder Kabinett zu vergessen. Auffällig ist im Bienengarten der recht hohe Anteil an nicht-klassischen Rebsorten, für die der Berg eigentlich zu schade ist.

Bodenmäßig könnte hier neben dem Riesling mittelfristig ein Umstieg in weiße und rote Burgundersorten sehr vielversprechend sein und dem unterschätzten Berg möglicherweise sogar ein Spezialitäten-Image verschaffen. Wo Kirschen so rot und schwarz werden wie in Güls, dem ehemals größten Kirschmarkt Deutschlands, dort sollte auch der Rotwein wie in der Vergangenheit wieder gut gedeihen. Der erste Spätburgunder ist gerade gepflanzt!

Gülser Königsfels ∗ - ∗ ∗ ∗

Die im Zuge der Flurberei-nigung erweiterte, heute rund 16 Hektar umfassende, Lage ist für viele Winzer das Schoppenwein-Reservoir par excellence. Während die Winninger Besitzer, die in der oberen Hälfte, an Röttgen und Domgarten angrenzend, den Großteil bewirtschaften, den Königsfels hauptsächlich ano-nym, meist unter der Großlagenbezeichnung Weinhex, vermarkten, pflegen die Gülser und Layer Inhaber ihn auch auf dem Etikett. Und das nicht immer zu Unrecht. Denn nicht nur im unteren noch kleinterrassierten, steinigen Teil, der früheren Lage Gülser Eckstein, wachsen recht elegante Weine nicht ohne Finesse. Auch der mittlere und obere Teil, im flachen bis hängigen Ge-lände, kann sehr saftige Tropfen hervorbringen mit charmanter Frucht, besonders gut in heißen trockenen Jahren, weil der Königsfels, entgegen der Erwartung seines Namens, das Wort „Wasserstreß" nicht kennt. Grund dafür ist eine Mischung aus Terrassenschotter und Kies mit Lehm, Löß und Bims, so daß der kräftige enorm fruchtbare Boden dennoch meist nicht zu kalte Füße bekommt. Und genau hier, in diesem Boden, ist jahrhundertelang mit das beste Obst von Güls gewachsen. Wohl in keiner anderen Lage der Unteren Untermosel (und überhaupt der Mosel) läßt sich das Zusammenspiel und die in dieser Gegend ewige Konkurrenz von Wein und Obst besser verfolgen. Sogar im unteren Teil (s. Foto) findet man noch „Obstbaum-Legenden". Oben, wo die Erweiterungen stattfanden, stoßen an die Weinfelder auch wieder vereinzelt neue Obstpflanzungen. Gülser Winzer sind nach wie vor stolz darauf, die ersten weit und breit mit ihren Zwetschgen am Markt zu sein. Die Liebe zur Fruchtvielfalt mag auch dazu beigetragen haben, daß der Königsfels mit einem Anteil von rund 50 Prozent „die Neuzüchtungslage" der gesamten Unteren Unter-mosel ist. Der jüngst dort gepflanzte Spätburgunder, der auf den kalkhalti-gen Parzellen und steinreicheren, nicht zu schweren Böden durchaus gut gedeihen könnte, leitet vielleicht einen Gegentrend ein. Mit geringeren Erträgen und Burgunder könnte sich der Königsfels möglicherweise sogar als Lage echt profilieren. Der ebenfalls gepflanzte Dornfelder hingegen ist hoffentlich nicht der Start für eine Wiederholung der Neuzuchtsünden im Rotweinbereich.

Moselweißer/Layer Hamm ✳ ✳ ✳

Eines der letzten romantischen, ein beschaulicheres Tempo eigentlich gebietenden und dennoch von vielen als gefährliche Rennstrecke miß- brauchten Moselsträßchen, führt in den langgestreckten, schier nicht endenwollenden Hamm-Bogen hinein – dem eiligen Autofahrer ein ewiges Ärgernis, wenn's pressiert und er wieder einmal nicht vorbeikommt am Winzer mit seinem Traktor.

Seit altersher ist der Hamm die Spitzenlage sowohl von Moselweiß, als auch von Lay, wenngleich Teile des heutigen Hamm früher klangreiche Namen wie Pfählchen, Rabenlay, Feuertal, Schott oder Eltzer Berg besaßen und unter diesen Namen teilweise auch eine eigene Karriere machten. Mit am berühmtesten war jedoch die noch teilweise bewirtschaftete Lage „Layer Angelspfad", die gleichzeitig die lange umstrittene Grenze zu Moselweiß bildet. Erschlossen ist diese durch den legendären, schon im 19. Jahrhundert in der Reiseliteratur erwähnten Panoramaweg „Ankerpfad", der außerdem die große Abkürzung zur Karthause, nach Koblenz und zum Rhein darstellt und faszinierende Ein- und Herabblicke in den Hamm einschließlich seiner Lößwände und Steinbrüche bietet. Der Pfad, und damit natürlich auch der Hamm, hat auf Initiative der Stadt Koblenz (Amt für Liegenschaften und Forsten) mit einer großen 64-seitigen Broschüre „Naturerlebnis Ankerpfad" eine beispielhafte informative Würdigung seines landschaftlichen Reichtums mit Geschichte, Geographie, Biologie und Weinbau erfahren, wie es sie sonst für keine andere „Lage" der Unteren Untermosel und vermutlich des gesamten Anbaugebietes gibt. Gäbe es mehr solcher die Grundlagen aus verschiedenen Blickwinkeln erfassenden Publikationen an der Mosel, man bräuchte nur noch ein paar Weinbauexperten hinzunehmen, der gesamte vielfältige Wert der Lagen wäre in überschaubar kurzer Zeit erfaßt. In der Folge würden die Winzer vielleicht manche erstklassige Parzelle, wie sie auch im Hamm schon brachliegen, wieder neu anpflanzen, weil der Bekanntheitsgrad gestiegen wäre. Ehemals dürfte der gesamte Bogen bis weit obenhin bepflanzt gewesen sein mit rund 40 Hektar Weinbergen. Heute besitzt Moselweiß 8,5 Hektar Rebfläche und Lay knapp 1 Hektar, wobei die Layer, aber auch Gülser und Winninger Winzer ebenfalls im Moselweißer Hamm begütert sind. Das St. Kastorstift und die Abtei Rommersdorf, das in Moselweiß einen großen eigenen Hof besaß, waren in früheren Zeiten Hauptbesitzer innerhalb des breiten kirchlichen Engagements in dieser Lage. Wenngleich der Riesling heute mit über 90 Prozent dominiert und die ersten Spätburgunder-Stöcke wieder stehen, war der Hamm in der Vergangenheit, wohl wie der gesamte Moselweißer Wein bis ins 19. Jahrhundert hinein, zur Hälfte eine klassische Rotweinlage. Dieses verwundert nicht, ist die Hauptorientierung nach Westen mit ihrer Abendsonne doch ein ebenso Fülle gebender Faktor wie sein Boden. Insbesondere im Moselweißer Bereich wird dieser von dem an steilen Wänden anstehenden Löß befruchtet und bekalkt und ist im unteren Bereich auch mit

Hanglehm und Kies von der ehemaligen Mosel-Niederterrasse angereichert. Der Wasserhaushalt des Hamm ist so ausgezeichnet, daß die Weine im Zeitalter der Klimaveränderung mit ihrer Trockenheit von Jahr zu Jahr zu gewinnen scheinen. In den besten Parzellen auf den mittleren und oberen Terrassen, wo der Boden nicht zu schwer und ertragreich ist, wachsen bislang üppige Rieslinge mit großer Fülle, Struktur und Mineralität, auch in 1998 wieder mit Mostgewichten um die 100 Grad Öchsle, wie es kein Nicht-Kenner hier vermuten würde.

Das Kerngerüst der zugleich festen wie saftigen Struktur der Weine stellen jedoch nicht die oben erwähnten Anreicherungsfaktoren, sondern wie überall an der Untermosel das anstehende Felsgestein. Dieses besteht hier aus den mustergültig ausgebildeten Nellenköpfchenschichten, in denen sich Sandsteine, mit teilweise quarzitiger Ausprägung und grau-blau-schwarze Schiefer zu einer komplexen Mischung vereinen. Übrigens stammt der Steinrahmen des Buch-Covers mit seinem glimmerigen, rostigen, plattigen Sandstein aus dieser Schicht. Um jedoch auf das „Sträßchen" zurückzukommen, das gewissermaßen als ein den modernen Zeiten trotzendes Relikt zu sagen scheint: „Achtung, hier beginnt die beeindruckende Weinbaulandschaft Mosel, bitte langsam fahren!" Es ist dort ein nicht zu breiter Ausbau geplant und gleichzeitig eine Flurbereinigung des Hamm mit einem Weg direkt über die Straße in der Diskussion. Sollte dies geschehen, so wäre das eine der ersten Flurbereinigungen, welche definitiv eine Verbesserung der Lagenqualität erzielen würde. Der flache, mehr Quantität als Qualität erbringende Bergfuß würde gekappt. Der Weg würde die Wiederausdehnung in Brachen und nach oben erleichtern. Der Verzicht jedoch auf einen Weg oberhalb der Weinberge würde keine Wasseradern zerschneiden (es gibt einige Quellen im Berg). Es würde kein hereingefahrener fremder, oftmals „toter" Boden benötigt. Und letztlich würde der über den Weinbergen befindliche Niederwald nicht darin gebremst, mit seinem reichen auf Löß und Stein basierenden Bodenleben Humus, Mineralien und Würze für den Wein nach unten nachzuliefern. Der Aufstieg zu einer höheren Klassifikationsstufe könnte dann vielleicht gelingen. Ohnehin spricht dagegen, neben der historischen Wertordnung und der Exposition, nur der Gesamtschnitt der Lage. Die gegenüber den noch steileren, felsigeren, meist auch schiefrigeren 4-Sterne-Lagen etwas finesseärmere Art des Hamm könnte sich zudem möglicherweise beim Spätburgunder nicht als Nachteil erweisen. Fülle steht beim Rotwein schließlich mehr im Vordergrund.

Layer Hubertusborn ✳ ✳ - ✳ ✳ ✳

Es fällt schwer, beim Genuß einer charaktervollen und eleganten Spät- oder Auslese aus dem früheren Layer Kützeberg nicht an 4 Sterne zu denken. Die oberen ertragsärmeren und steileren Terrassen des Herzstückes der heutigen Lage Hubertusborn legen es in besonders guten Jahren nahe. In alten Mostgewichtsaufzeichnungen der Gemeinde Winningen findet man in heißen Jahren die auch „Küzenberg" geschriebene alte Lagenbezeichnung immer wieder oben auf, direkt neben oder oftmals auch vor den meisten Weinen fast aller Winninger Toplagen. So gab es 1911 einen Wein mit 86,6 Grad Öchsle und 8,3 Promille Säure, in einem Jahrgang also, in welchem die meisten Terrassenweine unter zu großer Trockenheit mit zu geringer Säureausbildung litten (viele mit nur 5-6 Promille Säure und Mostgewichten nur um die 80 Grad Öchsle). Die Winninger wußten und wissen um die Stärke dieser Lage und sind auch mit Abstand Hauptbesitzer auf den insgesamt noch bepflanzten 6 Hektar. Seit allerdings die Layer Fähre nicht mehr fährt, geht es mit dem Weinberg steil bergab, da den meisten Bewohnern des gegenüberliegenden Ufers der Aufwand einer langen Fahrt über die Koblenzer oder Kobern-Gondorfer Brücke zu groß erscheint. Dabei gehört die Lage zweifellos zum Winninger Ortsbild. Ist doch der von Totalbrache bedrohte, langgestreckte, vom breiten Waldrand geschützte Weinberg für den Urlauber, den Festbesucher oder den Fotografen der letzte sonnige und ermunternde Abendanblick. Andächtig zu „flüstern" wissen den Lagennamen Hubertusborn jedoch heute nur die mit etwa einem Drittel der Fläche beteiligten Layer Winzer. Die Winninger verkaufen den Wein fast ausschließlich unter der Großlagenbezeichnung „Weinhex" oder als einfachen Schoppen. Geschätzt und deshalb im Qualitätspotential unterschätzt wird der Hubertusborn vor allem wegen seiner im unteren flachen Bereich äußerst ergiebigen Erträge, seines kräftigen und dennoch durch hohen Steinbelag warmfüßigen Bodens. „Nie ist er zu trocken und nie trägt er zu schwach, trotz völligem Düngerverzicht seit vielen Jahren", sagt ein Winninger Winzer zur Lage. Den Charakter erhält er wie der Layer Hamm von den harten eisenhaltigen Sandsteinen der Nellenköpfchenschichten und einem dunklen Schiefer, die zur Bodenverbesserung in unglaublichen Massen in ihn hineingeschafft wurden. Nur im unteren Bereich dominiert im Untergrund ein kiesiger Lehm, teilweise sogar mit Bims. Wer jedoch auf die höheren steilen Terrassen geht, sie pflegt und dann sortiert liest, besitzt im Hubertusborn (dessen mangelnder Bekanntheitsgrad sich auch darin manifestiert, daß er bei der Landwirtschaftskammer, aus unerklärlichen Gründen teilweise als „Koblenzer Hubertusbrunnen" geführt wird) möglicherweise den besten Nord bis Nordwest ausgerichtete Hang der gesamten Mosel. Die Tatsache, daß hier nur Riesling und neuerdings Spätburgunder wächst, ist ein weiterer Beweis, daß die Lage so schlecht nicht sein kann und Charakter besitzt. Und was beim Sonnenuntergang auffällt: Es fällt keinerlei Schatten von der anderen Flußseite auf diese Wingerte. Ein wichtiges Faktum in einem so engen Tal, in dem man das Licht der vordergründig „kleinen" Lagen manchmal suchen muß, es dann aber nicht vergißt.

WINNINGEN

„Die Gemarkung Winningen hat die meisten Weinberge an der unteren Mosel, es werden in diesen sehr rassige, bouquetreiche, jedoch etwas schwere Weine erzeugt, die sehr gesucht sind, aber auswärts wenig genannt werden, da der Wein aus dieser Gemarkung selten unter dem Namen ‚Winninger' zum Verkaufe und Ausschanke gelangt. Die Weinberge werden meistens gut gebaut; die Winzer daselbst sind intelligente Leute, denen der Weinbau sehr am Herzen liegt, allein sie haben ihren vorzüglichen Weinen bis jetzt noch nicht den Namen erwerben können, der ihnen ihrer Güte wegen in der Welt gebührt."

(F. W. Koch/1904)

Wie eine von Reben vollkommen eingerahmte Weinbergsfestung taucht das alte Vindiga, das in seinem Namen schon Weinduft verrät, auf der linken Moselseite 10 km vor Koblenz auf. Auf mehr als sechs Flußkilometern plus dem zunehmend der Brache anheimfallenden Seitental werden hier von den 60 Winzern  (davon 30 im Vollerwerb) 125 Hektar in der eigenen Gemarkung und 18 Hektar in den angrenzenden Gemeinden Kobern, Güls und Lay bebaut. Es ist damit nicht nur die Weinbauhochburg der Unteren Terrassenmosel, die flächenmäßig mehr als die Hälfte der in diesem Buch besprochenen Lagen bewirtschaftet. Es war lange Zeit im 19. und 20. Jahrhundert auch der größte Weinbauort der gesamten Mosel, mit einer bebauten Rebfläche von 200 bis 250 Hektar, wovon meist etwa ein Viertel in den Nachbargemeinden lag.

Auf fünf Lagen verteilt sich die Fläche seit der großen Weinlagenreform von 1971. Hinzu kommt die Winninger Weinhex, die Großlagenbezeichnung für die gesamte Untere Untermosel, unter der Winninger oft ihre Weine aus Gülser oder Layer Weinbergen verkaufen. So willkürlich wie in manch anderer berühmten Moselgemeinde hat man die Lagen hier zwar nicht erweitert, man hat Qualität noch berücksichtigt, dennoch sind die Schwankungen deutlich, wie die Lagentexte zeigen. Doch dies war der Zug der Zeit.

Geschichte jedoch schrieb Winningen im Jahre 1912 mit der ersten ortseigenen Weinlagenreform der gesamten Mosel. Die „Ortssatzung betr. die Bezeichnung der Weinbergslagen in der Gemarkung Winningen" hat eine spannende Entstehungsgeschichte. In ihr manifestierte sich die erstaunliche Fähigkeit der Winninger, schnell zu einem wichtigen und treffenden Entschluß zu kommen. Der Bürgermeister hatte damals die Stadt Bingen um Auskunft gebeten, wie diese als Vorreiter ihre Lagenvereinfachung durchgeführt habe. Die Inflation von fast hundert gebräuchlichen, kaum noch überschaubaren Lagenbezeichnungen hatte den Gemeinderat zum Handeln angetrieben. Binnen zwei Wochen nach der Binger Antwort hatten die Winninger eine Satzung erstellt, die in ihrer sicheren Einteilung nach Qualität und geographischer Örtlichkeit noch heute vorbildlich erscheint. Sie war so schlüssig, daß man die Verkürzung auf fünfzehn Lagen fast als eine Klassifizierung bezeichnen könnte. In seiner Korrektheit erstaunlich war dabei der Schachzug, daß man die obersten Terrassen der Lagen Uhlen, Hamm und Breitenweg (gehört heute zum Hamm) zu einer eigenen Lage namens Eisenberg zusammenfaßte. Dies war logisch, weil diese wegen ihrer geringeren Bodenmächtigkeit und -feuchtigkeit sowie der Höhenlage nie die Qualität der unteren erreichen können. Der an sich so passende Ausdruck Eisenberg, weil die besten Winninger Weine alle von einem hohen Eisenanteil im Gesteine geprägt sind und die obersten Chöre eben immer besonders mineralisch schmecken, setzte sich jedoch am Markt nicht durch.

Es war aber nicht nur der größte Ort, sondern wie auch an anderen Stellen des Buches schon erwähnt, lange Zeit der einzige an der gesamten Unter- mosel, der als Ort bereits ein Profil für Qualität besaß, die im Mittelalter weiter verbreitete Qualitätskultur in den Wirren der neueren Zeiten nicht ganz verloren hatte. Noch 1765 schreibt der Badische Geheimrat Johann Jacob Reinhard in einer Denkschrift: „Hinter dem Trierischen Dörflein Burg fänget die Untermosel an, woran alle Weine schlecht seind, besonders die Senheimer. Nur allein scheidet sich der Flecken Winningen aus, woselbst ein recht guter so weis- als rother Wein wachset, der gleich dem Obermoseler, mehrentheils nach denen Niederlanden versendet wird und die Einwohner dieses Fleckens reich machet." Mit „Obermoseler" war damals die heutige Mittelmosel gemeint. Die Rotweinbemerkung ist aufschlußreich, denn während gerade der koblenznahe Untermoselbereich bis deutlich ins 19. Jahrhundert hinein für Rotwein bekannt war, haben die Winninger sehr bald und sehr konsequent spätestens seit der Säkularisation die große Mosel-Spezialität Riesling endgültig erkannt und lange vor vielen anderen Gemeinden, selbst an der Mittelmosel, hundertprozentig auf sie gesetzt. Bereits sehr früh auf Export und Image ausgerichtet, plante die protestantische Weinhochburg ihre Anpflanzungen sehr strategisch und setzte auf das gefragteste und namhafteste Produkt der Mosel. Die minderwertigere Kleinberger-Rebe (heute Elbling) war seit Einführung der preußischen Statistik im letzen Jahrhundert in Winningen nicht mehr vorhanden. Selbst 1960 beherrschte der Riesling noch zu 98% das Feld. Danach, im Zuge der Flurbereinigung hielten auch hier in den einfacheren Lagen nebst Müller-Thurgau die damals (leider) modernen Neuzüchtungen Einzug. Heute sind diese im Rahmen der sich anbahnenden Flächenbereinigung um die einfacheren Lagen wieder stark zurückgegangen. Knapp 10% Müller-Thurgau und weniger als 3% anderer Neuzüchtungen wie Kerner, Reichensteiner und Optima blieben neben dem Riesling übrig.

Eine interessante und im Vergleich zu den Fremdsorten gewiß bessere neue Entwicklung bahnt sich jedoch in den letzten Jahren mit der zunehmenden Anpflanzung von klassischen Burgundersorten (wie Spät- und Weißburgunder sowie neuerdings sogar einem Grauburgunder-Weinberg) an. Das Potential dafür ist in Winningen zweifellos vorhanden. In fast allen Lagen finden sich größere Flächen oder kleinere Flecken mit ausgezeichneten, von Natur aus ausgeglichenen ph-Werten im Boden, die der Burgunder viel mehr liebt als der Riesling. Grund dafür ist beispielsweise im Uhlen (dem „Riesling- Heiligtum", in dem noch kein Burgunder steht) ein hoher Anteil an sehr kalkreichen, oft fossilhaltigen Sandsteinen (mit Gehalten von 70%) und Schiefern. Im Domgarten, Brückstück und Röttgen sind viele Flächen von Kalk enthaltendem Lößlehm mitgeprägt und/oder durch basisch wirkenden

kalireichen Bims. Bei näherer Erforschung der auf engem Raum stark wechselnden Böden, ergäben sich mit Sicherheit etliche Parzellen, die für die
Burgundersorten als mindestens so geeignet wie für den Riesling betrachtet
werden können. Das bereits stark vom Rhein beeinflußte besonders warme
Klima fördert zudem die Fülle und Reife der hier wachsenden Burgunder, die
nur dann „mager" schmecken, wenn sie zu hoch im Ertrag liegen. Doch lassen
wir diese weintheoretischen Erwägungen und kehren zurück zur Geschichte.

Je mehr man sich mit der heute 2740
Seelen umfassenden, in den zwanziger
Jahren immerhin schon 1900 Einwoh-
ner starken Gemeinde (damals war
sie zudem noch Amtssitz für Kobern,
Güls, Lay, Dieblich, Bisholder und
Wolken) befaßt, je mehr wird einem
die   Einzigartigkeit,   die   besondere
Stellung dieses Ortes innerhalb der

gesamten Weinbaugeschichte der Mosel-Saar-Ruwer-Region deutlich. Was
sich innerhalb und außerhalb der zu einem schmucken Teil noch erhaltenen
mittelalterlichen Ortsmauern im Laufe der Jahrhunderte abgespielt hat,
das ist so voll von eigenständigen und stolzen, fast ausschließlich um den
Weinbau kreisenden Geschichten und Erfindungen, daß es mit Leichtigkeit
ein eigenes dickes Buch ergeben würde. Fundgruben und Stoff dazu gibt es
wie in vermutlich nur ganz wenigen anderen deutschen Weinbauorten. Neben
Dr. Bellinghausens „Winninger Heimatbuch" (dem Klassiker aus dem Jahr
1923) und den verschiedensten anderen, den Weinbau wenigstens streifenden
Winningenbüchern oder -aufsätzen haben hierzu vor allem die 1985 in
Privatinitiative im hiesigen Siglinde Krumme Verlag gestarteten „Winninger
Hefte" (ein Understatement für diese Bücher) einen großen Teil beigetragen.
Sie schöpfen unter anderem aus einem Fundus, der in dieser Dichte fast
singulär für einen „einfachen Weinort und Marktflecken" ist: Den der Manual-
und Tagebücher!

Laut Auskunft von Ekkehard Krumme, dem Hauptautor der „Winninger
Hefte", dürften sich im Ort bei intensiver Suche noch weit mehr als ein
Dutzend alter Manuale finden, von denen es in Winningen eine sehr große
Zahl gegeben haben muß. Schlüssel zu der in diesem Umfang an der Mosel
vermutlich einzigartigen Manualbuch-Tradition ist wohl die im Jahre 1748
gegründete Winninger Lateinschule (s. Winninger Hefte 2), die später auch
Diakonats- oder Rektoratsschule genannt wurde. Als protestantische Enklave,
die ihren Glauben über die Jahrhunderte hinweg immer fest verteidigt hatte,
hatte sich der Weinort praktisch seine ureigene höhere Schule eingerichtet.
In diesem Umfeld haben viele Winninger besser und früher schreiben und
lesen gelernt als ihre katholischen Nachbarn, und hier wurden die Schüler
wohl auch zum Verfassen eben dieser „Handbücher" angeleitet, in denen
natürlicherweise sich das meiste um den Wein dreht und sich viel Stoff zur
Rekonstruktion der Moselweinbaugeschichte (zu alten Jahrgängen etc.)
findet. Selbst die Elementarschule konnte besonders im 19. Jahrhundert
verschiedene naturwissenschaftlich hervorragende Lehrer aufweisen. Daß
die protestantische Außenseiterrolle, Bildung und Weinbau unmittelbar
zusammenhängen, wird beispielhaft deutlich aus einem in Bellinghausen
zitierten Bericht des damaligen Amtsverwalters Georg Wilhelm Kroeber (auch

heute noch der verbreitetste Winninger Nachname mit fast 100 Eintragungen im Telefonbuch) an den Markgrafen von Baden im Jahre 1787. Dazu vorab: 230 Jahre hatten die bereits 1557 unter der Herrschaft der Sponheimer zur Reformation gekommenen Winninger ihren Glauben zäh verteidigt. Seit 1437 waren sie der über den Sponheimern stehenden Zweiherrschaft der pfälzischen und badischen Grafenlinie treu geblieben, im Bewußtsein, unter entfernteren Herrschaften mehr Eigenständigkeit erringen zu können. Als sich der 1776 zur Alleinherrschaft über Winningen (Pfalz-Zweibrücken hatte sich von der Hinteren Grafschaft Sponheim in diesem Jahr getrennt) gekommene badische Markgraf von seinem weit entlegenen Orte zugunsten Chur-Trier trennen wollte, protestierte Kroeber nun aufs heftigste mit Winninger Schreib- und Argumentationskunst: „.... wann die im Trierischen anfangende Toleranz allgemein wird, Winningen in Verfall gerät; da alsdann, ebenso wie in den benachbarten Trierischen Orten nach und nach die reichen und wohlhabenden Bürgerssöhne und -töchter in die Stadt Koblenz heiraten werden, nun hier, wo der Weinbau so viele saure Arbeit das ganze Jahr hindurch, und so viele Kosten und Vorschuß erfordert, daß er nur darum vor andern Weinorten so ausgezeichnet, blühend und vorteilhaft ist, weil er meist von wohlhabenden Leuten getrieben wird und in Verfall geraten wird, wenn denselben durch sukzessiven Abzug der reichen und wohlhabenden Weinbauern oder ihrer Kinder in die Stadt, der nötige beträchtliche Vorschuß entzogen wird."

Das Ausbluten von Intelligenz und Geld aus dem „Mosellande" (nicht nur die Armut ist ausgewandert!) zugunsten großer Städte und die damit verbundene Schwächung des Weinbaus an der Mosel (ein ewiges, doch nie spezifisch untersuchtes Thema), haben die selbstbewußten Winninger also schon damals mit wachem Kopf erkannt. Daß der Eroberungsversuch (sprich Eintauschversuch) des in Koblenz residierenden Trierer Kurfürsten Clemens Wenzeslaus genau in demselben Jahr stattfand wie dessen berühmter Erlaß zur Förderung der Riesling-Anpflanzung, verleiht der Sache zusätzliche Pikanz. Ausgerechnet die größte und beste Riesling-Gemeinde direkt vor seiner Haustüre war nicht in seinem Besitz. Es war ein Dorn in seinem Auge. Die Winninger jedoch blieben badisch-protestantisch und dann erfolgte mit dem Reichsdeputationshauptschluß von 1803 die Säkularisation, eine Umwälzung mit der sie sich ebenfalls gut zu arrangieren wußten. Wobei die Kontinuität von dem ehemals als badischer Amtmann eingesetzten, dann sowohl von den Franzosen als auch den Preußen in Amt und Würden gehaltenen Bürgermeister Carl August Reinhardt gewahrt wurde. Von ihm stammen übrigens auch die köstlich informativen „physischen und moralischen Bemerkungen über die Einwohner der Mairie Winningen": „Sein Betragen unterscheidet sich darin auch von seinen Nachbarn: An Sonn- und Feyertagen geht derselbe sehr wenig in die Wirthshäuser, er sitzt lieber zu Hause an der Bibel oder an denen Zeitungen; daher kommt es, daß derselbe sehr spruchreif und kannengießerich ist; überhaupt hat der Winninger etwas Docterisches und überstudiertes an sich und spricht wie ein Buch, und ist eben deswegen, weil er sich vernünftiger dünkt als seine Nachbarn, nicht so guth zu belehren." (s. Winninger Hefte 1 /S. 25)

Derselbe war es auch, dem es gelang, in Koblenz stationierte Sprengin- genieure kurzerhand hierher zu locken, um aus purem Fels ein Weinberg- Meisterwerk, den im Herz erweiterten Röttgen, zu erschaffen.

Daß der Uhlen (getrennt als Koberner und Winninger) als einzige
Einzellage der gesamten Untermosel bereits in der ersten von den Preußen
festgesetzten Steuerklassifizierung von 1821 genannt und höher als der Ort
taxiert wird, dürfte durch Reinhardt mit beeinflußt sein. Er war es auch,
der den Winninger Lebensinhalt in einem Satz zusammmenfaßte: „Die
Beschäftigung der Männer und Weiber sind solche, die auf den Wein Bezug
haben"! Diese Ausschließlichkeit stellt auch Bellinghausen fest. Nach ihm
baute sich das gesamte Wirtschaftsleben des Fleckens länger noch als der
erste offizielle Weinbaunachweis aus dem 9. Jahrhundert auf dem Weinbau
auf, war Weineinfuhr deshalb z.B. im 18. Jahrhundert bei strengster Strafe
verboten. Grund dafür war aber nicht nur die durch den Glauben geprägte
Enklave-Stellung. Die sehr geringe Gemeindefläche mit nur rund 200 ha
Landwirtschaft (außerhalb des Weinbaus) und nicht einmal 100 ha Wald,
zwang den einwohnerstarken Ort schon sehr früh zu einer Konzentration
auf den auf geringer Fläche ertragsstarken Weinbau. In einer Statistik aus
dem Jahr 1934 lag Winningen mit einem Anteil von 44,5% Weinbau an der
gesamten agrarischen Fläche einsam an der Moselspitze. Eine Folge davon
war aber auch, daß den überall in der historischen Fach- und Reiseliteratur
gewürdigten Meisterwerken im Terrassenbau eine durch die Flächenenge
bedingte Mosel-Vorreiterrolle im Anbau flacherer Weinberge gegenüberstand.
J. Ph. Bronner, der einzige Weinbaubeschreiber und -bereiser aller wesentlichen deutschen Weinbaugebiete seiner Zeit, schreibt 1839 zu Winningen:
„Letzterer Ort hat das Eigentümliche, daß er die steilsten und schwächsten
Abdachungen längs der Mosel hat; denn hier erhebt sich das Ufer bis zu fast
schwindelnder Höhe, und flacht sich mit einem Male so schnell ab, daß das
Städtchen, etwa eine halbe Stunde unter der angegebenen Weinlage (gemeint
ist der vorher als Musterbeispiel genannte über 45 Grad steigende Uhlen)
schon ganz flach liegt, sowie die unterhalb demselben gegen Coblenz zu
gelegenen Weinberge, die man eigentlich nur Weinfelder nennen kann, im
Vergleiche zu den übrigen Weinlagen des Flußtals."

Dr. Carl Wilhelm Arnoldi –
einer der größten Weinexperten des 19. Jahrhunderts

Der Name Arnoldi ist heute in Winningen in erster Linie verbunden
mit Dr. med. Richard Arnoldi (1849 – 1922), der für seine Natur-
und Geschichtsforschungen, insbesondere auch seine umfangreichen
archäologischen Grabungsresultate im heimischen Raum bekannt ist.
Als letzter Vertreter einer bekannten Ärztedynastie ist er manchem
lebenden Winninger noch in persönlicher Erinnerung, während das in
puncto Wein wesentlich brisantere und hochaktuelle Lebenswerk seines
Vaters noch immer der Ausgrabung und Wiederentdeckung harrt.
Carl Wilhelm Arnoldi (1809 – 1876) hatte in Bonn, Halle und Berlin
Medizin studiert (s. Winninger Hefte 2/S. 15). Er war in vierter
Generation „Districtsarzt zu Winningen." Vollkommen zu Unrecht
(aber auch aufgrund der Tatsache, daß heute nur noch wenige
seiner Arbeiten zugänglich sind) ist er im Ort und erst recht in der
Region fast vergessen. Schon seit den 30er Jahren erschienen von

ihm Fachaufsätze zu Weinbauproblemen in landwirtschaftlichen und naturwissenschaftlichen Zeitschriften. Jahrzehnte war er als Schriftführer, später als Vorsitzender der damals auch im Vergleich zu Trier bedeutenden und sehr aktiven „Weinbausection in der Localabteilung des Landwirthschaftlichen Vereins zu Coblenz" tätig. In seiner überragenden Bedeutung, die er im Kampf für die Weiterentwicklung der Weinqualität im gesamten Mosel-Saar-Ruwer-Gebiet in der zweiten Hälfte des letzten Jahrhunderts erlangte, hat nur der in diesem Buch vielzitierte Friedrich Wilhelm Koch ihn entsprechend gewürdigt. In dessen 1881 erschienenem Buch über den „Weinbau an Mosel und Saar" (einem wichtigen Grundlagenwerk für den bald darauf einsetzenden rasanten Boom des Moselweins zum großen Modewein) erwähnt Koch ausdrücklich: „Außer dem Herrn Dr. Arnoldi zu Winningen trat fast kein Bewohner des Mosellandes für die Verbesserung des Weinbaues energisch in die Schranken." Grund für das Vergessen des wegen seiner Radikalität in vielen die Qualität des Weines betreffenden Fragen nicht nur geliebten und verstandenen Arztes und Weinfachmannes dürfte auch sein Nichterscheinen im Titel des Moselbuches von O. Beck (seines Zeichens „königlicher Regierungs- und Departementsrath für die Landeskultur und Statistik zu Trier") aus dem Jahr 1869 sein.

Diese vor Koch bedeutendste Schrift über die Eigenart der Mosel- und Saarweine war das seinerzeitige Standardwerk, zu dem als Ergänzung die heute wieder vielbeachtete, weil neuaufgelegte Weinbaukarte des „königl. Katasterinspectors Steuerraths Clotten zu Trier" mit seiner Klassifizierung erschien (zur elementaren Bedeutung von Buch und Karte s. Geschichts-Kapitel). Wer nun die Seiten zählt und die zahlreichen ausführlichen Tabellen über Klassifizierung und Besteuerung abzieht, stellt fest, daß mehr als zwei Drittel von Beck's Buch (praktisch der gesamte fachlich und substanziell in die Tiefe gehende Teil) von dem Winninger Doktor stammen, von dem wir leider viel zu wenig wissen und der eine intensivere Forschung und Recherche seiner Aktivitäten gewiß lohnt.

Umfassend belesen und gebildet war Dr. Arnoldi schon in jungen Jahren als Gastgeber des berühmten Winninger „Euterpier-Kreises" (benannt nach Euterpe, der antiken Muse der Lyrik) der „nach der Freude an der Natur, der Freude an der Kunst und an den Wissenschaften und ihrer Begeisterung für alles Gute und Schöne (strebte)". Im Arnoldi'schen Haus, der „Doctorei", fanden beim Genuß der hervorragendsten Weine und der Diskussion darüber, anregende Debatten über Literatur, Politik und Wissenschaften statt. Und selbstverständlich gehörten dazu sowohl die sozialen, wirtschaftlichen als auch an- und ausbautechnischen Seiten des Themas „Wein im Allgemeinen und Mosel im Besonderen". Zu diesem intellektuellen Zirkel gehörten u.a. Julius Baedeker, der jüngere Bruder des in Koblenz ansässigen berühmten Reiseführer-Verlegers Karl Baedeker, aus Neuwied der bedeutende rheinische Naturwissenschaftler Philipp Wirtgen, der jahrelang in Winningen Lehrer war, sowie Friedrich Wilhelm Raiffeisen, der in diesem Kreis zahlreiche Anregungen für sein großes sozialreformerisches Werk gewann und auch seine Frau kennenlernte. Auf „fröhlichen" und inspirierenden Wanderungen aus Koblenz kamen geistreiche Bürgersöhne und -töchter zu Arnoldi's „Euterpier-Treffen" mit den Winninger intellektuellen Lokalgrößen zusammen. Dazu zählten der in Winningen geborene Schriftsteller, Theologe und enge Raiffeisen-Freund Albrecht Julius Schöler, aber auch Julius Schlickum, der örtliche Apotheker, dessen bedeutendster Lehrling, sein Sohn Oskar, sich mit zahlreichen botanischen und pharmakologischen Veröffentlichungen einen Namen machte. In der selben Apotheke wurde 1822 bis 1826 Karl Leverkus ausgebildet, der Begründer der synthetischen Ultramarinfarbenherstellung in Deutschland (nach dem übrigens auch die Stadt Leverkusen benannt wurde).

In diesem theoretischen Umfeld und natürlich den praktischen Weinerfahrungen, entwickelte der mit zunehmendem Alter immer tiefer in die Weinproblematik eindringende Dr. Arnoldi sein (bei Beck verstecktes!) leidenschaftliches und Wege weisendes Plädoyer für das auch international überragende Qualitätspotential der Mosel-Rieslinge. In manchem Aufsatz oder Diskussionsbeitrag widerlegte er, fundiert auf eigene weinchemische Forschungen, mit einer unübertroffenen argumentativen Überzeugungskraft die von vielen Seiten propagierten Vorzüge der Chaptalisierung (die damals wegen des weitverbreiteten Kartoffelzuckers, laut Arnoldi, keineswegs geschmacksneutral war), Gallisierung (Zuckerwasserzusatz) und jeder Form der in seinen Augen künstlichen Weinverbesserung. In diesem Kontext entlarvte er zahllose Widersprüchlichkeiten der führenden Weinkapazitäten seiner Zeit, wie z.B. des Freiherrn von Babo (Autor des großen weinbaulichen und kellerwirtschaftlichen Standardwerkes über viele Jahrzehnte im deutschsprachigen Raum). Nicht von einer elitären Position aus, sondern mit sozialem Engagement und einem Auge für die Nöte der Winzer empfiehlt er als ersten Schritt in seiner Moselwein-Philosophie: „Bei der Anlage des Weinbergs muß der Winzer vorab freiwillig darauf verzichten, Wein in der flachen Ebene zu ziehen; er umgeht dadurch vollständig die Nachteile der nördlichen Lage. Auf der Ebene ist zwar der Weinbau um Vieles leichter ...; aber der Wein wird um Vieles geringer, weil die Sonnenstrahlen schief auf den Boden fallen, sich über eine doppelt so große Fläche ausbreiten und deshalb den Boden nur halb so stark erwärmen, als in einer guten Gebirgslage. In guten Jahren ist das Produkt der Ebene ausnehmend reichlich aber nicht haltbar, so daß es in den ersten Jahren verbraucht werden muß. Es schadet dadurch dem Renommee der Weinorte. Haltbarer Lagerwein wächst nur im Gebirg."

Neben der verblüffenden Argumentation zugunsten der (in Winningen sogenannten) „Gebirgslagen" diskutierte Arnoldi einen Großteil heute noch hochaktueller Themen zum Weinan- und -ausbau. Im Mittelpunkt steht sein großes Ziel, auf natürliche Weise reife und wohlschmeckende Weine zu erzielen. Seine klug formulierten Ratschläge zu selektiver und später Lese (er beweist, daß diese durch das „brühiger werden" der Trauben auch mehr statt weniger Ertrag bringen kann) sollten, so hoffte er, den Winzern dienen, „die Gefahren der nächsten

Zukunft leichter zu bestehen." Vor 130 Jahren (!) schon behandelte er Themen wie Eiswein oder die Technik der Gärunterbrechung mittels Kälte zur Erhaltung restsüßer Weine. Es ist nicht zu vage spekuliert, wenn man behauptet, daß Arnoldi mit diesem für den Regierungsbezirk Trier bestimmten Buch einen entscheidenden Beitrag zu der an Mittelmosel und Saar sich bald zu außergewöhnlichen Leistungen erhebenden Qualitäts-Kultur geleistet hat. Daß dies ausgerechnet ein Winninger sein mußte, beweist zum einen seine singuläre Stellung als Fachkapazität in der Moselregion. Zum andern ist es eine Ironie der Geschichte, daß seine Heimat mangels eines vergleichbaren Buches für den Regierungsbezirk Koblenz weniger von seinen Einsichten und Ratschlägen profitiert hat, sein Wissen wohl dort überwiegend nur im engen Winninger Umfeld blieb.

Dr. Arnoldi's (s. Extra-Artikel) leidenschaftliche Analyse und Votum für die guten Lagen und seine Warnung vor den Tallagen (deren hervorragende Eignung für den Obstanbau der sozial denkende Doktor aber gleichzeitig hervorhob) wuchs somit in der Erfahrung des Winninger Umfeldes und nimmt prophetisch Entwicklungen vorweg, die in den letzten Jahrzehnten an der Mosel zum Tragen gekommen sind: die riesigen Flächenerweiterungen der stärksten Gemeinden an der Mittelmosel, der Obermosel und der oberen Untermosel haben so auf den Preis gedrückt, daß die Terrassen- und Steillagen im Bestand enorm zurückgegangen sind. „Absoluten Weinbergsboden, der nur Wein bringt und nichts Anderes!" erhebt er zum Dogma. Für Winningen hingegen stellt sich dieses Thema heute kaum noch. Die schlechteren Lagen verschwinden automatisch zugunsten der guten. Die Konzentration auf erfolgreiche Flaschenweinvermarktung seitens der Winzerschaft, der hier nicht vorhandene Preisdruck des großen Faßweinmarktes, hat gerade in den letzten Jahren (entscheidend mitangeschoben 1981 durch die Gründung der Erzeugergemeinschaft Deutsches Eck) die Qualitätsorientierung der Winninger Winzer erheblich unterstützt. Die einem historischen Dammbruch in der verkrusteten Mosel-Hierarchie gleichkommende Aufnahme je eines Weingutes in den renommierten Trierer (VDP) bzw. Bernkasteler Versteigerungsringes, kündet ebenso von der Aufbruchstimmung wie die stark von Winninger Betrieben mitgetragenen Aktivitäten der „Terrassenmosel-Gruppierung". Daß das Eingangszitat von F. W. Koch aus dem Jahre 1904 dennoch Aktualität besitzt, die Winninger Weine wie die Untermosel-Weine insgesamt immer noch nicht das potentiell mögliche Image besitzen, hat nicht zuletzt historische Gründe: Der ehemals mächtige Winninger Weinhandel (noch manches prachtvolle Gebäude zeugt davon), der heute praktisch ausgestorben ist, hat auch stark mit anderen Mosel- und Saarweinen gehandelt und tendenziell versucht, den guten Winninger Wein so preiswert wie möglich einzukaufen, die zahllosen Winninger Winzer wurden eher kleingehalten. Für das Image des Winninger Weins wurde nicht annähernd soviel getan wie es zahlreiche qualitativ auf höchstem Niveau arbeitende Kellereien im Trierer und Traben-Trarbacher Raum getan haben. Ausnahmen wie die „Schaaf-Liste" bestätigen die Regel.

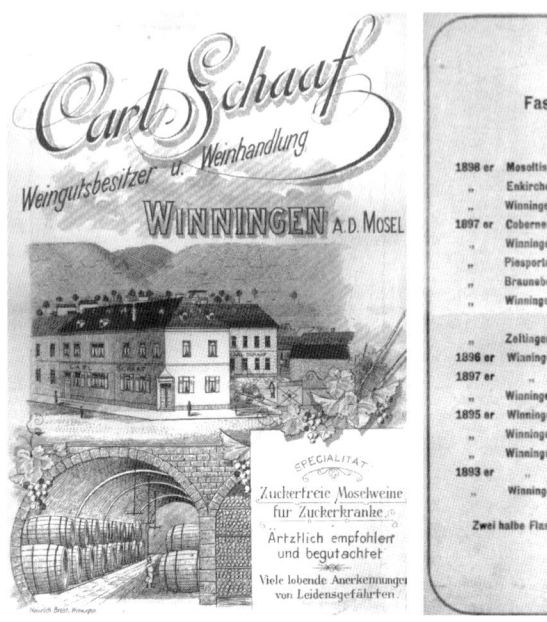

Carl Schaaf Weingutsbesitzer u. Weinhandlung WINNINGEN A.D. MOSEL

SPECIALITÄT
Zuckerfreie Moselweine
für Zuckerkranke
Ärztlich empfohlen
und begutachtet
Viele lobende Anerkennungen
von Leidensgefährten

Fass- u. Flaschenweine.

			Per Liter ohne Fass	Per Flasche ohne Glas
1898 er	Moseltischwein		0. 50	
„	Enkircher		0. 69	0. 50
„	Winninger		0. 70	0. 60
1897 er	Coberner	zuckerfrei	0. 75	0. 65
„	Winninger	„	0. 80	0. 70
„	Piesporter	„	0. 85	0. 75
„	Braunsberger	„	0. 90	0. 80
„	Winninger Rosenberg	..		
		zuckerfrei	1. 00	0. 90
„	Zeltinger	„	1. 20	1. 10
1896 er	Winninger Uhlen	„	1. 30	1. 20
1897 er	„	„	1. 60	1. 50
„	Winninger Röttgen	„	1. 60	1. 50
1895 er	Winninger Sternberg	..		1. 80
„	Winninger Hamm	„		2. 00
„	Winninger Röttgen	„		2. 20
1893 er	„	„		2. 50
„	Winninger Uhlen	„		3. 00

Zwei halbe Flaschen kosten 20 Pf. mehr wie eine ganze.

Der Weinhandel des katholischen Koblenz hat den protestantischen Winninger Wein scheinbar noch weniger beachtet und vermarktet als der evangelische Handel der Mittelmosel in Traben-Trarbach oder Mülheim (dort erscheinen sogar viele Winninger Einzellagen-Weine auf mancher historischen Liste, was in Koblenz eher selten war). Der für Image und Ruf so wichtige Export in den englischen Sprachraum hat bei Winninger Wein zudem kaum eine Rolle gespielt. Eine amüsante Anekdote liefert dazu Rolf Wegeler (bis vor kurzem Hauptbesitzer des traditionsreichen Weinexporthauses Deinhard). Als er als junger Mann in das Unternehmen eingetreten war, fragte er mehrfach seine Exportleute, warum kein Winninger Wein (er lag ja schließlich vor der Haustüre) im Exportprogramm sei. „Im Export zählt fast ausschließlich die englische Sprache, und Winningen, das sprechen die Leute wie Vinegar aus, was Essig bedeutet. Deshalb fangen wir damit erst gar nicht an" war die Antwort der Deinhard-Leute. So einfach oder so schwierig ist das eben manchmal mit der Entstehung oder Nichtentstehung eines Rufes!

Die starke Vermarktung im regionalen Koblenzer Raum spielt nachwievor eine Rolle bei dem hinsichtlich ihrer effektiven Qualitäten und den verlangten Preisen für ihre Top-Weine verblüffenderweise eher zurückhaltenden Selbstbewußtsein der ansonsten so stolzen Winninger. Der starke Zusammenhalt der Winzer führt auch dazu, daß unter den Argusaugen der Preis vergleichenden Kunden und Kollegen eine gegenüber qualitativ vergleichbaren Mittelmosel-Weinen sehr zurückhaltende Preispolitik betrieben wird, die den Wert der Spitzenlagen und -weine zuwenig herausstellt. Höhepunkt der Tiefstapelei: die durch die vielen guten Jahrgänge immer zahlreicher werdenden Auslesen und Beerenauslesen, aber auch manche Spätlesen oder gar Kabinett-Weine mit hervorragenden Auslese-Mostgewichten.

Wenn in anderen Moselorten ein eifersüchtiger Konkurrenzkampf die Experimentierlust in Richtung Spitzenwein gefördert hat, wurde in Winningens besten Betrieben bis heute stärker ein „ordentlicher, protestantisch-nüchterner" guter Weinbau und Wein gepflegt, ohne die ganz großen qualitativen und preislichen Höhenflüge, wie sie an Mittelmosel und Saar spätestens seit der großen Mosel-Hochphase des letzten Jahrhunderts üblich waren (obwohl auch in dieser Phase die eifrigen Winninger binnen 7 Jahren von 1893 bis 1900 ihre Rebfläche von 150 auf 200 Hektar erhöht hatten). Erst 1971 entstand beispielsweise in Winningen nachweislich die erste Trockenbeerenauslese. Die differenzierte Kultur der feinen, feinsten und hochfeinen Auslese war in Winningen nur

vereinzelt richtig ausgeprägt. Weit entfernt von den einen Qualitätswettkampf schürenden Trierer und Bernkasteler Versteigerungsringen wurden edelsüße für einen großen Ruf national wie international wichtige Spitzen-Prädikate in Winningen eher selten produziert, obwohl die natürlichen Voraussetzungen dafür hervorragend sind.

Das wärmere vom Rhein beeinflußte Klima, die im Schnitt leichteren, wärmeren Böden der Toplagen im Röttgen, Uhlen, Brückstück und Hamm brachten in Winningen beispielsweise 1993 Auslesen und Beerenauslesen in einer Menge und Dichte (teilweise ganze Fuder BA), wie es sie an Mittelmosel und Saar seit 1976 nicht mehr gab. Die Überreife und der Botrytisbefall geschieht bei den auf den geschützten Terrassenlagen perfekt einschrumpfenden edelfaulen Trauben scheinbar zügiger und optimaler. Der Botrytis-Ausdruck vieler edelsüßer Winninger Weine scheint im Schnitt feiner und sauberer als in vielen anderen Regionen oder Teilregionen zu sein, die im Klima und/oder im Boden über mehr Feuchtigkeit verfügen und denen der Terasseneffekt fehlt. Die Säure ist dabei etwas niedriger, was sich je nach Jahr positiv oder negativ auswirken kann und letztlich auch Geschmackssache ist.

Bislang haben die Winninger Beerenauslesen noch eher einen Status zwischen Zufall- und Hobbyprodukt, das zu vergleichsweise geringen, äußerst verbraucherfreundlichen Preisen abgegeben wird. Typischer Kommentar eines Winzers: „Ich wollte es mal probieren. Da habe ich mit meiner Frau mal drei Tage gepiddelt!"

Das Thema der edelsüßen Spitzenweine, angefangen bei hochfeinen Auslesen bis hin zu Beerenauslesen und Trockenbeerenauslesen, ließe sich in Winningen noch mehr ausreizen. Alleine der Bekanntheitsgrad dafür und damit verbunden der Absatz und der Preis ist noch zu gering. Es besteht hier eindeutig ein Wechselspiel zwischen noch mangelndem Renommee der Spitzenlagen und eher gebremsten Spitzenwein-Versuchen (mangels Absatz), die auch den Winninger Weinen einen Kultstatus unter Kennern weltweit verleihen könnten. Pikanterweise hat niemand an der Mosel die Technik des feinen Auslesens im letzten Jahrhundert besser und deutlicher beschrieben als der Winninger Dr. Arnoldi, der damit gewiß einen Beitrag zur Hochentwicklung der „Auslese-Kultur" in den großen Traditionsgütern der Mosel, Saar und Ruwer geleistet hat.

Der Strukturunterschied, die relative Seltenheit größerer Weinbergsparzellen, die starke Besitzersplitterung mit 365 Winzerfamilien um 1930 und noch

250 Winzerfamilien Anfang der 50er Jahre hat früher das Auslesen allerdings auch stark eingeschränkt (das in den großen Saar-Domänen beispielsweise
ein „Kinderspiel" war). Dieser wesentliche Nachteil ist heute weitgehend
verschwunden. Die meisten der 30 Vollerwerbswinzer besitzen heute
Parzellen mit einer einigermaßen lohnenden Größe in den wichtigsten Lagen.
Den entscheidenden Schnittpunkt hierfür bildete die erste Flurbereinigung
der gesamten Untermosel, im Jahre 1962 eingeleitet und 1969 mit der weit-
gehenden Landzuteilung abgeschlossen. Diese Arrondierungsmaßnahme legte
den Grundstein für die heute noch relativ gesunde Altersstruktur der Winninger
Winzerschaft. Eine Zukunftsperspektive zum Erlernen des Winzerberufs, des
Weinbautechnikers oder Weinbauingenieurs wurde damit damals geboten.
Obgleich die Flurbereinigung insgesamt nur 100 ha erfaßte, half sie bei
der Bestandssicherung der Betriebe und ermöglichte dadurch ein gezieltes
Zusammenkaufen der von älteren Betrieben nach und nach frei werdenden
Parzellen auch in den steilen, nicht flurbereinigten Terrassenlagen.
Gelegenheit zum Verkosten der besonders seit 1993 immer zahlreicher
gewordenen Winninger Spitzenweine bietet übrigens in idealer Weise der
Winninger Weinmarkt (in der August-Horch-Halle), der mittwochs den
vinologischen Höhepunkt innerhalb des berühmten Weinfestes bildet.
Während die „normalen" Weine bei den Betrieben oft schnell ausverkauft sind,
kann man den „Listenschmuck" dort zumindest ausschnittsweise genußreich
verkosten. Der fast nur regional bekannte Weinmarkt ist nebenbei die
bedeutendste Ortspräsentation der gesamten Mosel mit etwa 160 Weinen von
zuletzt 16 Weingütern und übertrifft damit (wie auch in der Qualität) durchaus
manche überörtliche Präsentation. Erwähnenswert unter den zahlreichen
Programmpunkten des ältesten und mit zehn Tagen (vom letzten Wochenende
im August bis in den September hinein) längsten Weinfestes der Mosel, ist
außerdem das an sechs Tagen aufgeführte, gutes Volkstheater-Niveau bietende
Laienschauspiel mit original Winninger Akteuren. Einen einzigartigen
Einstieg in den Wein des Ortes gewähren auch die nur hier in einer Vielzahl
vorhandenen typischen Winzerwirtschaften, die der in Moseltouristenorten
oft typischen Bierseligkeit heftig und eigenständig Paroli bieten. Ganzjährig
offen, weil auch stark von regionalem Publikum frequentiert, lassen sich hier
in ganz unterschiedlichem Ambiente und auf ganz verschiedenem Wein- und
Preisniveau Winninger Schoppen oder bessere Weine recht unbefangen und
unterhaltsam genießen. Daß Besucher aus einem Umkreis von 50 Kilometern
hierher kommen, bloß um ein paar Gläschen Wein zu trinken und eine
Kleinigkeit zu essen, spricht zweifellos für die Atmosphäre dieses geschichts-
reichen, weingetränkten Fleckens mit seinen städtisch anmutenden Mauern
und vielen beeindruckenden Gebäuden der verschiedensten Zeitalter. Eine
andere Gelegenheit, sich mit Winninger Wein und Spitzenwein zu befassen,
bieten die Mitte Juni regelmäßig stattfindenden regional schon sehr bekannten
Wein- und Schlemmertage auf dem historischen Marktplatz. Aber auch die
Winninger Jungweinprobe im März findet große Resonanz. Die Anreise zu
diesen Veranstaltungen wie auch zu den Winzerwirtschaften, ist übrigens in
Winningen über einen der meistgenutzten deutschen Kleinflughäfen möglich.
Der über der Lage Röttgen gelegene Flughafen Koblenz-Winningen lebt, wie
die Reben von seiner Regenschatten-Lage.

Geboren aus Winninger Weingeist

Läßt man den Nicht-Winninger, in seinem Geiste und Denken aber stark von dem „Winninger Kreis" (s. Artikel über Dr. Arnoldi) mitgeprägten Friedrich Wilhelm Raiffeisen einmal beiseite, so ist das berühmteste Winninger Gewächs jenseits der Weinberge sicherlich der Automobil-Pionier und Gründer der später AUDI genannten Werke, August Horch (horchen = lateinisch audio!). Neben den auch in Zusammenhang mit den Lagen geschilderten erstaunlichen Winninger Gemeinschaftsleistungen und dem gesondert beschriebenen großen Weinexperten Dr. Carl Wilhelm Arnoldi, haben noch zwei weitere hiesige Persönlichkeiten wichtige Beiträge nicht nur für den Winninger und den moselanischen, sondern darüber hinaus für den Weinbau insgesamt geleistet. Es ist dies zum einen Louis Saas, der Anfang des Jahrhunderts als erster ein hydraulisches Drucksystem für die seinerzeit üblichen Vertikal-Keltern entwickelte. 1910 ließ der hiesige Schlossermeister die „Saas-Kelter" patentieren. Sie wurde dann in Lizenz gebaut und weiterentwickelt und löste damit die herkömmliche, viel leistungsschwächere „Schwengeltechnik" ab. Zum andern ist es die immer noch aktive Schlosser-Dynastie der de Leuw's. 1986 hat Dieter de Leuw das wohl preiswerteste der aktuellen Schienenbahnsysteme für die Terrassenlagen entworfen, das besonders in Regionen, wo die Bahnen nicht bezuschußt werden, die Alternative zu dem teureren (allerdings auch Personen befördernden) schweizerischen Monorackbahn-System darstellt. Schon sein Vater hatte seit 1952 verschiedene Formen von Transport-Seilbahnen für die Steillagen konzipiert. Und dessen Vater soll, dem Erzählen nach, bereits mit dem oben erwähnten berühmten August Horch darüber nachgesonnen haben, wie man Produkte des großen Distelberger Bauernhofs mit einer Bahn ins Tal befördern könnte – nicht Weinreben allerdings, sondern Hühnereier.

Winninger Röttgen * * * - * * * * *

Weniger Mythos, weniger und später historischer Ruf als der Uhlen, aber dennoch die vermutlich zweite Lage von Winningen, die als Einzellage genannt und gehandelt wurde (schon um 1820 findet man Aufzeichnungen dazu) und spätestens seit Ende letzten Jahrhunderts (als Lagennamen in der Vermarktung wichtig wurden) der hartnäckige Preisverfolger des Uhlen auf mancher alten Weinliste – das ist der Röttgen. In den Augen der meisten Winzer wie auch Weinkenner ist er das Spitzenlagen-Pendant zum Uhlen, der Stilgegensatz, der andere ganz große Weinberg des Ortes wie der gesamten Unteren Terrassenmoselregion. Verstärkt wird die Polarisierung der Gegensätze noch durch die geographische Außenposition beider Lagen und die Tatsache, daß beide nicht in Gänze zur Winninger Gemarkung gehören. Während der Uhlen bekanntlich überwiegend zu Kobern gehört, zählt der Röttgen mit gut 5 von insgesamt 11 Hektar Rebfläche zur Gemeinde Güls, stößt damit praktisch auf Koblenzer Gebiet vor.

Vielleicht auch deshalb werden diese „Randlagen" so besonders geliebt und geschätzt, weil
sie am aufwendigsten erkämpft und erschaffen
wurden – zur Winninger Prosperität in engen
Grenzen. Daß dahinter einige exquisite,
hochfeine Brückstück- oder Hamm-Weine
im Gesamt-Imago zurückstehen müssen, ist
verständlich. Ohnehin hatten dort immer „zu
viele" Winzer Besitz, während besonders im
Koberner Uhlen und Winninger Röttgen mehr
die größeren, um ihren Ruf besorgten Besitzer
dominierten.

Gülser Winzer besitzen jedoch trotz Namens-
recht am Röttgen (die Bezeichnungen
Winninger und Gülser Röttgen können
wahlweise verwendet werden) nichts in der
Renommierlage, in der es am schwersten überhaupt ist, ein Stück Wingert zu
erwerben. Hingegen besitzt ein Layer Weingut dort noch ein paar Parzellen
als Relikt des ehemals großen Besitzes des Layer Pfarrgutes, als Erinnerung
an jahrhundertelange Streitigkeiten um den Grenzstein im Röttgen zwischen
Layer und Winninger Gemarkung. Schließlich stammt der Name Lay auch
von dem markanten Layer Kopf ab, der früher mit seiner Nase weit in die
Mosel hineinragte und heute den mächtigen Grenzfelsen bildet, an dem die
Lage moselabwärts endet. Die Felswand, zwischen der und den Gleisen
ein schmaler Fahrweg verläuft, der nicht einmal ein Auto und ein Fahrrad
gleichzeitig passieren läßt, zeigt mit ihren Kalkkrusten bereits an, daß auch im
Röttgen ein nährstoffreicher, keineswegs saurer oder armer Boden vorherrscht.
Hier stammt die ph-Pufferung jedoch weniger aus dem hauptsächlich sandig-
siltigen Schiefergestein der Rittersturz-Schichten, sondern vielmehr von
dem kontinuierlich vom oberen Hang nachgespülten und hinuntergewehten
Löß. Dieser lockere, nährstoffreiche Flugsand wurde „naheliegend" auch
beim Anlegen der Terrassen und bei Wiederbepflanzungen gewiß kräftig
eingearbeitet. Der Name Röttgen bezieht sich übrigens aufs Roden und
impliziert also einen besonderen Aufwand bei der Erstanlage. In Verbindung
mit dem im Gegensatz zum Uhlen weicheren, schneller verwitternden Gestein
sorgt der Löß für einen sich hervorragend erwärmenden Boden mit zwar hohem

Skelett-Anteil, aber dennoch
genug Zugkraft und Substanz.
Dazu trägt mit Sicherheit
auch der an den rostbraunen
und rostgelben Farben der
Felsenerkennbare hohe Eisen-
und Mineralgehalt bei. Und
so ist denn auch die vielfach
nachgesagte zarte, filigrane Art
des Röttgen nur im Gegensatz
zum wuchtigen Uhlen zu sehen.

Die kraftvolle Mineralität des Uhlen hat in früheren Klassifikationszeiten,
als Weine noch jahrelang im Faß lagen, gewiß den feingliedrigen mit gelben
Sommerfrüchten und feinstem Säurespiel brillierenden Röttgen etwas

zurücktreten lassen. Dessen Vorzüge kommen erst in der heutigen Zeit beim reduktiveren Ausbau, der größeren Fruchtbetontheit und speziell bei der erhaltenen natürlichen Restsüße voll zur Geltung. Der Röttgen ist im edelsüßen und fruchtigen Bereich im Vergleich zum Uhlen der finessereichere, der verspieltere Wein – zudem auch die Lage der Terrassenmosel, bei der man am ehesten „Gefahr läuft", sie in der Blindprobe mit den edelsüßen Spitzenweinen der Mittelmosel zu verwechseln. Dazu bei trägt zudem eine nervigere (besonders Richtung Layer Kopf oft ein halbes oder ganzes Promille höhere) Säure im Vergleich zum Uhlen. Das im allgemeinen frühere Lesedatum im Röttgen spielt hierbei ebenfalls eine Rolle, sowie die etwas geringere mineralische Abgepuffertheit der Säure, ihr dadurch expressiverer Ausdruck. Frühere Lese (natürlich nur relativ) ist im Röttgen schon deshalb oft angesagt, weil er die mit Abstand früheste Reife und die höchsten Mostgewichte der Unteren Terrassenmosel (möglicherweise sogar der gesamten Region) vorweisen kann. In der Statistik der Erzeugergemeinschaft Deutsches Eck (von 1985 – 96) weist der nach Süden bis SSO geneigte Röttgen als einzige Lage sogar in geringen Jahren wie 1987 und 1991 Spätlese-Werte auf, erzielte er im Jahre 1993 im Durchschnitt den phänomenalen Wert von 104 Grad Öchsle. In neun von zwölf Jahren liegt dieser Durchschnittswert vor dem des Uhlen. Diese Tatsache und der Geschmackstyp prädestinieren den Röttgen geradezu für edelsüße Riesling-Spitzenweine größten Kalibers. Einige vortreffliche Beerenauslesen und Trockenbeerenauslesen der letzten Jahre und viele hochfeine Auslesen in den letzten Jahrzehnten sprechen eine deutliche Sprache, was des Röttgen besonderes Talent ist. Daß der Röttgen weniger Entwicklungspotential besäße als der Uhlen, ist in der Pauschale zudem eher ein Gerücht aus „alten Ausbauzeiten", welches immer wieder bestätigt zu werden scheint durch den interessanten Frühstart des Röttgen im Glas – aufgrund seiner großen inneren terrassen- und klimageprägten Traubenreife. Was früher da ist, muß aber nicht notwendigerweise früher altern – es ist dies das selbe Mißverständnis wie mit den Weinen der Terrassenmosel insgesamt. Wurde bislang vom Röttgen gesprochen, so war in erster Linie vom Original-Röttgen rund um die „Röttgen-Schrift" sowie dem gleichwertigen 1912 einverleibten früheren Original-Brückstück die Rede. Hier herrschen teilweise erst durch Sprengung (siehe Ortsbericht) möglich gewordene mustergültige Terrassenbauwerke mit kunstvollen Bogenmauern vor. Viele der oft 100% Steigung überwindenden Terrassen sind mittelgroß und mit hohen Mauern abgestützt, also fast ideal für ein windgeschütztes warm-feuchtes Klima und eine ausgeglichene perfekte Traubenreife – sie drehen sich außerdem oft von der SO- bis SSO-Ausrichtung noch einmal weiter nach Süden. Der Rhein hat hier bereits einen deutlichen Klimaeinfluß und die Niederschläge sind wieder ein wenig höher als oberhalb von Winningen – was sich z.B. besonders positiv in einem den 94er Jahrgang höchst begünstigenden, wasserbringenden Sommergewitter ausdrückte. Etwas robuster, weniger feinschiefrig geprägt, werden die Weine (4 Sterne) in den flacher ansteigenden großen Terrassen im „unteren Röttgen" Richtung Layer Kopf. Unter der klassischen „Kummerdecke" verfügen die Weinberge hier über einen tiefgründigeren, vom Lößlehm mitgeprägten Boden (schmieriger gelbbrauner Lehm) mit sehr ausgeglichenem Wasserhaushalt auch in trockenen Jahren. Nur 3 Sterne haben hingegen die oberhalb der vom gegenüberliegenden Layer Ufer so schön überblickbaren Röttgen-Terrassenwand fast versteckt liegenden, nur hängigen

Weinberge verdient, um die der Röttgen 1971 erweitert wurde. Besonders in Richtung Güls vom tiefgründigeren Lößlehm-Boden und geringerem Steinanteil geprägt, wächst hier u.a. auch fülliger Spätburgunder und vor allem ein guter trockener Riesling, nicht plump und mit viel Saft und Stoff. Ob er den feinen Namen Röttgen jedoch verdient hat, das sei hier dahingestellt.

Winninger Brückstück ✳ ✳ ✳ - ✳ ✳ ✳ ✳

Der seit Anfang des Jahrhunderts vielfach auf Listen und bei Versteigerungen auftauchende Lagenname Brückstück weist auf eine historische Geschichte hin, die für Winningens wirtschaftliche Entwicklung nicht ohne Bedeutung gewesen ist. Sie bezieht sich auf die oberhalb dieses Weinberges gewonnenen Basaltsteine, welche durch diesen hinunter zur Mosel transportiert wurden und mit denen in Koblenz im 14. Jahrhundert die berühmte noch heute bestehende Balduinbrücke gebaut worden ist. Seitdem waren die Winninger auf dieser Brücke vom Zoll für Personen und Vieh befreit. Das hochgeschätzte Original-Brückstück ging jedoch schon 1912 in der Lage Röttgen auf, wobei man den Namen Brückstück auf die benachbarte Lage „Im Geisen" übertrug. Doch damit nicht genug, schlug man 1971 auch diese dem Röttgen zu, so daß das heutige Brückstück nun in der Hauptsache die frühere hervorragende Lage „Sternberg" umfaßt. Diese wiederum wurde schon im letzten Jahrhundert zu den führenden Spitzenlagen des Ortes gezählt und stößt mit ihren Terrassen direkt an die heutige Röttgen-Lage, deren Qualität manches Brückstück in der Finesse mit reifen Pfirsich- und Aprikosentönen auch erreichen kann. Wo heute also die Schrift Winninger Brückstück zu lesen ist, liegt das Herz des Sternbergs und somit das Herz des heutigen Brückstücks. Der Boden ist hier oben sehr skelettreich, überwiegend von siltigem Schiefer und härteren Sandsteinen geprägt und oft sehr fein verwittert. Der links daran anschließende ehemalige „Seifengraben" ist zwar ein wenig schwächer, weist aber mit einem natürlichen Wasserlauf auf den besonderen Vorzug der Lage Brückstück, den ausgezeichneten Wasserhaushalt, hin. Der Anschluß nach Winningen, bis zur Grenze der Lage Domgarten, der ehemalige „Seifenberg", besteht wieder aus steilen, nach SSO ausgerichteten Terrassen. Die Besonderheit des Brückstücks ist, neben der devonischen Steingrundlage, an vielen Stellen eine mehr oder weniger starke Beeinflussung durch den vor ca. 13000 Jahren vom Laacher-See Vulkan ausgeworfenen Bims. Er macht auch die nur hängigen, weniger terrassierten Stücke des Brückstücks zu sehr warmen, ausgezeichnet drainierten Böden. Die leichteren davon gehören zu den wärmsten und am ersten austreibenden von Winningen. Vom Mostgewicht und von der Saftigkeit her, sowie von der fast nie von Trockenstreß beeinflußten

Feuchtigkeit der Brückstückweine her, zählen diese zur allerersten Garde in Winningen, die in Spitzenjahren wie 1993 mit Leichtigkeit sogar fuderweise Beerenauslesen hervorbringen können. Die Finesse und Feinschiefrigkeit der Weine von den Klein-Terrassen gleicht an der Röttgen-Grenze sehr den besten Weinen dieser Nachbarlage. Alles zusammengenommen beeindruckt in der 8 ha großen Brückstück-Lage die große Ausgeglichenheit auf gutem bis sehr gutem, bisweilen fast herausragendem Niveau. Auch der obere, nur hängige Bereich über dem Brückstücksweg ist noch relativ gut. Die weiter unten, Richtung Bahndamm und darunter wachsenden Weine zeichnen sich durch volle, saftige Art selbt in wasserarmen Jahren aus. Besonders in der trockenen Geschmacksrichtung haben sie viel eigenen Charakter, sind aber nicht so fein wie die Terrassen-Weine. Was fehlt, ist eigentlich nur die ganz große Tiefe, die letzte Komplexität und mineralische Dichte eines großen Uhlen- oder Röttgen-Weines und auch die klare, brillante Schieferdistinktion der ganz großen Hamm-Weine. Neuerdings werden mit Erfolg auch Burgundersorten in die tiefgründigeren Böden gepflanzt.

Winninger Domgarten ∗ - ∗ ∗ ∗ ∗

Mit rund 72 Hektar (davon 75% Riesling, 17% Müller-Thurgau, 3% Spät- und Weißburgunder, sowie einem Restbestand von 5% anderer Sorten) ist die Lage Domgarten die mit großem Abstand ausgedehnteste der gesamtem Unteren Untermosel, nimmt sie doch über ein Viertel von deren Gesamtfläche ein und die Hälfte der Winninger Weinbaufläche. Der Name geht auf eine kleine Gewannbezeichnung zurück, einen ehemaligen Besitz des Kölner Domstiftes. Er weist ganz allgemein auf den umfangreichen geistlichen Besitz hin. So auch des Bamberger und Aachener Domstiftes sowie zahlloser Abteien und Klöster wie St. Maximin in Trier, Abtei Prüm, Maria Laach, Malmedy, Rommersdorf, Viktorstift Xanten, St. Martin Köln und nicht zu-letzt das Aachener Marienstift, des Kirchenpatronat-Inhabers.
Die Lage umrahmt heute den Ort auf beiden Seiten, östlich wie westlich, bezieht das steile Eingangsseitental ein. Oberhalb des Ortes stößt sie an den Hamm, unterhalb an den Brückstück. Um letztere nicht zu stark in ihrer Qualität zu entwerten, läuft der Domgarten wohlweislich auch unter- und oberhalb dieser Lagen, wie auch oberhalb des Röttgen das flachere „schlechtere" Weinbaugelände vom Domgarten geschluckt wurde. Damit wäre scheinbar schon fast alles gesagt. Die Lage ist eine Schöpfung der 71er Weinlagenreform und hat neun der ehemaligen 1912er Lagen und somit über sechzig der vorher bestehenden Lagen in sich aufgenommen. Manchem älteren Winninger Winzer oder auch Weintrinker mögen die alten z.T. klangvollen Lagennamen wie „Heideberg", „Rosenberg", „Mäuerchen" oder „Hölle" noch wohlbekannt und lieb sein gegenüber der anonymen kaum überschaubaren Einheitslage Domgarten, die überall und nirgends liegt. Wenngleich aus keller- und (pseudo)-vermarktungswirtschaftlichen Gründen eine Rückdifferenzierung des Domgarten wohl kaum ansteht und bei dem immer noch anhaltenden Trend zur Lagenreduzierung statt Lagenvermehrung dies in Deutschland wohl Einmaligkeitscharakter besäße, so ist doch die objektive Vielfalt, sind die qualitativen Unterschiede innerhalb der Lage so groß, daß zumindest

ein Nachdenken darüber Sinn machte. Dabei würde herauskommen, daß der größte Teil des an das Brückstück angrenzenden von SO bis ins Tal hinein nach Süden und SW drehenden z.T. noch terrassierten Bergkegels, so gute

Weine hervorbringt, daß manche Moselgemeinde damit als Spitzenlage hoch zufrieden sein könnte. In den besten Parzellen dieses 1912 in der Ortssatzung als Heideberg gekürten Weinberges in Gewannen wie Häuschesberg, Taubesberg, Bingstel, Todwinkel, Kentchesberg, Im hohen Rain, Schrottelberg, Im Göttchesberg wachsen manchmal Weine, die in Blindproben neben fast jedem Winninger Wein zumindest bestehen können – vom erstklassigen Kabinett bis zur Beerenauslese. Vom Boden her dominieren hier die sandig-siltigen Schiefer und Quarzite der Nellenköpfchen-Schichten, bereichert teilweise durch Löß- und Bimseinflüsse und verwittert zu sandigem Lehm. Einen feinen, aber leichteren Boden aus sandigem Schiefer mit weniger Kraft bietet der Steilhang direkt hinter dem Ort im Bereich unter der Schrift Domgarten, der zusammengefaßt früher meist als „Rosenberg" verkauft wurde. Hier kann man bei einem Spaziergang mit Glück sogar Smaragdeidechsen sehen. Noch weiter oben (vor allem Richtung Autobahnbrücke) liegt ein meist kiesiger Schotter von den früheren Moselterrassen mit einem Schwerpunkt an Müller-Thurgau und frühreifenden Sorten.

Den gesamten Domgarten bodenkundlich und lagenqualitätsmäßig zu zerlegen, wäre jedoch eine das Buch sprengende Aufgabe. Neben den Schieferverwitterungsböden (Quarzite und Sandsteine sind seltener) und Kies- und Gemischtschotterböden variiert der Boden von Sand bis Lehm und Löß in allen Schattierungen – worauf auch alte Flurnamen wie „Im Sand" oder „In der Leimkaul" hinweisen. Die Vielfalt wird auch dadurch deutlich, daß der in der Hauptsache auf der unteren Mittelterrasse aufgebaute Ort Weinberge hat vom unteren Bereich der Niederterrasse bis hoch zur Hauptterrasse, ist also von allen eiszeitlichen „Terrassen-Zeitaltern" beeinflußt. In der Steigung schwankt der Domgarten zwischen 0 und fast 100%, in den Himmelsrichtungen ist

praktisch alles vertreten, von S bis N. Dementsprechend wächst vom einfachsten, manchmal derben Schoppenwein über süffig-leichten bis füllig-kräftigen Schoppenwein bis hin zum eleganten Kabinett und den schon erwähnten Spitzenweinen im Domgarten fast „Alles" – außer den ganz großen Charakterweinen, wie sie die besten Uhlen-, Röttgen- oder auch Hamm bieten. Eine gewisse fruchtige Saftigkeit, weniger Mineralität ist dabei Trumpf, wie ja auch im Brückstück, an das die besten Domgarten-Weine fast heranreichen. Hervorhebenswert sind auf jeden Fall noch die Löß- und Bimseinflüsse, die den bislang wie auch in Zukunft womöglich noch verstärkt angepflanzten Burgundersorten zugute kommen, auch dank guter ph-Werte im Boden. Diese können allerdings je nach Bereich auch sehr niedrig liegen, sollten also scharf analysiert werden, gerade auch im Hinblick auf die anstehende zweite lagenzusammenlegende (aber nicht bodenverschiebende) Flurbereinigung. Ein gutes Wort soll auch noch für das reizvolle, zum Teil meisterhaft terrassierte Seitental an der Ausfallstraße eingelegt werden. In diesem steinigen Schieferboden wachsen durch mikroklimatische Einflüsse auch einige knackig-rassige Rieslinge oder Müller-Thurgaus. Ein vollständiges Brachfallen und „Wegregulieren" wäre für das Winninger Gesamtbild schade – nicht nur weil dann die Wege zu den dort bereits wachsenden wilden Steillagen-Erdbeeren schwieriger würden. Winninger Phantasie hat in diesem Bereich übrigens den vermutlich einzigen Berggolfplatz Deutschlands in einer Ex-Weinbergs-Steil-lage entstehen lassen. Winninger Wein und Sekt beim und nach dem Putten im Domgarten – warum nicht mal probieren?

Winninger Hamm ∗ ∗ - ∗ ∗ ∗ ∗ ∗

Hamm (lateinisch: hamus = Haken/ althochdeutsch: hamma = Krümmung) bezeichnet als Flurname hier den Prallhang in einer Flußschleife – jenen Hang also, gegen den das Wasser anströmt und an dessen Ufer es nagt, während das geologische Pendant, der ihm gegenüberliegende Gleithang, durch angeschwemmte und
abgelagerte Sedimente stetig in den Fluß hineinwächst.
Von den verschiedenen Hamm-Lagen an der Mosel, von denen nur der Moselweißer/Layer Hamm an der Untermosel den Namen auch im Wein-lagennamen behalten hat, ist der Winninger Hamm die bekannteste und dies bereits seit mindestens 100 Jahren.
In Preislisten aus der ersten Jahrhunderthälfte taucht der Hamm als „Winninger Klassiker" auf und steht in einigen Fällen dem Röttgen oder sogar dem Uhlen nicht nach. Auch bei den sehr differenziert die Weinqualität widerspiegelnden Versteigerungs-Resultaten des Coblenzer Versteigerungs-ringes in den zwanziger Jahren ist der Hamm ein Markstein gewesen mit vielen ausgezeichneten Resultaten. Spiegelbild des damals wie heute bestehenden etikettenmäßigen Uneindeutigkeit war die legendäre 23er Versteigerung. Hier erzielte ein Hamm von Knaudt in der umfangreichen Gruppe der „verbesserten 22er" den höchsten aller Preise mit 5,9 Milliarden Reichsmark, ein anderer Hamm-Wein jedoch den niedrigsten mit 3,3 Milliarden. Der ganze Zwiespalt, die ganze Unterprivilegierung des Hamms gegenüber Uhlen und Röttgen kam schon damals zum Ausdruck, weil der Hamm seit der 1912er Ortsatzung bereits um flachere etwas einfachere

Lagen erweitert worden war. Damals wurde „Im oberen Hamm", „Im vorderen Hamm", „Im Hamm", „Im Hammsboden" und „Im Breitenweg" zum Hamm zusammengelegt. 1971 wurden dem Hamm dann der größte Teil des hochrangigen „Oberen Hamm" zugunsten des Uhlen weggenommen, und in die andere Richtung fand eine erneute Erweiterung Richtung Winningen (bis zum künstlichen Wasserlauf) statt in flachere oder hängigere Bereiche mit einfacheren, steinärmeren Böden, zwischen Sand und Lehm variierender Natur, teilweise mit Kies. Folge ist heute mit etwas über 13 Hektar die zweitgrößte Winninger Lage und ein Qualitätsspektrum, das man exakt analysiert auch zwischen einem und fünf Sternen einstufen könnte. Die klassischen Hamm-Terrassen werden teilweise oft eindrucksvoll (siehe Rückseite des Buchcovers), manchmal positiv, manchmal negativ beschattet von der Autobahnbrücke. Von diesem Monument aus ziehen sie sich Richtung Winningen meisterhaft kleinterrassiert mit z.T. über 100% Steigung hin. Sie bringen absolute Spitzenweine im Mostgewicht wie auch in einem höchst faszinierenden zartschiefrigen Ausdruck mit elegantesten, reifsten charakteristisch gelben Frucht- und Blütenaromen. Verantwortlich sind hierfür die recht tonschiefrigen und blauen Schiefer der Singhofen-Schichten, wie es sie teilweise auch in den Koberner Seitentäler-Lagen gibt. Demgegenüber sind die Hamm-Terrassen klimatisch begünstigt, steigen sehr moselnah steil auf mit klassischer Südwestausrichtung, wobei etliche der besten Terrassen noch einmal gegen Süden drehen. Der extrem hohe Skelett-Anteil, der schnell aufkommende Felsen, die Feinsplittrigkeit des Schiefers erzeugen de facto einen sehr leichten Boden, der in zu trockenen Jahren mehr als die anderen Winninger Spitzenlagen leidet und seine Talente weniger zur Entfaltung bringen kann. Typisch für Boden und Lage sind dementsprechend kleine Trauben und Beeren, die in Jahren wie 1993 oder 1976 ganze Fuder von Beerenauslesen möglich machen, die am Stock gewachsen sind (also ohne spezielle Botrytis-Auslese). Finesse ist dabei reichlich vorhanden wie auch eine köstliche Mineralität und Brillanz. Dies macht ihn auch für hochelegante trockene Weine für Liebhaber so interessant wie kaum eine andere Winninger Lage. Er ist fein wie der Röttgen und doch mit einem Schuß Geradlinigkeit wie der Uhlen. Das generelle Urteil, wonach Hamm-Weine leichter sind und im Alter von Uhlen und Röttgen immer überholt werden, läßt sich zudem mindestens an Einzelbeispielen widerlegen, wo Hamm-Weine ganz großartig reifen. Eine Rolle mögen hierbei auch die teilweise vorhandenen Wasser-adern im Hamm, der ja zudem vom Bingstelbach durchschnitten wird, spielen. Wo der Hamm nicht an Trockenheit leidet, ist er eine Klasse für sich. Die Hamm-Weine aus dem erweiterten, hängigeren, flacheren und höheren Bereich sind in den meisten Fällen bereits daran erkennbar, daß es nur einfache Qualitätsweine sind, während die Topterrassen überwiegend Spät- und Auslesen erbringen. Die „Hamm-Böden" sind in ihrer Klasse dennoch, von aller Verschiedenheit abgesehen, etwas höher als die einfacheren Weine des Domgarten einzuschätzen. Fest steht jedoch: Wenn es eine Lage an der Terrassenmosel gibt, bei der eine gesetzliche Unterscheidung zwischen „Terrassen"- oder „Felsterrassen"-Weinen von den anderen Weinen auf dem Etikett möglich gemacht werden müßte, dann ist es der Winninger Hamm, eine Beinahe-Fünf-Sterne-Lage.

Uhlen ✳✳✳✳-✳✳✳✳✳

Der Uhlen (sein Name stammt von den im oberen Bereich nahe des breiten Waldrandes seit Menschengedenken in Felsen und Mauern nistenden Eulen) ist nicht nur die renommierteste Lage der gesamten Untermosel, es ist auch das sicherlich eindrucksvollste Musterbeispiel für einen Terrassenweinberg. Er erhält deshalb eine Musterbeschreibung.

Was aber ist der Uhlen - ein großer Wein, ein Mythos?

Zunächst einmal ist es ein Weinbergs- und Landschaftskulturdenkmal, an dem und in dem noch heute täglich gearbeitet wird, ein in der Mitte offenes nach Süden ausgerichtetes, windgeschütztes Theater von über 200m Höhe und eineinhalb Kilometer Länge, mit noch einmal etlichen vielchörigen (Chor=Terrasse) schmalen hohen Theatern, den sogenannten Kehlen, ein rund 15 Hektar umfassender Weinberg, ein Terrassenkunstwerk aus behauenem und bebautem Fels, bepflanzt mit Reben.

Nebenbei gesagt, ist er aufgrund seiner „Autobahn-Lage" die vom Augenschein her sicherlich bekannteste Lage der Mosel, fällt doch seine Kulisse den zahllosen Vorbeifahrern auf Deutschlands höchster Autobahnbrücke (A61) als flüchtige aber spektakuläre Aussicht in den Blick, Betrachtern allerdings, unter denen wohl nur wenige sind, die von der Sonderstellung des Uhlen wissen - weder von seiner Architektur, deren Zeugen sie sind, noch von den besonderen Weinen, zu denen sie die nächste Ausfahrt führen könnte.

Schon 1845 erkannte Muhl in der ersten umfassenden Gesamtdarstellung „Der Weinbau an Mosel und Saar" die besondere weinbergsarchitektonische Leistung des Uhlen, wenn auch eher beiläufig. Er lobt zwei Herren in Cochem, die gerade in den Jahren 1830-37 zwei großartige neue Musterweinberge angelegt hatten - die (heute brache) Winneburg und den (durch den Bahnbau vollkommen veränderten) Pinneberg: „Man muß staunen, wie diese zwei Berge, welche mit Felsvorsprüngen und Kuppen wie besäet waren, so daß früher der Gedanke an eine Rebpflanzung in denselben höchst abschreckend war, in die freundlichsten Weinanlagen umgeschaffen wurden; ein

Unternehmen, das an der ganzen Mosel nur den Berg bei Winningen zur Seite hat, mit dem Unterschiede jedoch, daß hier durch die Anstrengungen zweier Privaten(sic!) ausgeführt wurde, was dort durch eine Menge helfender Hände geschah. Es wird hier der Satz recht klar, daß die Beharrlichkeit, der Fleiß und die Betriebsamkeit der Menschen in dem Grade steigt, in dem die Natur ihre freiwilligen Gaben versagt." (s.Muhl, S.32)

Man könnte dieses klassisch-bürgerliche Lob aber auch ummünzen: Was die honorigen Herren Hayn und Pauly damals mit vielen Arbeitern aber nur zwei lenkenden Köpfen schafften, war im Prinzip leichter zu bewerkstelligen als die Gemeinschaftsleistung unzähliger kleiner und größerer Winzer, die sich erst einmal zusammenfinden, dann zusammenhalten und schließlich (in konzertierter Aktion) zusammenarbeiten mußten, um den Berg in seiner Gestalt so zu schaffen, wie er sich noch heute weitgehend unverändert präsentiert. Daß diese Symbiose, dieses Meisterwerk ausgerechnet hier gelang, ist gewiß auch ein Resultat des durch die protestantische Enklave-Situation Winningens gestärkten Zusammenhaltes, der überdurchschnittlichen Bildung und, von Koberner Seite, des Erfahrungsschatzes aus einer weit ins Mittelalter zurückreichenden Ritter- und Burgenbaugeschichte. Das genaue Entstehungsdatum des Uhlen ist unbekannt und es müßte doch ein mehr als lohnendes Forschungsziel sein, diese großartige Landwirtschafts-Architektur, geschaffen durch die Gemeinschaftsleistung einer um ihr Brot kämpfenden Bevölkerung, einmal in ihrer Chronologie zu rekonstruieren. Wenn man die Mayas bewundert, warum dann nicht auch die Meister des heimischen Terrassenbaus? Jener Kunst, die noch so wenig erforscht ist und deren Ursprung viele Historiker noch immer ins Mittelalter datieren, obgleich bei archäologischen Grabungen in berühmten Steillagen längst zahlreiche Kelteranlagen gefunden wurden, die mindestens ins 3. Jahrhundert zurückdatiert werden müssen. Der Fachmann dazu, Dr. Karl-Josef Gilles vom Rheinischen Landesmuseum Trier, betont (und der gesunde Menschenverstand bestätigt), daß ein Steillagenanbau ohne Terrassen schlichtweg undenkbar gewesen sei. Im übrigen stützt er die Annahme, daß die Geschichte des Weinbaus an der Untermosel ebenso weit zurückreicht, wie an der Mittelmosel.

Der Uhlen, damals „die Ullen", besaß spätestens 1821 auch amtlich eine absolute Sonderstellung an der Untermosel und erschien in der ersten „Haupt-Classifications-Nachweisung der Wein-Gegenden des Regierungsbezirkes Coblenz" als einzige Einzellage neben der damals üblichen Ortsklassifizierung - gesondert (und höher eingestuft). Nur zwei andere Lagen im gesamten Regierungsbezirk wurden damals in dieser Weise eigens hervorgehoben klassifiziert: Das Schloß in Kreuznach, die heutige Spitzenlage Kauzenberg (schon wieder Eulen!), die aus einer falschen Naturschutzidee heraus und gegen das Engagement von Winzern, teilweise nicht mehr wiederbepflanzt werden darf (ein Musterbeispiel dafür, wie vergessener Kulturschutz durch Naturschutz erledigt wird!) und die Lage Schloßberg in Hönningen am Mittelrhein (allerdings nur für Rotwein).

Schon damals gehörte der Uhlen zu zwei Gemeinden - sowohl unter Cobern als auch unter Winningen wurden „die Ullen" hervorgehoben und bis 1971 als gesonderte Lagen vermarktet. Da aber ein größerer Teil des zu über 60% auf Koberner Gemarkung liegenden Uhlen traditionell in Winninger Winzerhand lag, und dort verständlicherweise lieber als Winninger Uhlen vermarktet wurde, erteilte das neue Weingesetz offiziell Absolution und erlaubte die wahlweise Bezeichnung beider Uhlen als Koberner oder Winninger. Daß aber auch die Lage für sich allein, d. h. ohne Ortsnamen auf der Flasche bestehen konnte und ihr Renommee, ihren Klang hatte wie nur ganz wenige deutsche Lagen, beweisen alte Etiketten. Obwohl hier noch nicht umfassend geforscht wurde, darf vermutet werden, daß der Uhlen nicht nur die erste Lage der gesamten Untermosel gewesen ist, die als Lage bezeichnet und verkauft wurde, sondern auch zu den ersten der gesamten Mosel und Saar gehörte, die einen herausragenden Ruf besaßen und daher auch bei der Einführung der Etiketten, die erst in der zweiten Hälfte des letzten Jahrhunderts langsam Verbreitung fanden, zu den ersten eigenständigen Namen zählten.

Historisch betrachtet und streng genommen hat es den Uhlen in seiner Gesamtheit eigentlich nie gegeben. Schon die ursprüngliche Bezeichnung „Die Ullen" deutet darauf hin, ist sie doch nicht nur, wie erwähnt, ein Hinweis auf die Eulen im Berg, sondern steht eben auch ganz bewußt im Plural. Es gehörten zum Uhlen von vornherein verschiedene Katasterlagen: Der „Uhlen", die „Unteren Uhlen", die „Oberen Uhlen" und sehr früh auch schon die Distrikte „Im Rabenberg", „An der Blaufüßerlay", „Unter der Blaufüßerlay" - wie in der Winninger Ortssatzung 1912 ausdrücklich festgelegt. 1971 kam dann auch noch der „Obere Hamm" (bis zur Autobahnbrücke) und auf Koberner Gebiet ein Teil des früher bekannten „Pfaffenchören" hinzu, also eine Erweiterung über das Belltal hinaus, welche die Halbbogen-Form des Uhlen noch etwas abrundete und ein paar Winzer mehr in den großen Namen einbezog. Die Gemeindegrenze zwischen Kobern und Winningen verläuft heute genau an jenem Bildstock, der früher den Weinberg „Kreuz Uhlen" markierte (dort, wo der gepflasterte Koberner in den geteerten Winninger Fahrweg übergeht). Berühmtheit erlangte das Belltal übrigens vor allem im 19. Jahrhundert. Von einem englischen Unternehmen übernommen, erlangte es Weltruf mit der Mineralwasser-Marke Belltaler, die auch am Königshof genossen wurde. Die schmale Zufahrt hinter der Eisenbahn hat im Zeitalter der Massenwässer dieses „Uhlenwasser" als ungeeignet für eine große LKW-Zufahrt sterben lassen, wie viele andere große Schätze ungeachtet ihrer Qualität nur der Logistik zum Opfer fallen, dem im Nachkriegs-Deutschland so einzigartig qualitätsblinden Auf- und Abbaudenken. Was wäre es heute für eine schöne Schlagzeile: Wasser und Wein von Weltruf im gleichen Mineral, vollkommen natürlich gewachsen.
Die ewige Frage jedoch, welcher ist der klassische Uhlen, welcher ist der echte und beste Uhlen, der Koberner oder der Winninger, das ist eine der kompliziertesten und geologisch tiefschürfendsten Fragen, die eine Einzellage stellen kann.
Es ist eine Frage, die sich wie alle anderen Fragen nur im Zusammenspiel von historischer Geschichte und geologischen Schichten, mündlichen und schriftlichen Geschichten, winzerlich-intuitivem Erfahrungswissen und

wissenschaftlich-analytischem allgemeinen Wissen, sinnesorientiertem und vernünftigem Wissen letzten Endes nur spielerisch, nur persönlich, nur situationsbedingt lösen läßt. Die Freude, der Genuß stellt sich beim Fragen, nicht beim Antworten ein. Schriftliche Geschichten zum Uhlen dürften übrigens noch in den so reichhaltigen Winninger Manual-Büchern enthalten sein. Preisnotizen, Weinnotizen, vielleicht auch Vergleiche zu den anderen Lagen. Ich hoffe, daß der ein oder andere Winninger seine Bücher im Schrank oder auf dem Speicher vielleicht auf dieses Thema wie überhaupt das Thema der Winninger Weinberge einmal abklopft.

Zweifellos weiß jeder, daß ein Winninger Uhlen anders schmeckt als ein Koberner, die Frage aber, welcher besser sei, scheint in früheren Zeiten zumeist salomonisch gelöst worden zu sein. Die erste preußische Klassifikationsregel ordnet die Uhlen beider Gemeinden ebenso gleichrangig ein wie zur selben Zeit die Durchschnittspreise in beiden Orten für die „Ullen" von Jahr zu Jahr stets identisch eingeschätzt wurden. Peinlichst wurde damals (um 1820) darauf geachtet, daß der Uhlen immer wenigstens eine Spur teurer war als der nächstbeste Wein. Einziger harter Konkurrent war der Dieblicher Rotwein, allerdings nur in Jahren, in denen er besonders gut ausgefallen war. Im großen Jahr 1822 lag der amtlich errechnete Mittelpreis für die „Ullen" bei 8,17 Taler, der Dieblicher Rotwein aber bei 8,15 vor allen anderen Weißweinen der Gegend. Will man vom klassischen Uhlen sprechen als dem Koberner, dann ist dies zumindest in einer Beziehung berechtigt: Er unterscheidet sich von all seinen Nachbarn stärker als es der Winninger tut. Der Charakter seiner Weine ist verschlossener, kräftiger, eigenwilliger, weniger charmant und bestechend, deshalb umso markanter, auffälliger, feuriger, nachhaltiger auch im Alter. Und gibt nicht außerdem die perfekte Südausrichtung des Hanges, die stärkere chemische Verwitterung, die dunklere Farbe des Bodens die größere Aufheizung des Gesteins und der Mauern dem Koberner den Vorzug?

Seine Wingerte unterscheiden sich in optisch sinnfälliger Weise von allen Nachbarn und präsentieren sich dem Blick als ein einheitlicher Komplex. Oder ist es doch vielleicht eher die feinere Struktur des in unzählige kleine Stückchen zerfallenden Schiefers im Winninger Teil, der die feine Frucht bringt, die atemberaubende Saftigkeit und Finesse. Oder die ungeheure, mineralische Spannkraft, die feinsalzige, die Süße puffernde Art der oft auf trockenen Rippen gewachsenen kleinbeerigen Trauben, die beim schmeckenden Genießer den letzten und intensivsten Kitzel verursachen können?

Doch die Beantwortung der Frage ist eine viel kompliziertere. Es gibt weder einen Uhlen, noch zwei Uhlen, geologisch betrachtet gibt es, man höre und staune: sechs Uhlen!

Wie jüngste Untersuchungen, im Rahmen der Doktor-Arbeit des Ralph Kröll (der lange parallel zu mir durch die Weinberge streifte) von der Bonner Universität (der Instanz für die Geologie des Rheinischen

Schiesfergebirges) ergeben haben, wird der gesamte Uhlen von sechs verschiedenen geologischen Schichten des Unterdevon zerteilt, sechs verschiedenen Zeitaltern also. Im Gesamt-Uhlen von der Brücke bis hinter dem Belltal sind dies: 1. die Singhofen-Schichten, 2. die Flaserschiefer-Schichten, 3. die Laubach-Schichten, 4. die Hohenrhein-Schichten, 5. der Emsquarzit, 6. die Nellenköpfchen-Schichten (zu beachten ist dabei, daß die Rittersturz Schichten in älterer Literatur Vallendarer Schichten heißen und der Emsquarzit früher Koblenzquarzit).

Durch die Zeitalter des Unterdevons zieht sich der Uhlen also vom Unterems über den Emsquarzit bis in die tiefen Oberems hinein und grenzt damit schon fast an das kalkreiche Mitteldevon. Mehrere hunderttausend Jahre trennen dabei jede Schicht, geben ihr ein eigenes mineralogisches wie steinstrukturelles Gepräge, das leider noch viel zu wenig erforscht ist. (s. Einführung zur Geologie)

Das Erstaunliche daran ist die Tatsache, daß hier bis auf eine sämtliche in den Weinbergen der unteren Terrassenmosel auftretenden geologischen Formationen in einer Lage zusammentreffen. Und da sich die fehlenden Rittersturz-Schichten lithologisch von den Singhofen-Schichten im Bereich der Autobahnbrücke nicht eindeutig unterscheiden lassen, kann man sogar behaupten: Es ist alles drin. Die gesamte Untere Untermosel spiegelt sich in einer Lage, einem Weinberg wieder. Ein Phänomen der Vielfalt auf engem Raum. Im Winkel von 45 Grad fallen die Schichten in das Bergmassiv ein, vermischen sich dadurch in der Vertikalen mit ihren Nachbarschichten, während in den anderen Weinlagen höchstens mal zwei oft horizontal oder vertikal deutlicher geschiedene Schichten verlaufen. Verstärkt wird diese geologische Gemengelage noch durch die ständige Steinerosion und Steinbewegung von oben nach unten. Bedenkt man, daß in früheren Zeiten zudem verstärkt Steine wieder nach oben zurückgetragen wurden, so dürfte auch auf den oberen Chören eine gewisse Vermischung mit unten stattgefunden haben, gefördert auch durch das Hin- und Hertragen der Mauersteine und ihre zerkleinerten Bruchstücke. Und betrachtet man die einzelnen Weinberge mit ihrem Gestein, mit ihrem Kummer, dann kann man sich des Eindrucks nicht erwehren, daß früher auch nicht nur in der vertikalen gekümmert, geschiefert wurde. Vielleicht wußten die „Weisen des Mittelalters" bereits um die geheimnisvolle Wirkung einzelner Gesteine und um den positiven Effekt einer großen Mischung. Woher kommen die vielen Steinbrüche und Steinhalden im und rund um den Uhlen? Will man den Uhlen geologisch verstehen, dann drängt sich einem bald der Gedanke auf, daß er in erster Linie menschengemachtes Kulturprodukt ist. Zuerst hat man seine klimatischen Vorzüge erkannt, dann im Laufe der Jahrhunderte immer mehr verbessert, daran gearbeitet, Boden eingetragen, Humus eingebracht, Steine eingetragen und/oder verteilt, den Berg bekümmert, wie die Winninger sagen. Man hat sich um den Berg gekümmert, könnte man jetzt schon sagen, um das eigensinnige nur in diesem Raum noch gebräuchliche erhaltene Wort Kummer einmal so zu deuten. Wenn der Uhlen in seiner Gesamtheit also etwas Besonderes, eine Einheit darstellen soll, dann kann es im wesentlichen nur die Mischung sein, die ungeheuer komplexe Mischung von Steinen, nicht nur von härtesten Quarziten über breite Sandstein- und Schieferabstufungen, nein all dies auch noch in einer Flut von Verwerfungen von Zeitaltern und Verwitterungszuständen. Es erinnert an die großen geologischen Verwerfungen in Burgund, die auch dort vorhandene große Verschiedenheit auf engstem Raum. Und es kommt der Gedanke auf, daß großartiger, komplexer Wein gerade dort entsteht, wo die Mischung groß ist, die Variation. Als habe der Mensch hier auf engstem Raum die größte Möglichkeit zum Studieren und Vergleichen gehabt und lerne daraus und näherte er die Weinberge, so unterschiedlich sie geologisch sind, dadurch immer mehr einander an, bringe er sie dadurch ganz zu ihrer klimatischen Begünstigung. Denn wie anders könnte der Uhlen eine große Lage sein, eine Einheit, ein Namen sein wenn nicht durch die Menschen, die ihn geschaffen haben, die alles getan haben, die natürliche Ungunst der Kargheit auszugleichen nicht nur durch den Terrassenbau, auch durch die damit zwangsweise verbundene Bodenverbesserung, die sich in alten Traditionen wie dem tiefen Rotten und der „Bänkel-Technik" äußert, die auf dem Ausdruck „Bank" für den Setzgraben beruht, der wiederum die Basis für das Gesetz ist, wie der neue Weinberg an der Mosel genannt wird. Und es wird dabei klar: bei keinem Weinbau hat der Mensch mehr getan, mehr geformt zur Verbesserung als beim Terrassenbau. Und das

Non-Plus-Ultra ist der Chorterrassenbau, der Bau von gemauerten Steinterrassen, von Chören, Erhöhungen, Weinbauflächen, wo früher gar nichts war, als nackter, steiler Fels. Und dennoch: trotz aller Bewegungen, trotz allen Bemühens jedes Chores, sein bestes zu geben, bleibt ein Unterschied, bleiben sechs Uhlen, die durch eine gewisse Vermischung voneinander gewonnen haben, aber dennoch ihre eigene geologische Bestimmung besitzen. Worin liegen also die Unterschiede, wenigstens zwischen Winningen und Kobern und den Rändern von ihnen und wo liegt nun der klassische Uhlen?

Und hier fällt sehr bald eines auf: Markantes Kennzeichen, bislang von nur wenigen Winzern erkannt und beachtet, ist der erhebliche Kalkgehalt des Bodens, der von den zahlreich vorhandenen sehr kalkreichen Sandsteinen und Schiefern stammt. Der Kalk ist auch die Ursache, daß sich an diesen Steinen häufig Fossilien erhalten haben. Diese Steine findet man sowohl auf Koberner, als auf Winninger Gemarkung. Besonders zahlreich im Kreuz-Uhlen (dem Grenzwingert mit dem Kreuz am Hangfuß) werden sie nach Winningen zu im unteren Bereich besonders häufig. Neutrale ph-Werte um oder sogar über 7 sind im Uhlen keine Seltenheit und erstaunlicherweise sogar noch häufiger in nicht oder sehr lange nicht gekalkten Weinbergen.

Der Uhlen-Boden, seit altersher als etwas Besonderes erkannt, hat immer auf natürliche Weise mit seinen Steinen ein gesundes Gleichgewicht hergestellt. Im für die Nährstoffversorgung der Rebe und die Kraft und Fülle des Weines so wichtigen ph-Wert hatte er im Gegensatz zu vielen anderen eher zur Versäuerung neigenden devonischen Gesteinsverwitterungsböden scheinbar nie ernsthafte Probleme. Über Kalkungsaktionen wird der Uhlen im Grund vielleicht sogar ein wenig beleidigt gewesen sein - hätte doch sein eigenes Gestein aus sich heraus den gleichen oder sogar stärkeren Effekt erzielen können, wenn es denn tatsächlich vonnöten gewesen wäre. Die natürliche Fähigkeit des Bodens (mit einem teilweise 20-30%igen Anteil an kalkhaltigen Schiefern und Sandsteinen - oft mit eingelagerten Fossilien - sowie zusätzlich von oben immer wieder heruntergewaschenem Lößlehm) zur ph-Pufferung nimmt Richtung Winningen zu und vermindert sich erst wieder im erweiterten Uhlen (dem früheren „Hamm", kurz vor der Brücke). Aber auch in Richtung Cobern dehnen sich die so kalk- und mineralreichen Laubach- und Hohenrhein-Schichten, sorgen dort ebenso für Pufferung und Kraft. Liegt die Wahrheit also in der Mitte? Ist der „Kreuz-Uhlen", der auf den alten Preislisten der mächtigen Weinhandlung Schwebel oft als Spitze von Winningen fungiert, das Herz des Uhlen, der Klassiker, den rechts und links mächtige Neben(b)uhler umarmen, Konkurrenz, die immer schon so stark war, daß sich die napoleonisch-preußischen Klassifikatoren (die Franzosen begannen, was die Preußen beendeten) nicht entscheiden konnten und Coberner und Winninger Uhlen gleichsetzten. Interessant in diesem Zusammenhang ist auch die Tatsache, daß im Coberner immer mehr Großbesitzer mit größeren Parzellen und größeren Auslese-Möglichkeiten lagen, der Winninger Uhlen hingegen extrem kleinparzelliert war und aufgeteilt unter unzähligen Besitzern.

Haben die „Großgrundbesitzer" unter einer Decke gesteckt - zumal darunter auch in Cobern immer Winninger waren, die wohl für beide Lagen sprachen und Steuern zahlten?

Ging es nicht schon deshalb immer darum, einen Uhlen, nämlich den Uhlen in seiner Gesamtheit, herauszuheben und bekannt zu machen? Wurde deshalb dieses einzigartige Landschafts- und Geschmackstheater, das zu zergliedern und zu unterscheiden und zu differenzieren zwar den Insidern im Weinhandel, unter den Winzern und Weintrinkern nicht fremd war, dessen ungeachtet nach außen hin (im Durchschnittstraubenpreis, in der Besteuerung) schon früh als eine große Einheit gehandhabt?

Sind also alle Äußerungen, daß der wahre Uhlen der Coberner sei, nur darauf zurückzuführen, daß diese Gemeinde immer den weitaus größeren Anteil an der Lage hatte und die Winninger „Großgrundbesitzer" auf Coberner Gemarkung diesem Urteil (aus wohlverstandenem Eigeninteresse) nicht widersprachen?

Und diente die rote Farbe des Bodens, die nur den Coberner Uhlen prägt, vielleicht nur als ein oberflächliches, weil augenscheinliches Argument (eindrucksvoller als der blaugraue Schiefer im Winninger Bereich), als sinnfällige Untermauerung eines bloßen Mythos? Ist der „rote Uhlen" also nicht mehr als eine „optische Täuschung"?

Wie kann aus den harten Quarziten und Sandsteinen, die im Coberner Bereich dominieren, ein so kraftvoller Boden und Wein entstehen? Eine geschmackliche Tatsache (und gewiß nicht bloße Einbildung im Angesicht eines Mythos!) - aber auch ein Phänomen, das mich (und jeden Bodenkundler) in einige theoretische Verwirrung stürzt.

Gibt die von mir vor einigen Monaten aufgeworfene „Theorie der Mitte" eine logischere (auf dem natürlichen Kalkgehalt basierende) Erklärung? Ist es eine bessere Hypothese und richtiger als die des „klassischen Uhlen"?

Steuert der rote Stein lediglich eine zusätzliche mineralische Komponente bei zur besonderen Qualität der an der Mosel so gleichermaßen raren wie für den Wein ausgezeichneten Laubach- und Hohenrhein-Schichten?

Spielt im Coberner Bereich möglicherweise die klimatisch bessere Südausrichtung gegenüber dem nach Südwesten laufenden Winninger Uhlen eine ausgleichende Rolle?

Läßt sich das im Schnitt höhere Mostgewicht im Winninger Bereich, die reichere, elegantere, viel feiner ziselierte und dennoch üppige Frucht der hiesigen Weine nicht wunderbar logisch begründen durch den feinen blauen, stärker verwitterten Schiefer, der wie in keiner anderen der berühmten und klimatisch gut exponierten Mosellagen durch unzählige Tonnen von Kalk und Fossilien angereichert ist?

Oder ist doch in diesem roten Boden, in seinem bereits an der Farbe erkennbaren Eisengehalt, das Wesentliche begründet? Zweifellos erzeugt der Uhlen ja auch dort noch starke Weine, wo die Hohenrhein-Schichten bereits aufhören und wo schon der blanke, nackte, extrem harte Emsquarzit das Feld, sprich die Terrassen, beherrscht - ein Gestein also, welches doch den Rebwurzeln eigentlich kaum noch etwas hergeben dürfte. Oder waren es etwa gerade jene harten Quarzite, die den eingelagerten Schiefer hier in idealer Weise zerrieben und seine Verwitterung befördert haben - als Mahlsteine gewissermaßen, mit jedem Fußtritt des Winzers, mit jeder Bodenbearbeitung? Oder haben die Vorfahren beim Terrassenbau dort vielleicht besonders fleißig, systematisch und wohlbedacht guten Boden von oben hineingeschafft, weil sie aus Erfahrung wußten, daß gerade diesem Berg mit Weinverstand geholfen werden muß, um seine Qualitäten zu entfalten? Hat man die Terrassen deshalb im Coberner Bereich so großzügig geplant, möglicherweise Felsen gesprengt, weggeschlagen, kleingehauen, um hier, „wo die Natur ihre freiwilligen Gaben versagt"(Mühl, 1845), doch etwas so Außergewöhnliches zu schaffen.

Dies gilt für den Voll-Coberner Bereich, wenn man so will. Wo aber dennoch tiefgründiger, lehmiger Boden herrschen sollte, was ja auch alles wunderbar im Wein schmeckbar ist, aber nicht erklärbar, ebensowenig wie die auch Richtung Kobern zumindest nur schwach abnehmenden immer noch guten fast neutralen ph-Werte, trotz fehlender Düngung, ob anthropogen oder durch das Gestein.

Und bringen die großen Terrassen (weniger trockenheitsgefährdet als die kleinen) dann plötzlich in Verbindung mit Hitze und Feuchtigkeit, mit Verwitterung und und und... plötzlich so erstaunlich guten Boden?

Der geologischen Schichtenkartierung zufolge dürfte es einen roten Uhlen an dieser Stelle eigentlich gar nicht geben?!

Des Rätsels Lösung näher kommt man nur durch schweißtreibendes Klettern, bei welchem sich dann plötzlich alle Theorien vom roten Gestein und roten Boden in einem cocktailsoßenfarbenen Lehmbrei aufzulösen beginnen (dessen Farbe eigentlich eher in die Fernreiseziele der Tropen als hierher zu passen scheint). Inmitten des härtesten Gesteins des devonischen Schiefergebirges, dem Emsquarzit (nur Taunusquarzit ist vergleichbar hart) sitzt hier überall in Spalten und Klüften ein weicher Lehm (mit dem es nicht nur Kindern Spaß macht, in der Hand kleine Kügelchen zu formen), durchsetzt mit quarzitigen und teilweise auch schiefrigen, kaum noch definierbaren, weil in Ewigkeiten angewitterten Gesteinsstückchen.

Aus den Felsklüften und von den zahlreichen Erdhäufchen, welche sich die auf den Felsen wachsenden Pflanzen als Lebensraum geschaffen haben, wird bei jedem kräftigen Gewitter oder Regenguß „jungfräulicher

 wertvoller lehmiger Boden" in den Uhlen abgespült, der dann von den schräg vorspringenden Felsen und den Kummer-Klippen aufgehalten, festgehalten (soweit die Steindecke geschlossen genug ist) und dem darunterliegenden Wingertboden zugeführt wird. Und ebenfalls von oben, aus dem Traubeneichen-, dem Stein-eichen- und Hainbuchenwald, rutscht fast lavaartig die „rote Lehmsoße" in den Uhlen hinein - in ihrer Abwärtsbewegung verstärkt noch durch den Tritt der Wildsäue, die als wahre Feinschmecker an den heute verbreiteten Zäunen entlang Zugang zu den verlockenden Trauben suchen. Auch der Fuchs, der Dachs, das Wildkaninchen und der Maulwurf bewähren sich als Bodenarbeiter dort oben im Grenzbereich von Kultur und Natur - herrscht doch gerade oberhalb des Uhlen eine noch kaum gestörte Wildnis (der nächste Weg ist weit entfernt) und bietet sich den Tieren in unwegbarem Gelände, im Windschutz des Südhanges, im üppigen Wald ein ideales Revier. Und so graben und graben sie ihre Löcher, werfen Lehm, Ton und Sand auf zu Hügeln, von denen das Wasser und der Wind es dann zu den Weinbergen hinabträgt.

Aber was ist nun mit dem roten Lehm? Wie ist er entstanden, wie kommt er in eine Gegend, in der er eigentlich, geologischen Theorien und Kartierungen zufolge, nichts verloren hat? Und was bewirkt er für den Weinberg und den Wein? Nach ausgiebigem Studium der dazu letztlich kaum ergiebigen Literatur, nach Gesprächen mit verschiedenen Bonner Geologen, müßte die Auflösung des „roten Uhlen-Geschmacks-Krimis" nach intensiven, stundenlangen Abwägungen mit dem Trierer LLVA-Bodenkundlers Albert Schramm und dem Trierer Geowissenschaftler Prof. Berthold Hornetz (auf der Basis von der Kartierung des Geologen Ralph Kröll) nun ungefähr so lauten (weitere Forschungen sind allerdings unbedingt erforderlich!):

Über dem Coberner Uhlen ziehen sich schräg die Emsquarzit-Schichten und darüber die Nellenköpfchen-Schichten. Beide vermögen es, einen roten Boden zu bilden, der seine Färbung durch dreiwertiges Eisenoxid (in diesem Falle vermutlich überwiegend Hämatit) erhält. Vermutlich während des Tertiärzeitalters ist dort oben eine Verwitterungsdecke entstanden, welche sich dann, während der Eiszeit mit ihren Fließerden, mit den typischen Lößdecken (die teilweise vom Wind in die Bergwand hineingeweht wurden und dort haften blieben) zu einem sogenannten „Würgeboden" verbunden hat, ein Gemenge, das dann hinunter in die Weinberge geflossen ist und sich in die Felsklüfte drückte. Gelber Lößlehm vermischt mit der roten bis rotbraunen Eisenoxidations(Rost-)farbe ergaben also den besonderen „Teint" des roten Uhlen.

Bedeutender jedoch als der optische Effekt ist eine viel zu wenig bekannte und erforschte chemische Eigenschaft der dreiwertigen Eisenionen: Auch sie vermögen es, einen Boden in geradezu idealer Weise zu puffern. Diese Form des Eisens bindet und konzentriert nicht nur (ähnlich wie Tonpartikel) die Nährstoffe, schützt den Berg vor Auswaschung und Austrocknung und erhöht die Verfügbarkeit und die Power des Bodens. Es hat auch eine ähnlich starke (unter Umständen sogar noch stärkere) ph-puffernde Wirkung als der Kalk (da Eisenoxide noch länger nachhalten, noch langsamer aufgebraucht und ausgewaschen werden als der schneller verwitternde Kalk).

Die Kraft des Bodens im Herzen des Koberner Uhlen, jenseits der Kalkregion, ganz ab von der Mitte, beruht also im wesentlichen auf dieser positiven Eigenschaft des Eisens in Verbindung mit einem unter den harten Steinen schon fast puren Lehmboden, der durch einen nur etwa 50%-igen harten Skelett-Anteil aufgelockert wird. Trotz ebenfalls beträchtlichem Lehmanteil in Richtung Winninger Uhlen (dort findet man im oberen Bereich auch gelben Würgeboden) bildet dieser aufgrund seiner zahlreichen sandigen und siltigen Tonschiefer, die immer kleiner zersplittern, den leichteren, wärmeren Boden. Hier wirkt der Schiefer sandartig, während in Kobern der Quarzit den Lehm weniger „versandet". Zwei ganz verschiedene Grundmechanismen, hier Eisen, dort Kalk, bringen in einem Berg von zwei Gemeinden zwei verschiedene (genau genommen sind es natürlich mindestens sechs) Weintypen - hier den mineralisch-wuchtigen, nachhaltigen, herben, nie nachgebenden Koberner-Uhlen, der zum trocknen Wein geboren ist, dort den gleichermaßen großartig im Boden abgepufferten und reichen, aber aufgrund seiner größeren Bodenwärme und der geringeren Mineralpufferung im Boden und im Geschmack mit einer atemberaubenden, lieblichen Saftigkeit und Finesse ausgestatteten Winninger Uhlen, bei nur in heißen Jahren geringerer Fülle. Klassischer, besser - nur in einem Punkt ist es der Coberner, er ist besser unterscheidbar, eigenwilliger, extremer im Unterschied zu allen Nachbarn, der Winninger Uhlen kann auch vom Typ her unter Umständen mal mit einem tollen Röttgen oder Hamm vertauscht werden, falls ihm die potentiell vorhandene überragende Fülle einmal abgeht. Der Koberner Uhlen ist auch als kleinerer, im nassen Jahr benachteiligter Wein immer noch ein eigenwilliger, mineralischer, spannender Typ. Ich persönlich tendiere eigentlich zum Winninger Typ, aber doch, die Zeilenverteilung des Textes hat es ergeben, spannender ist der Koberner. Feinste Aroma-Ästhetik oder ungezähmte Kraft, die unter Umständen zu feurig und säurearm enden kann, aber eben auch geballten, harten Stoff bieten kann, wie er nicht zu übertreffen ist, das ist der Winninger und der Koberner Uhlen, der auf dem Etikett (vergessen wir es nicht: die Winninger verkaufen ihren Koberner als Winninger) nicht immer erkennbar ist und in manchen Weinen (die meisten sind allerdings gemarkungsrein) auch als Cuvee beider auf dem Markt ist.

Am besten, man setzt sich im Sommer mit einer Flasche Koberner Uhlen auf eine der Terrassen, genießt, denkt darüber nach, schaut, wie die zahlreichen Greifvögel den Aufwind nutzen und sich gleiten lassen, immer die ersehnte Beute im Auge, läßt sich die Apollofalter um den Kopf schwirren mit ihren wunderschönen, eigenartigen Flatterbewegungen. Dann erhebt man sich, die Flasche ist geleert, das Sonnenlicht zieht sich zurück nach Westen, in den Winninger Uhlen, man sucht sich dort sein stilles Eckchen, öffnet eine Flasche von jenem Berg, läßt sich anregen und beginnt, darüber nachzusinnen, warum ausgerechnet nur hier an der Terrassenmosel der Apollofalter zu Hause ist - als „Parnassius winingensis" (saß doch auf dem Parnass in der antiken Mythologie der Gott Apollo im trauten Kreis der ihm untergebenen Musen - darunter an prominenter Stelle auch Euterpe, die Muse des in diesem Buch zur Legende gemachten Herrn

Dr. Arnoldi!). Andere Raritäten wie die grüne Smaragdeidechse gibt es auch an vergleichbaren Standorten mit dem selben Klima und den selben Wirtspflanzen, etwa am Mittelrhein oder an der Nahe. Den Apollofalter aber, diesen berühmten Schmetterling, gibt es nördlich der warmen süddeutschen Regionen nur hier oben, zudem in der größten Population Deutschlands. Und er, dieser sonnenhungrige, extrem verwöhnte Falter, dessen Saison meist vor Ende Juli schon vorüber ist, verirrt sich, als Kenner des Mikroklimas, im windgeschützten Treibhaus Uhlen oft sogar bis in 200m Höhe. Ist es die Monumentalität der Kulisse, die ihm hier gefällt, die ihn sich hier sein Refugium hat wählen lassen, die ausgedehnten Flatterflächen, die Mauer- und Terrassenverstecke, die Ähnlichkeit zu den Alpen, zum Himalaja, wo es ihn sonst hinzieht, den Apollo? Hat er hier seine Miniaturheimat gefunden, ein Felsenspektakel, das er an Mittelrhein und Nahe dann doch vermißte und vermißt? Oder ist es möglicherweise auch bei ihm der Boden, der ganz besondere Pflanzen wachsen läßt, einen Duft mitteilt, den Apollo liebt?

Doch brechen wir an dieser Stelle alle Spekulationen ab - die zweite Flasche ist inzwischen geleert, wir sitzen im Dunkeln ohne zu frieren auf den warmen Steinen, sind für heute rundum satt und haben wohl doch viel erfahren vom tieferen Grund des Mythos Uhlen! Oder etwa nicht?

Die natürliche Kalk- und Minerallosung vom Gestein scheint durch das Kalken gebremst. Der Boden strebt auf natürliche Weise zum Gleichgewicht und faßt das Kalken wie andere Düngemaßnahmen eher negativ auf. Der ph-Wert ist insgesamt Richtung Winningen zu höher als in die andere Richtung. Liegt die Wahrheit also in der Mitte? Ist der klassische Uhlen, die große Besonderheit des Uhlen der nach beiden Seiten durch die geologischen Laubach- und Hohenrhein-Schichten bedingte besondere Kalk- und Mineralgehalt? Oder ist es doch der rote Boden, der voller Eisen steckende Schiefer, Sandstein und Quarzit, der den Koberner Uhlen so hervorhebt und ihn zum vermeintlich klassischen macht? Der ihn härter, mineralischer, fester, ausdrucksvoller als den feinziselierten, von wunderbarem blauen Schiefer dominierten Uhlen auf Winninger Seite. Haben die härteren Quarzite den weicheren Schiefer im Koberner Teil stärker durch ihre mechanisierte Kraft zerrieben, die Verwitterung beschleunigt, einen tieferen lehmigen Boden geschaffen, der ohnehin möglicherweise schon tiefer war, weil man bei der Erstanlage aus der Erfahrung heraus, daß harte Quarzite und quarzitige Sandsteine viel langsamer verwittern man deshalb hier reichlicher Humus hineingetragen hat? Aber Eisen ist auch ein Spalter und die Steine sind sogar innen rot, also schon oxydiert. Möglicherweise war der Uhlen in Urzeiten eine Insel im Old red Continent eine Insel im Meer, die aufgetaucht war, der Sand oxydierte und verfestigte sich.

KOBERN

Als Coverna war Kobern bereits zur Römerzeit einer der wichtigsten Orte der Mosel, der Mittelpunkt des rheinnahen Moselabschnittes, 1969/70 mit Gondorf und Dreckenach zur Ortsgemeinde Kobern-Gondorf vereinigt, wurde es 1976 Sitz der Verbandsgemeinde Untermosel, die das Herz und Verwaltungs-

zentrum der in diesem Buch abgehandelten Weinbauorte bildet: Über alle Zeiten hinweg kann Kobern als einer der geschichtsträchtigsten und lebhaftesten Orte der Mosel gelten. Noch auf Koberner Gemeindegebiet (nahe der A 48) hat man eines der merkwürdigsten vorgeschichtlichen Denkmäler, den „Goloring", gefunden, ein vermutlich als Heiligtum dienender Ringgraben (200 Meter Durchmesser) aus der Zeit der Urnenfelderkultur (1200 bis 600 v. Chr.). Es ist das einzige der rätselhaften Henge-Denkmäler (Stonehenge!) auf deutschen Boden, drückt die Bedeutung der Kelten in dieser Gegend aus. Fast ebenso alt dürften die vielen in der Umgebung gefundenen Grabhügel sein. Daß bei Kobern schon in frühester Zeit Weinbau betrieben wurde, beweisen außerordentlich reichhaltige Grabungsfunde aus dem 4. Jahrhundert - darunter die vermutlich ältesten moselanischen Rebmesser, wie sie in ähnlicher Form übrigens auch noch in diesem Jahrhundert gebraucht wurden. Bis zur Ausgrabung der ersten römischen Kelteranlage im Jahre 1985 galten sie lange als zentrales Beweisstück für frühen römischen Weinbau auf deutschem Boden. Koberner und Winninger Winzer kennen diese noch als „Schlimm-Mess", Krummesser oder einfach „Häp". Einen Hinweis auf sehr frühe intensive Besiedlung gibt auch die Tatsache, daß schon um 342-347 n. Chr. der heilige Lubentius vom Trierer Bischof Maximin als Missionar hierher gesandt worden ist. Es wird sogar ein ganz früher Kanoniker-Stift hier vermutet. Neben Karden kann Kobern als eine Schlüsselstation für die Christianisierung Mitteleuropas angesehen werden. Wenngleich der erste urkundliche Weinbergbesitz erst im Jahre 817 für das Bistum Lüttich bezeugt ist, spielen die „Trierer Besitzer" in Kobern eine zentrale Rolle. Ab 980 jedenfalls läßt sich das Trierer Marienkloster, ab 1035 das mächtige St. Maximin und bereits 1138, kurz nach der Gründung, die „Zisterzienser-Macht" an der Mosel, die Eifel-Abtei Himmerod, nachweisen. Der Trierer Kurfürst, das Domkapitel, die Karthäuser und etliche weitere für ihre Weinkompetenz anerkannte Güter des Trierer Raumes hatten bis zur Säkularisation Höfe und Weinbergsbesitz in dieser untermoselanischen Hochburg des blauen Schiefers, welcher diesen „Gütern" von der Mittelmosel so wohlbekannt war. Neben einer langen Liste weiterer kirchlicher Besitzer aus dem regionalen Raum, aber auch weiteren Fernbesitzern, spielte in Kobern vor allem der Adel eine zentrale Rolle. Darunter nicht nur die Ritter von Kobern, sondern wichtige Trierer Burgmannen wie die Ritter von Leyen, von Eltz, von Waldeck und von Pyrmont. Ein schon früh entwickeltes relativ freies und selbstbewußtes Winzertum wie in Winningen hat sich in dem „katholisch

Trierischen", zusätzlich noch wegen seiner großen landwirtschaftlichen Fläche hochbegehrten Kobern weniger herausgebildet. Der eine volle Konzentration auf den Weinbau erzeugende Mangel an Ackerflächen wie in Winningen war hier weniger vorhanden.

Wie Gondorf besitzt auch Kobern eine Oberburg und eine Niederburg, die hier im Gegensatz dazu beide auf Bergkuppen thronen und nicht im Talbereich liegen. Während die Niederburg nurmehr als malerische, das Ortsbild mitprägende Ruine erhalten ist, beherbergt die Oberburg heute ein Feinschmeckerrestaurant - direkt neben ihr liegt außerdem eines der Meisterwerke der spätromanischen Kunst, die jüngst aufwendig restaurierte Matthiaskapelle, wo bis etwa 1347 das Haupt des Apostels Matthias als Reliquie aufbewahrt gewesen sein soll.

Als „zwar nicht groß, aber gut gepflegt", wird der „Coberner Weinbau, der ausgesprochener Terrassenbau ist", bei F. Meyer 1925 bezeichnet. Dies wurde gewiß im Verhältnis zur mit rund 1900 ha relativ großen Gemeindefläche und großen Einwohnerzahl (damals 1700, heute 2250) und im Vergleich zum übermächtigen Weinbauort Winningen so gesehen. Dennoch hat Kobern (meist im Wechsel mit Hatzenport), was die Hektaranzahl betraf, immer den zweiten oder dritten Rang an der Unteren Untermosel belegt - qualitativ dabei meist in einem Atemzug mit Winningen genannt. Dies ist nicht zuletzt Folge davon, daß die berühmteste Lage der Untermosel, der Uhlen, zum größten Teil (heute sind es gut 60%, früher waren es noch mehr) zu Kobern gehört, wenn auch die Winninger Winzer einiges davon auf Koberner Gemarkung besitzen.

Uhlen sei dank, ist Kobern mit 3 Hektar (von seinerzeit 45 ha Rebfläche) in der ersten Klasse der preußischen Klassifizierung vertreten. Es führt damit nicht nur die Untermosel-Hierarchie an, sondern wird auch im gesamten Anbaugebiet nur von Wiltingen an der Saar (mit seinem berühmten Scharzhofberger) und Graach an der Mittelmosel übertroffen, liegt noch vor so glänzenden Orten wie Brauneberg, Wehlen oder Piesport. Meyer's Wort vom „ausgesprochenen Terrassenbau" gilt heute nachwievor wie in kaum einer anderen Gemeinde der Mosel. Die große Steilheit und der Felsenreichtum aller Lagen, ob Uhlen, Fahrberg, Weisenberg oder Schloßberg, hat keinerlei

Flurbereinigung und „Terrassenabbau" (Planierung) ermöglicht, statt dessen den Ort zum moselanischen Eldorado der Schienenbahnen gemacht (mit 42 an der Zahl). Das fast völlige Fehlen schwächerer Flachlagen hat Kobern zudem in der alten Klassifizierung keinen einzigen Meter in der schlechtesten achten Klasse eingebracht. Die steillagensichernde Entwicklung hin zur Schienenbahn wurde im letzten Jahrzehnt durch die Konzentration der Weinberge auf zwei der größten Weingüter der Untermosel unterstützt. Durch den starken Rückgang der überalterten Koberner Winzerschaft (die günstige Verkehrsanbindung zieht die Jugend vom Weinbau ab) konnten diese in den letzten Jahren immer mehr arrondieren und damit die bereits verfallene Chorlandschaft zum Teil wieder aufbauen.

Von 131 Winzern Anfang der fünfziger Jahre (mit immerhin 6 Lohnbetrieben über 1 Hektar) und 50 Hektar Rebfläche sind heute die zwei großen Vollerwerbsbetriebe plus ein Weingut mit Kellereibetrieb (die letzte von einigen früher bedeutenden und namhaften Weinhandlungen) und zweien mit Gastronomie sowie 18 kleinere Betriebe (von denen nur 5 auch Wein auf Flaschen abfüllen) übriggeblieben. Mit dieser Anzahl sowie bewirtschafteten 30 Hektar ist der Verbandsgemeindesitz Kobern die zweitstärkste Weinbaugemeinde der Unteren Untermosel. Entsprechend der herausragenden bis guten steilen Terrassenlagen mit einem besonders tonreichen überwiegend blau-grauen Devonschieferboden ist Kobern eine ausgesprochene Riesling-Domäne, in der andere Sorten auch in ihrer Hochzeit in den Sechzigern und Siebzigern fast nicht zur Geltung kamen. Mit dem auf deutlich über 3 ha angewachsenen Spätburgunder wird hingegen in allerjüngster Zeit an alte Traditionen angeknüpft. Graff schreibt dazu in seinem Buch (1821): „Der Anbau der rothen Weine an der Mosel ist im ganzen sehr unbedeutend, ausgenommen in Kobern bey Winningen, wo beinahe blos rother Wein gezogen wird, der sehr gut ist."

Den malerischsten Überblick über die einzigartige Verknüpfung von Kobern mit seinen Burgen und den auch in den Seitentaleinschnitten überwiegend gut exponierten Terrassenweinbergen erhält man von der gegenüberliegenden Seite - von einem Parkplatz, auf den man gelangt, wenn man die Autobahnabfahrt Dieblich benutzt. Der alte Ortskern mit seinen historischen Schmuckstücken, darunter dem mittelalterlichen Marktplatz und dem auf 1320 geschätzten ältesten Fachwerkhaus Deutschlands, dem Abteihof St. Marien, lohnt eine Erkundung.

Trotz einiger Weinstuben (darunter im Mühlental das prominenteste Weinlokal der gesamten Mosel, das Höreth) wird das Bild vom erstklassigen Weinort jedoch lange Zeit von „Deutschlands traumhaftester Mosella-Tanz-Burg mit ihren 6 Tanzetagen" (so im alten Ortsprospekt) hinter Fachwerk-Kulisse übertönt. Eine Umstrukturierung des Tourismus, weg vom „Tanz und Kegel", ist im Gange. Dabei sind die Voraussetzungen ideal. Neben den exponierten sonnigen Weinbergspfaden im Schloßberg usw. mit grandiosen Ausblicken und Einblicken bieten die waldreichen Seitentäler landschaftlich reizvolle Wanderwege, auf denen man sich an einigen hervorragenden Mineralquellen vom Weingenuß erholen kann.

Koberner Fahrberg ✳ ✳ ✳ ✳

Mit ca. 4 ha Rebfläche ist der Fahrberg die heute kleinste Koberner Lage, in der die Reben durch den niedrigeren und oben extrem felsigen Hang die für Kobern geringe Höhe von höchstens 150m NN erreichen. Dies, wie auch der Boden, führt zu einer großen Gleichmäßigkeit des Qualitätspotentials der Lage,

deren Wert extrem deutlich wird, wenn man sieht, welch geradezu unglaublich felsige und steile Areale noch weiter oben mit Mini-Chören erschlossen waren. Der Skelett- (Stein) anteil beträgt weitenteils über 80%, die Aromatik und Würze wird angereichert durch die Vielzahl der Kräuter und Pflanzen, die immer wieder als „Humus" von den zahllosen Mauern und Felsen abgewaschen werden. Als direkter Nachbar des berühmten Uhlen stehen die Fahrberg-Weine zu unrecht etwas im Schatten. So wird ein beachtlicher Fahrberg-Spätburgunder zum Beispiel ohne Lagennamen verkauft. Der (noch) fehlende „große Name" liegt aber nicht nur in der erdrückenden Nachbarschaft der viel höheren und größeren Lagen Weisenberg und Uhlen begründet, die den „kleineren" Fahrberg praktisch einklammern. Es liegt auch an seiner Entstehungsgeschichte. Dem Original-Fahrberg wurde bei der 71er Lagenreform nur die Hälfte des ehemals sehr bekannten „Pappenscheer" zugeschlagen, der schon im Mittelalter wie der Uhlen einen Namen besaß und etymologisch heute als Pfaffenchöre gedeutet werden kann. Obwohl noch vor dem Belltal gelegen, kam die andere Hälfte unverständlicherweise zum Uhlen. Seitdem leidet der Fahrberg unter dem latenten Wunsch und Gerücht, eines Tages namensmäßig ganz im Uhlen aufzugehen. Dies aber scheint zur Zeit kein Thema mehr zu sein, so daß die wahre Qualität des Fahrbergs nun endlich goldgelb, mit oft perfekt ausgewogener Reife und üppigem Pfirsichton im Glase funkeln kann. Schließlich ist trotz der etwas ungünstigeren Exposition des Südostausläufers des großen Winningen-Koberner Moselbogens sein Wein auf eigenständige Weise dem Uhlen oft ebenbürtig und im Einzelfalle auch überlegen. Mit jedem Schritt in Richtung Weisenberg wird der Fahrberg-Schiefer blauer und weicher (Einfluß der Rittersturz-Schichten wie im Weisenberg) und wendet sich von den anfangs im „Pappenscheer" noch vorhandenen, vom Eisen teilweise wie lackiert ausschauenden rotgefärbten quarzitigen Sandsteinen ab. In der Summe bringt der großenteils besonders auf den unteren Terrassen mit gutem, recht lehmigem und humusreichem Schieferboden ausgestattete Fahrberg einen „fast idealen", sehr gelungenen Kompromiß zwischen dem moselaufwärts hinter dem großen Felsmassiv beginnenden Weisenberg mit seinen sehr feinen, eleganten Weinen und dem langanhaltenden, wuchtigen, harten Uhlen. Stellt man diesen als „Männerwein" dar und jenen als „Frauenwein", so könnte man den Fahrberg als ein vollsaftiges Gewächs darstellen, das keine klar definierten Liebhaber um sich zu scharen weiß, weil es seine Stärke ist, in beide Richtungen bei oft großer Eleganz zu locken.

Koberner Weisenberg ✳ ✳ ✳ - ✳ ✳ ✳ ✳ ✳

Der ganze Umfang und die
Imposanz der Lage Koberner
Weisenberg erschließt sich am
beeindruckendsten von der
Koberner Moselbrücke aus.
Es ist das große kesselförmige
Bergmassiv auf der linken
Moselseite, bevor der Fluß
seine große Wendung in den
Kobern-Winninger Moselbogen
hinein vollzieht und aus der
Sicht mäandert. Von der Brücke aus oder von der Niederfeller Seite stellt sich
auch am besten dar, wie die zwei gleichermaßen altrenommierten (man findet
beide Lagen oft in alten Preislisten und Büchern) früheren Lagen Rosenberg
und Weisenberg aus einem Berg zusammengewachsen sind, wie sie unter dem
285m (über NN) hohen Rosenberg (wo früher Eisen und Mangan gewonnen
wurde) sich in teilweise idealen Trichter- und Muldenformationen (lauter Mini-
Theater), von Felsen geschützt, bis in schwindelnde Höhen mit Rebterrassen
bebaut sind. Der in das Hohesteinsbachtal (mit seinen mineralreichen Sauer-
brunnen Margarethenbrunnen und Guidoborn, einer wahren Sommerfrische)
hineingehende nach Süden und Südwesten drehende Rosenberg ist noch in 230
Meter Höhe mit Reben bewachsen und damit der höchste bebaute Weinberg
der gesamten Unteren Untermosel. Der sich gut erwärmende, skelettreiche,
(oft über 80%) meist dick mit Steinen abgedeckte Schieferboden und das von
den Felsen und der Waldkuppe sehr windgeschützte Kleinklima lassen trotz der
Höhe oft noch Spätlesen von Güte wachsen - ein herrliches Beispiel dafür, wie
Mikroklima in der Terrassenmosel oftmals die dominierende Rolle spielt. Ein
wunderbares Zeugnis davon gab eine herzhafte, trockene und dennoch tadellos
stabile, charaktervolle 71er Rosenberg Spätlese. Im unteren Teil wird der
Rosenberg trotz hohem Steinanteil deutlich tiefgründiger und lehmiger, ähnlich
dem zur Mosel hin nach Südosten drehende Original-Weisenberg. Hier wächst
in einigen klimatisch meisterlich geschützten Felsenkesseln ein filigraner,
oft zitrusgeprägter, dezent-mineralischer, vergleichsweise leichter trockener
Riesling. Es entstehen aber auch mit die feinfruchtigsten und elegantesten von
weicherem blauen Schiefer geprägten edelsüßen Auslesen und Beerenauslesen
der Region. Den einzigartigen Weisenberg-Chören, die im Mostgewicht
aber auch in der Eleganz der Weine die härteste Konkurrenz zum Winninger
Röttgen darstellen, steht unten in der „Mannmark" neben dem Fußballplatz der
einzige flache Wingert von Kobern auf kiesigem Lehm gegenüber. Mit 0,3 ha
von insgesamt 9 ha bepflanztem Weisenberg (im Rosenberg liegen taleinwärts
noch einige Hektar brach) fällt diese teilweise mit Spätburgunder bebaute
Fläche jedoch kaum ins Gewicht. Ein Bezirksliga-Fußballspiel von hoch
oben, vom Weisenberg aus, betrachtet, bietet übrigens ein ebenso besonderes
Schauspiel - wie eine Weinprobe in dieser Lage ein Genuß für sich ist.
Einmal im Jahr werden die Bildhauer, die Steinkünstler von Lapidea von
ihrem Schaffensplatz in Mayen zum Schaffensplatz der Winzer gekarrt, einer
anderen Art von Steinhauern, von Bildhauern, deren Formungsdrang die
Verwandlung von Stein in Wein zum Ziele hat. Nicht zufällig heißen die

Winzer in Österreich noch heute Hauer, was auf die enge Verbindung von Bergbau und Weinbau hinweist, wie sie auch in Kobern nachweisbar ist. Dann wird hier genossen, der Zauber der Steine, die Kraft der Steine, die Bildhauer wie Winzer lenkt, die Richtung vorgibt, das Thema wird dann hier munter begossen und besprochen. Und eigenartig: was sonst immer getrennt steht, je nach Weinberg, hier findet der genaue Beobachter und Sammler Oregano und Thymian selig vereint, hier an der Kreuzung in der Höhe zwischen Mosel und Seitental, als hätte irgend jemand (ein Mönch?) es irgendwann gezielt hierhin gepflanzt, weil hier schon immer Feuer gemacht und genossen wurde. Und der Name Weisenberg hat übrigens mit weise zu tun, diesem ausgesprochen deutschen Wort, das Weisheit, Weissagung und die Weise (das Lied) so eng zusammenbringt, weist auf die zahlreichen keltischen Druiden dieser Region hin. Es ist schon verblüffend, daß das große Moseltheater, der Mittelpunkt dieses Buches, der große Bogen vom Hamm bis zum Weisenberg von Lagen geprägt ist, die etymologisch auf die Weisheit der Steine, der Felsen und Tiere, die darin leben, hinweisen. Hamm, oft als Krümmung gedeutet, kann auch direkt von den alten Bedeutungen Stein, Fels (Absturz), Werkzeug aus Stein (daraus stammt auch unser Hammer) herrühren aus der letzten Endes auch unser Wort Himmel abstammt, den man sich in alter Zeit als Steingewölbe vorstellte (s. Duden, Ethymologie).

Der Reihenfolge des Flußlaufes (und dieses Buches) folgt dem Hamm der Uhlen mit seinem eigenen Bestandteil, dem Rabenberg, somit den zwei weisesten mythologisch intelligentesten Vögeln. Und so endet das „Theater der Weisheit", die schönstgeformteste Weinbergsanlage der Welt in eben jenem Weisenberg auf diesem kleinen Felsplateau, wo alles von jeher beredet wurde, weil es sonst keine Plätze, nur Chöre gibt in diesem Monument, das nicht zur Demonstration von Kultur, nicht als Denkmal gebaut wurde, sondern als ausgesprochenes Lebmal. Denn entstanden ist es gewiss nur aus der Funktion heraus, aus dem Interesse an Wirtschaftlichkeit, an Existenz, an Freiheit, an Reichtum aus der Armut. Herausarbeitung von Trauben überhaupt aus nacktem Fels und der edelsten Trauben, war in archaischer Vorzeit eins. Es gab nur eine Möglichkeit kein rechts kein links. Der Felsen, die Reben, der Mensch untrennbar aufeinander angewiesen, um ein Ziel zu erreichen, daß Einfachheit und größten Luxus vereint. Schließlich waren nur hier so kleinbeerige, extraktreiche, aromareiche und ätherische Trauben möglich, die Gewinn brachten. Dies war das Existenz-, das Wissenschafts- und das

Schönheitsideal der Griechen, das vielleicht auch hier schon in früher Zeit existierte. Das Denken der modernen Kultur, der römischen Kultur, der Massenkultur war noch nicht geboren. Nur Weine aus Felsen, aus Chören, die die Kraft und die Substanz herausgesogen hatten, Reisen zu überstehen, Raum zu überwinden, Zeit zu überwinden und immer wertvoller zu werden, wurden hier geschaffen. Griechen und (vermutlich) eben auch Kelten wußten, daß Geschmack, Wissen und Weisheit eins waren, wie es auch im lateinischen

homo sapiens (vernunftbegabt mit Möglichkeiten) ausgedrückt ist. Dem wahren Weisen, dem Philosophen, dem Feinschmecker galt derselbe Begriff. In manchen romanischen Sprachen ist es noch erkennbar. Z.B. ist im Portugiesischen, einem stark keltisch und phönizisch-griechisch beeinflußten Raum, das Verb saber gleich bedeutend für wissen und schmecken! Daß Wissen ursprünglich nur auf Geschmack basiert drückt übrigens das deutsche Wort kosten auch wunderbar aus. Kosten kommt von prüfen, von schätzen, jedes wahre Wissen, also jeder Wert mußte gekostet werden. Wissen ohne Kosten, ohne Realität, ohne Geschmack gab es nicht, die Menschen wären verhungert an der Abstraktion. Die Kostenschätzung scheint das Kosten heute zu ersetzen. Aber das Kosten, das Schmecken kommt vielleicht zurück – und damit vielleicht auch das Wissen.

All das erzählen der Weisenberg, die Eulen, die Raben, der Hamm (Himmel), die Fünf-Sterne-Weine, die „Zauberweine" dieses großen Bogens. So zumindest könnten die Weisen gehen, die man dort heute singen könnte, von den Chören herunter.

Koberner Schloßberg ✳ ✳ ✳ - ✳ ✳ ✳ ✳

Bildet der Weisenberg mit seinem Rosenberg die Außenrippe, den rechten Rand, des von der Dieblicher Höhe so beeindruckenden Koberner Ortspanoramas mit seinen Burgen, an dessen Hängen sich die Weinbergsterrassen hinunterziehen, so ist der Schloßberg die Bezeichnung für alle das Ortsbild prägenden

Weinberge: Es beginnt an der Moselfront unter der Niederburg mit dem Original-Schloßberg. Dies ist im April/Mai eine der prachtvollsten Stellen der gesamten Region, wo der Goldlack mit seinen gelben Blüten die Felsen und Mauern ziert und den unnachahmlichen anisartigen Duft ausströmt, den man dann unerklärlicherweise im Wein wiederzufinden glaubt. Eine kräuterige Würze für manchen Schloßberg-Wein scheint auch der wilde Thymian zu bewirken, der den Kreuzweg mit seinen eigenwilligen Lava-Bildstöcken begleitet und auf die Weinberge auszustrahlen scheint. Der Original-Schloßberg ist eine klassische Ostlage mit einem sehr steinigen schieferreichen Boden und zahlreichen Terrassen, am Hangfuß deutlich tiefgründiger werdend. Eine mineralische, feste Säure zeichnet ihn aus und macht ihn zu einem besonders kernigen, trockenen Riesling, der selbst im leichten Kabinett-Bereich bereits Charakter zeigt. Die besten Teile des insgesamt 10 Hektar (plus etlichen Hektar Brachfläche) großen Schloß-berges befinden sich jedoch an den Hängen der Seitentäler. An erster Stelle der jetzt wieder zunehmend bepflanzte „Johan-

nisberg", der unter der Niederburg zur Ausfallstraße hin geneigt ist und zum Teil sogar südliche Ausrichtung besitzt. Gleiches gilt für den schon etwas weiter taleinwärts an der gleichen Straße aber an einem neuen Bergrücken gelegenen „Solliger Bach", einer sehr steilen, terrassierten Lage, praktisch der ersten der Untermosel, wenn man die Region von der Autobahnabfahrt Kobern/Ochtendung aus erstmals besucht. Ins Mühlental hinein (mit seinem weithin bekannten „Weinbauern-Lokal") liegt dann links ostausgerichtet der etwas kühlere aber fossilien-, kalk- und steinreiche „Mühlenberg" (auf welchem zur Zeit Spätburgunder angepflanzt wird) mit einem im unteren Bereich sehr tiefgründigen Schieferboden. Weiter taleinwärts schließt sich gegenüber der südwestausgerichtete, für seine Qualität altbekannte „Eschenberg" an, den man aber auch von vorne über den Kreuzweg malerisch erschließen kann und über dem oben die Oberburg mit der berühmten Matthiaskapelle thront. Es ist praktisch die verlängerte Rückseite der Bergrippe des Original-Schloßberges. Mit seinen relativ großen Terrassen ist der Boden hier recht tiefgründig und lehmig unter der dicken Kummerdecke. Hier wie auch an der Mosel-Schloßberg-Front befindet sich eine ehemalige Grube für ein qualitativ hochgeschätztes Eisenerz, daß u.a. Krupp dort im letzten Jahrhundert abbaute. Der für den gesamten Schloßberg typische recht tonige Schiefer zählt geologisch bereits zu den Singhofen-Schichten und ähnelt damit dem mittelmoseltypischen Hunsrückschiefer am stärksten von allen Lagen der Unteren Untermosel. Alle Schloßberg-Lagen sind somit im Boden als auch durch die etwas raueren Windverhältnisse ausgesprochen für einen herzhaften, trockenen, mineralbetonten Riesling geeignet. Aber auch der bereits mit deutlich über 2 Hektar verbreitete Spätburgunder erbringt einen mineralreichen charaktervollen Rotwein aus meist kleinen aber farbsatten Beeren.

DIEBLICH

In dem fruchtbaren Moselbogen unterhalb der höchsten Autobahnbrücke Deutschlands (und daneben) verteilen sich die sieben Ortsteile eines der großen Orte der Verbandsgemeinde Untermosel, des direkt an Koblenz anstoßenden Dieblich, das als bereits keltische Gründung auf eine bedeutende römische Vergangenheit mit umfangreichem Bergbau zurückschauen kann.

Von der rechtsmoselanischen Autobahnabfahrt ist es eine der spektakulärsten Anreisen in die Landschaft der Unteren Terrassenmosel mit ersten Einblicken in die faszinierende Koberner Chorlandschaft. Das Rathaus, der Marktplatz, die markante steil am Berg aufragende Kirche sind Schmuckstücke der Bruchsteinbauweise. Der Kontrast der im Berg auf der Mittelterrasse liegenden zum Wohnen, Feiern, Beten und Verwalten gebauten „Werke" und der zum Schaffen gebauten „Chorwerke" auf der anderen Seite ist einer der erregendsten Ausblicke der Mosel. Das Weinfest ein familiärer und lebendiger Anlaß, das Ganze zu genießen. Mit heute über 2.500 Einwohnern und 1769 Hektar Gemeindefläche, davon 800 ha Wald, 750 ha Landwirtschaft spielt der Weinbau heute in Dieblich nur noch eine bescheidene Randrolle, ist in einer teilweise sehr anspruchsvollen und vielfältigen Gastronomie und einer Weinstube jedoch gut vertreten.

Ein ausgesprochener Weinort war Dieblich nie, zu nah der Koblenzer Arbeits-, der Koblenzer Absatzmarkt. Von seinen 33 Winzern hingegen in den Fünfzigern mit 8 ha Fläche war keiner reiner Nur-Winzer, hatte niemand über 4000 Stock. Heute führt von den 5 Winzern nur einer einen Vollerwerbsbetrieb, der wie die meisten Dieblicher noch Weinberge in Nachbargemeinden besitzt. 1904 werden bei Koch für Dieblich 9 ha angegeben in der 5. - 8. Klasse und als hervorgehobene Lage der Fahrberg, der direkt an der B49 mit seinen Kleinterrassen zum Teil noch brach liegt, (auch wegen Vogelfraß, die Trauben sind hier früh süß). Zum anderen Teil zählt er auch noch zu den rund 2 Hektar Rest-Rebflächen des heutigen Heilgrabens. Viele alte Flurnamen sprechen für eine Weinbaugeschichte, die zwar nicht einheitlich rosig aber doch differenziert war: Obergunst und Niedergunst, Sonnenborn, Essigborn und Fuderstück sind Hinweise für kleine Rebflächen.

Karriere hingegen machte Dieblich mit einem überregionalen Ruf als erstklassiger und erster Obst-Umschlagplatz der unteren Mosel. Insbesondere im Kirschenanbau rangelte es mit Güls um den ersten Platz. Wer weiß, wie kostbar Obst schon zur Römerzeit, im Mittelalter und danach war, versteht das frühe Besitzinteresse des Trierer Klerus, zwischendurch auch mal der Pfälzer, an dieser Gemeinde.

Und wäre der Rotwein nicht zu Recht an der Mosel so en vogue, so könnte man die Geschichte der Weinbaugemeinde Dieblich jetzt abschließen. Dieblich jedoch galt mit seinen 30 ha Rotwein im Jahre 1720 lange als größte Rotweingemeinde der Mosel. Man sehe davon ab, daß zu den Glanzzeiten der Römer und der nachfolgenden Franken der Rotwein wohl insgesamt dominierte, Dieblich also erst Rotwein-Mekka wurde, nachdem der Weißwein im Mittelalter gesiegt hatte in der Gesamtregion.

Im 18. und 19. Jahrhundert jedenfalls wird Dieblich mehrfach von Schriftstellern wegen seinem Rotwein ausdrücklich hervorgehoben und in einer amtlichen Durchschnittspreis-Analyse für die Steuererhebung für das Jahr 1822 liegt der Dieblicher Rotwein nur minimal hinter dem teuersten Wein der Region, dem Coberner und Winninger Uhlen, vor allen anderen Weiß- wie Rotweinen und selbstverständlich deutlich vor dem Dieblicher Weißwein.

Dem Rotwein dienten nicht nur die Hänge im Moselbogen unter der heute breiten Schatten werfenden Autobahnbrücke. Besonders im geschützten Kerberstal, wo noch alte Terrassen und Mauern stehen, gab es zu Anfang des Jahrhunderts noch Rotweinstöcke, wovon die Kinder naschten. Die besten der Dieblicher Süßkirschen wuchsen dann bald auf den besten Rotwein-Terrassen. Noch heute spielt das Dieblicher Obst eine zwar kleinere aber doch regional bedeutende Rolle. Auf den Parkplätzen oder am Straßenrand gegenüber dem Winninger Hamm und Uhlen hält man nicht nur zum Fotografieren an, auch zum Kaufen von Obst und Walnüssen entsprechender Qualität.

Dieblicher Heilgraben ∗ - ∗ ∗ ∗ ∗

Die Lage Heilgraben umfaßt die letzten verbliebenden Weinberge Dieblichs vom Orts ausgang bis zur Grenze an den Niederfäller Fächern. Dabei ist gerade die Zone im Bereich des Heilgrabens, einer recht nassen und feuchten, daher fruchtbaren kleinen Schlucht mit den dort wachsenden eher fetten und dicken Beeren
mit das Uninteressanteste der Lage. Auch auf dem fast flachen Plateau oben wachsen keine Spitzenweine, aber bei sehr guten Sonnenwerten und einem gut mit Steinen durchsetzten und bedeckten Boden eine noch recht anspruchsvolle süffige Qualität.

Am wertvollsten jedoch und zum Teil mit exzellenten Qualitäten glänzend ist der steinreiche Bereich der kleineren Terrassen im früheren Fahrberg, der ja auch in der alten Klassifikationskarte mit der mittleren Farbe (hier 5. Klasse) zu den besten Lagen der rechten Moselseite gezählt wird. Durch die Drehung nach Südwesten werden sehr reife, vollblumige Moste erzielt mit sehr saftiger, schon im Frühstadium ansprechender Aromatik. Soweit die Beeren durch den Steingehalt der Terrassen klein genug gehalten werden, kommt auch feine Würze und Tiefe hinzu.

Geologisch ist das gesamte „Heilgraben-Gebiet" sehr komplex und durch-mischt. Einflüsse von Emsquarzit, Hohenrheinschichten der pleistozänen (mit Kieseln) Terrassen und Lößanwehungen sind feststellbar.

NIEDERFELL

War die Untermosel an sich schon gewissermaßen der Inbegriff einer Region, von der in erster Linie auswärtige Weinhändler profitierten, die hier preiswert sehr gute soge-nannte Mittelweine einkaufen konnten, so ist Niederfell geradezu der Prototyp einer Gemeinde, deren Weine zwar „von außen" immer begehrt

waren (und sind!), die aber selbst nie einen großen Ruf als Weinort erlangt hat. Geschätzt wurden die Niederfeller Weine (die - laut einer Sage - eine Historie bis zurück ins 1. Jahrt. n. Chr. besitzen) über achthundert Jahre lang allen voran vom Trierer Domkapitel, das mit dem Kührer Hof in Niederfell ein regelrechtes Weinzentrum errichtet hatte. Kühr, heute vollständig mit Niederfell zusammengewachsen, war früher ein eigener Ort. Mit dem Kloster Kühr, in dem heute etwa 50 Nonnen und 300 geistig behinderte Kinder und Jugendliche leben, macht der Ortsteil über ein Drittel der insgesamt 1150 Niederfeller Einwohner aus.

Noch heute wird im Kührer Hof ein Hauswein, der sogenannte „Kührer", ausgebaut. Im Jahre 1720 stand das Trierer Domkapitel mit 36.344 Rebstöcken in Kühr und Niederfell weit an der Spitze der fast dreißig geistliche und weltliche Hof- und Herrschaftsgüter umfassenden Besitzerliste. Fast die gesamte Einwohnerschaft war damals an der Pflege der insgesamt 384.583 Weinstöcke beteiligt. Nach der Säkularisation gab es zwar immer wieder florierende Phasen im Niederfeller Weinbau, aber kein großes Weingut, keine große Weinhandlung konnte sich hier über Generationen hinweg kontinuierlich um den Wein verdient machen. Bis heute haben sich Weingüter aus sämtlichen Nachbarorten stark um die Niederfeller Weinberge und ihren Wein gekümmert: Gondorfer, Koberner, Lehmener, Dieblicher und Oberfeller. Ebenso wurde der hiesige Wein von den auf der anderen, der „Eisenbahnseite" liegenden Kellereien aufgekauft. Entweder wurde der nicht nur von den Trierer Domherren (auch andere Trierer Güter hatten ihre Hände in Niederfell) geschätzte „Niederfeller" dann dort umgetauft, zur Verbesserung dünnerer Weine benutzt oder aber, für den Fall, daß er doch einmal unter Niederfeller Lagennamen vermarktet wurde, setze man ihn als „Zweite-Klasse-Wein" in der preislichen Hierarchie hinter den Winninger, Koberner, Lehmener... Das große Manko (wie auch das von vielen geschätzte Plus) der Niederfeller Weinberge besteht darin, daß die auf beiden Ortsseiten sich rund einen Kilometer erstreckenden zur Mosel gewandten Steilhänge trotz vereinzelter Südneigungen generell klassische Westausrichtungen aufweisen. Die teilweise nach Süden ausgerichteten Hänge im Aspelbachtal leiden unter dem dortigen recht kalten Wind. Summasummarum hat Niederfell immer die absolute Spitzenlage, ein Vorzeigeweinberg gefehlt. Andererseits aber hat man auch praktisch keine Flachlagen und keine schlecht exponierten Lagen besessen. In quasi keinem anderen Ort der Unteren Untermosel wuchs so einheitlich ein gehobener bis erstklassiger „Mittelwein".

In den fünfziger bis sechziger Jahren ging der Weinbau im Gegensatz zu anderen Gemeinden zugunsten eines in den Hängen verstärkten sehr lohnenden Obstanbaus zurück. Als eine der an Wald- und Ackerfläche (auf der Höhe) reichsten Gemeinden waren viele Einheimische ebenso eingespannt wie durch die nahen Arbeitsplätze in Koblenz oder anderswo (sehr günstige Lage zu den Autobahnen). Pikanterweise haben die Niederfeller dann 1971 ein ausgerechnet nach dem gerade brachgefallenen direkt hinter dem Ort gelegenen Mönchsberg benanntes bald weltweiten Ruf erlangendes „Wein- und Heimatfest" ins Leben gerufen. 1973 kam dann die Gründung der einzigen Weinbruderschaft der Unteren Untermosel hinzu: Der Moenchsberger Weinbruderschaft. Ziel dieses „Männerbundes" sollte Förderung, Entwicklung des Weinbaus, aber auch der für Niederfell sehr bedeutenden Wald- und Wanderkultur sein. Aktivitäten der Bruderschaft trugen wesentlich zur Forcierung der Niederfeller Flurbereinigung bei. Wie man in der Rhein-Zeitung vom 18.11.1978 liest, bedauern die „Weinbrüder": „....daß mit dem allmählichen Sterben der Rebenkultur die Mosellandschaft ihren Charakter verliert." Sowohl qualitative Gründe (das Ausweichen der Weinproduktion auf ertragreichere Flachlagen in anderen Orten) als auch ästhetische Gründe mit negativen Folgen für den Tourismus werden von den „Mönchsbergern" intensivst in Öffentlichkeit und Politik getragen, um den Niederfeller Weinbau zu erhalten. Es wurden also ähnliche Ziele verfolgt, wie von der bald gegründeten Erzeugergemeinschaft „Deutsches Eck". Die Mitte der achtziger Jahre eingeleitete Flurbereinigung hat zwar zur ästhetischen Harmonisierung der Niederfeller Landschaft nicht gerade beigetragen, dafür aber zur Stabilisierung der Rebfläche, die wie 1980 rund 15 Hektar beträgt. Daß Niederfell über zwei leidenschaftlich engagierte Jungwinzer verfügt, aber auch traditionsgemäß von „auswärtigen Winzern" bewirtschaftet wird, verspricht Zukunft. Ein qualitativ bereits erstaunlicher Anbau von Weißburgunder und Chardonnay knüpft in gewisser Weise an die Niederfeller Burgunder-Tradition an. Im Jahre 1903 wird (laut Koch) bei Niederfell als einzigem Ort neben Lehmen auch der Rotweinanbau ausdrücklich erwähnt.

Niederfeller Fächern ∗ ∗ ∗ - ∗ ∗ ∗ ∗

Dem langgestreckten Kobern gegenübergelegen ist der über ein Kilometer lange nach Westen gerichtete pralle Steilhang im Abendlicht nicht nur einer der schönsten und imposantesten Weinberge, es ist auch einer der spannendsten, vielfältigsten und besten, gehört mit 8,5 Hektar auch zu den größeren der Unteren Untermosel. Es gehören zu ihm alle Weinberge von der Gemarkunsgrenze kurz vor Dieblich, bis zum Ortsanfang von Niederfell an dem reizvollen, seine kalten Winde mehr auf die andere Seite blasenden Aspelbachtal. Als würde es

der Name vorgeben, muß man die Lage streng auffächern, wird sie schräg
senkrecht durchschnitten von den selben Schichten, die auch den Uhlen
durchschneiden, ihn so komplex vielfältig und stark machen. Die Langlebigkeit
einiger Fächern-Weine weit über 10 Jahre in vollendeter Frische konnte
ich überprüfen. Trotz dem in diesem Moselabschnitt üblichen geologischen
Chaos, der wunderbaren Unregelmäßigkeit Uneindeutigkeit der Schichten
und Gesteine läßt sich von Niederfell aus Richtung Dieblich die Reihenfolge
Laubach-Schichten, Hohenrhein-Schichten und Emsquarzit nachweisen. Es
spiegelt sich im Fächern also ungefähr der Uhlen von der Mitte im Winninger
Bereich bis zum Belltal, somit weitgehend der klassische Uhlen in eine
Westlage verwandelt und natürlich ohne die großartige Theaterform. Dennoch
gibt es kleine Theaterformen im Fächern und die feste Überzeugung eines
Winzers, daß sein Fächern, obwohl der ganze Hang Westen ist, reine Südlage
ist, was je nach Terrassenstandpunkt fast und teilweise beinahe stimmen mag.
Die vollsten Weine (beim Traubenprobieren wird der Unterschied der
verschiedenen geologischen Schichten schon frappierend deutlich) mit viel
Länge kommen logischerweise aus den Laubach-Schichten „in den oberen
Fächern". Aber auch die Weine aus den „Unteren Fächern" verfügen über viel
Spiel, wunderschöne schiefrige, zarte Fruchtnoten, wie sie die Abendsonne so
gerne kreiert.
Überall scheint noch zusätzlich reichlich Schiefer (aus dem Steinbruch?)
hinzugekümmert worden zu sein. In der Mitte des Berges gibt es reichliche
Passagen mit rotem Fels, der für einen saftigen Untergrund sorgt. Der
letzte Teil, die sogenannte „Rote Mauer" hat bei der Flurbereinigung leider
„unausgegorene" Bodenaufschüttungen erhalten und wird ihrem ehemals
eigenständigen großen Ruf nicht ganz mehr gerecht. Sehr eigenständige
wunderschöne Teillagen sind auch der „Dicke Pator", die Felsenterrasse auf
der Kante zum Aspelbachtal und die spektakuläre, ins Tal hineingehende
Kessel-Theater-Lage „Grub" eine altbekannte frühere Einzellage mit
herrlichem stark verwitterten blauem Schiefer. Hauptsächlich nur noch der
„Südteil" ist bepflanzt.

Niederfeller Kahllay ∗ ∗ - ∗ ∗ ∗ ∗

Auch die Kahllay ist mit noch
gut 3 Hektar bepflanzter Fläche
einer   der   unterschätztesten
Weinberge, in dem noch ganz
vorzügliche Parzellen, z.B. am
Hitzlay-Felsen die herrlichen
Klein-Chöre brachliegen. Im
wesentlichen gibt es die Untere Kahllay Richtung Kühr in
Flußrichtung   unterhalb   des
markanten   Felsen   gelegen.
Sie ist nicht flurbereinigt und läuft relativ schwach steigend bis zu steileren
Terrassen an. Daneben gibt es die obere Kahllay flurbereinigt mit einem Weg
dazwischen. Der gesamte Hang ist etwas mehr nach Südwesten ausgerichtet

als die perfekte West-Lage Fächern. Dafür ist er etwas weniger steil, besitzt einen sehr weichen, blauen, brüchigen Schiefer, basierend auf den Hohenrheinschichten, die hier längs der Mosel verlaufen. Der Boden ist leicht und „rieselig", trockenheitsgefährdet, wird nur Richtung Staustufe schwerer und tiefgründiger, besitzt auch Feuchtigkeit und Quellen vom Wald her. Dort bringt er einen sehr knackigen, rassigen Riesling mit herzhafter, enorm frischer Säure, Richtung Khür werden die Weine feiner und eleganter. Eine dezente Süße verleiht dem Wein herrliche Würze und eine extreme Süffigkeit mit feinem Schiefergeschmack ohne jede vordergründige Primärfruchtdominanz. Gerade diese dezente Art ohne das Überschwellende der üppigsten Winninger Lagen oder der besten Mittelmosellagen, mag es gewesen sein, was das Trierer Domkapitel bewog, auch in dieser Lage den Besitz über 800 Jahre trotz der großen Distanz zu halten. Neben dem Riesling gedeiht inzwischen auch der Spätburgunder sehr gut.

Niederfeller Goldlay * * - * * *

Etwas ungünstiger, vom Westen schon leicht nach Norden drehend ist die Goldlay, die Verlängerung der Kahllay Richtung Oberfell, die in etwa bei der Staustufe beginnt.
Früher wurden in ihr Erz abgebaut, daher wohl der Name Goldlay. Kinder, die begeistert hier Gold suchten, das gegen die Sonne glänzte,
fanden jedoch nur Pyrit, das berühmte Katzengold. Der Boden besteht aus Schiefer, enthält aber auch reichlich harte Quarzite, Sandsteine und Quarze. Er ist im Untergrund ausreichend tiefgründig und besitzt genug Feuchtigkeit vom darüberliegendem Waldriegel, verstärkt noch durch die Beschattung der besten Weinberge von einigen hohen Moselbäumen und durch den relativ flachen Anstieg.
Neben rassigen, herzhaften Rieslingen, nicht ganz so fein wie die Kahllay oder Fächern, gedeiht auch der Spätburgunder mit Stoff und Würze.

GONDORF

Wollte man sich auf eine
Mustergemeinde in Deutschland oder speziell an der Mosel
festlegen, wo Jahrtausende alte
Bedeutung, Jahrtausende alter
Ruhm sich in fast völliges
Vergessen verwandelt und
dann plötzlich ganz zu Ende
des zweiten Jahrtausends sich
Widerstand regt, Weinberge
wieder aufgebaut werden,

Weine ausgebaut werden, die mit ihrer kühlen herben Brillanz bestechen,
die jedem Liebhaber einen neuen Fleck in seiner Landkarte der Geschmacks-
erinnerung einbrennen, so wäre es das alte römische Contrua. Nachweise der
frühen Bedeutung bieten Tausende von Funden aus keltischer, römischer
und frühchristlich-fränkischer Zeit aus verschiedenen Gräberfeldern,
darunter zahllose auf Weinkonsum und Weinbau hindeutende Werkzeuge
und Trinkgefäße. 1400 Steinsärge mit frühchristlichen Inschriften auf
Marmortafeln, Münzen aus vielen Jahrhunderten, viel Keramikkunst,
Schmuckstücke aus Perlen, Kupfer, Bronze, Silber, Gold alleine im
Gräberfeld der Familie von Liebieg beweisen die große Bedeutung des Ortes
in frühester Zeit. Viele der bedeutendsten römisch-germanischen, sowie vor-
und frühgeschichtlichen Museen Deutschlands beherbergen heute das Gros
der Gondorfer Fundstücke in Nürnberg, Mainz, Köln, Berlin, Bonn, Trier,
Koblenz. Der größte und geschlossenste Sammlungsteil ist im Wilhelm
Hack Museum in Ludwigshafen.
Um die Ordnung der Funde und Einschätzung hat sich Dr. Richard Arnoldi,
der Sohn des Winninger Arztes Dr. Karl Wilhelm Arnoldi, besonders Ende
des 19. Jahrhunderts gekümmert.
Der Ruhm und Bekanntheitsgrad dieses so bedeutenden „Freizeit-
Archäologen" mag dazu beigetragen haben, daß die in Sachen Wein
so überragende Rolle des Vaters so in Vergessenheit geriet (bis zum
Erscheinen meiner Wiederentdeckung!). Wenn andererseits in der jüngsten
Gondorfer Bildchronik sich der Autor fest auf die Seite der in Deutschland
spärlichen Historiker schlägt, die einen keltischen Weinbau schon in der
Hallstatt und La Tené Zeit, (also vor 500 v. Chr.) vermuten, dürften die
umfangreichen Funde und Entdeckungen des „Archäologen-Arnoldi" hier
mit ausschlaggebend sein.
Auf besondere Weise wird der Rang Gondorfs dann durch den bedeutendsten
Dichter (und Feinschmecker-Autoren!) seiner Zeit, den aus Venetien
stammenden Venantius Fortunatus, der später noch Bischof von Poitiers
wurde, verewigt. In einem Schlüsseltext für den hohen weinkulturellen
Rang der Mosel bereits in frühchristlicher Zeit („sprießende Felsen, die
Wein strömen lassen von rauhem Gestein, das honigsüßen Saft gedeihen
läßt") ist Contrua als einziger Moselort in seiner Dichtung „De navigio suo"
über eine Schiffsreise von Metz bis Andernach im Gefolge des damaligen
Frankenkönigs erwähnt.

Zwei auffällige Zeugnisse der bedeutenden Ortsgeschichte sind zwei der originellsten Burgen der Mosel, die Oberburg, der Stammsitz derer von Leyen, die einzige Flußburg (heute meist als Wasserschloß bezeichnet) an der Mosel, sowie die vermutlich im 12. Jahrhundert gebaute Niederburg, die nach der aufwendigen Wiederherstellungsarbeiten und originellen Erweiterungen (etwa die neugotische Schloßkapelle) der von Liebieg's (einer reichen böhmischen Textilindustriellenfamilie) Ende letzten Jahrhunderts zum „Schloß Liebieg" umgetauft wurde. Die „von der Leyen" waren über Jahrhunderte das mächtigste Adelsgeschlecht der Mosel, mit einer langen Liste von einflußreichen weltlichen und geistlichen Würdenträgern (sie stellten zwei Trierer und einen Mainzer Kurfürsten). Laut F. Meyer „ragte der Graf v. d. Leyen im Jahre 1720 mit 275.000 Rebstöcken unter den weltlichen Herren über alle anderen hoch hinaus", lag an fünfter Stelle in der sonst ausschließlich (!) geistlichen Besitzer-Rangliste, die auf dem zwanzigsten Platz mit 52.000 Rebstöcken abschließt. Da in dieser Statistik viele Orte nicht erfasst sind, dürften die realen Zahlen übrigens noch höher liegen. Verblüffend an der Familie v. d. Leyen ist aber nicht nur die große Macht und der so moseltypische Name Leyen=Schiefer=Fels, was die Familie zu den Herren der Felsen macht. Es geht soweit, daß das Geschlecht im Repertoir ihrer Herrschaft auch in anderen Regionen auf den Spuren der Schiefer-Weinberge war, so der einzigen Pfälzischen Gemeinde mit Schieferboden, Burrweiler, daß die v. d. Leyen lange Hauptbesitzer und Namenmacher für den magischen Schiefer des Bernkasteler Doktors waren. Eine Geschichte der Mosel und der feinen Schieferweine könnte also in etwa so geschrieben werden: es begann alles einmal in Contrua und dort wurde eine Familie v. d. Leyen immer mächtiger und die Kenntnisse dieser Familie in Sachen guter Wein.... Dementsprechend dominiert der v. d. Leyen'sche Besitz das Gondorfer Ortsbild (auch die Niederburg wurde von v. d. Leyen-Vorfahren erbaut) mit zahlreichen historischen Gebäuden, Basis u.a. auch für das heute verpachtete Weingut Rath (damals Fischer), das um die Jahrhundertwende zu den größten der gesamten Mosel gehörte und quasi die v. d. Leyen'sche Tradition fortführte. Im Verhältnis zur großen Gondorfer Weinbauvergangenheit und zum Lagenpotential hat Gondorf auf der linken Moselseite einen der größten weinbaulichen Niedergänge erlebt auf heute rund 6 Hektar. 1897 war von 18 ha 1 ha in der 1. Klasse, 3 ha in der 3., 5 ha in der 4., jeweils 4 in der noch guten 5. und 6. Klasse, nur 1 ha in der 7. und keines in der schwächsten 8. Klasse - Flachlagen, schlechte Expositionen und Böden, waren nicht vorhanden. Die sogenannten „Gondorfer Stehkragenwinzer", die Niederfeller und sogar Koberner für sich arbeiten ließen, haben nach einer Hochzeit nach dem letzten Krieg (1954 waren mit 24 ha 99% aller Flächen bebaut) den späteren Weinpreisverfall weniger verkraftet. Die Auflösung des ersten offiziellen Winzervereins der Mosel (gegründet 1896, um der Ausbeutung seitens des Weinhandels zu begegnen) in den 70er Jahren, Frostschäden in den ansonsten guten Lagen des breiten Nothbachtales taten ihr übriges. Zwei der fünf aktiven Winzer arbeiten zur Zeit aber intensiv am Wiederaufbau brachliegender Spitzenparzellen.

Gondorfer Schloßberg ✳ ✳ - ✳ ✳ ✳ ✳

Noch bis Anfang der 70er
Jahre prägte der sich von
der Lage Gäns über Schloß
Liebieg bis zur Grabkapelle
hinzieht quasi komplett
bepflanzte steile Gondorfer
Schloßberg das moselseitige
Ortspanorama von Gondorf
entscheidend. Alleine der
Baron von Liebieg besaß hier
3 Hektar Reben direkt hinter

seinem Schloß, von 70 auf ca. 180 Meter in schmalen Terrassen ansteigend.
Etwas hinter dem Schloß versteckt sind im unteren Bereich noch einige
Terrassen bewirtschaftet. Der Name Schloßberg wurde vom Baron nach
dem Kriege eingeführt statt des altbekannten Begriffes Backesberg, der
heute noch auf der Wanderkarte steht und schon im Namen auf Backofen,
sprich Gluthitze, hinweist. Als die anderen Winzer den Backesberg dann
auch durch den klangvollen Schloßberg ersetzten, kehrte der Baron wieder
zum Backesberg zurück, bis dann mit der Weinlagenreform von 1971
endgültig der Schloßberg festgelegt wurde. Hinzugenommen wurde damals
auch der zwischen der Lage Gäns und dem Schloß hinter den Häusern steil
aufsteigende ehemals geschätzte Spitalsberg, der heute ganz brach liegt.
Von dort dreht der heutige Schloßberg von SO ganz langsam über OSO bis
Osten. Von dem Gesamtpotential von über 5 Hektar ist zur Zeit weniger
als 1 Hektar bepflanzt und dies überwiegend im ganz oben gelegenen nicht
mehr so steilen und steinigen Teil. Von oben herunterkommend wurde gerade
0,8 ha Wildnis wieder neu terrassiert. Dabei tritt ein kräftiger, nachhaltiger
toniger Boden zu Tage mit guter Wasserhaltekraft, der erklärt, warum auf den
vielen schmalen und trockenen Terrassen gute Qualitäten wachsen konnten.
Berühmt-berüchtigt ist der gesamte Berg für seine „Grotze", ausgesprochen
harte Quarzite und Sandsteine sowie etwas Schiefer, die in dicker, unförmiger
Auflage den Füßen weh tun, aber als Schutz vor Austrocknung und für die
bakterielle Bodenbildung wohl eine hervorragende Funktion übernommen
haben und in Zukunft hoffentlich wieder vermehrt werden. Der Charakter
des Weines ist mineralisch, mit pikanter Säure, typisch für Ostausrichtungen.
Er ist vorzüglich für strukturierte Kabinett-Weine, in herausragenden Jahren
auch Spätlesen, eher ein ausgesprochener „Durstwein-Typ" aus klimatisch
erfrischten und gesund gehaltenen Trauben von den kühlen Winden des
Aspelbachtales auf der gegenüberliegenden Moselseite.

Gondorfer Gäns ✳ ✳ ✳ - ✳ ✳ ✳ ✳

Nicht nur von der Qualität her hat die steil hinter den Gondorfer Häusern
vorwiegend nach Süden aufragende Gäns eine Lieblingsstellung im
von Leyen'schen Besitz eingenommen. In dem von unten von einer
gewaltigen Mauer und einem verschlossenen Tor, an den Seiten von

Felsen eingeschlossenen und
geschützten Weinberg weide-
ten auch die Gänse, mit denen
sich die den leiblichen Genuß
liebenden von Leyen gerne
bezahlen ließen (deshalb z.B.
lautet auch in Niederfell in
der Nähe des Zehnthofes ein
Flurname „Gäns"). So hat der
Name einer der unbekanntesten
Spitzenlagen der Mosel eine

ebenso einfache wie schöne Erklärung. Typisch für die Hohenrheinschichten,
die auch einen Teil des berühmten Koberner Uhlen ausmachen, besitzt der
Gäns im unteren bis mittleren Teil vorwiegend harten „fußunfreundlichen"
dickaufgelegten Schotter aus Quarziten und Sandsteinen, der nach obenhin
zunehmend schiefriger wird. Trotz der Steilheit besitzt der Gäns im unteren
Teil eine lange terrassenfreie Fläche und einen guten nachhaltigen Boden
unter der „Kummerauflage", der sehr extraktreiche sich spät entwickelnde
Weine hervorbringt. Der beste Teil der Gäns liegt im mittleren Bereich, wo
die Terrassen beginnen, im oberen Teil zur Kuppe hin nimmt die Steigung ab,
wird der Boden trotz immer noch reichlicher Steinauflage sehr kräftig. Der
Ertrag nimmt zu, die Qualität ab, ist aber immer noch * * * wert ähnlich dem
oberen Schloßberg. Die kleinklimatische Besonderheit besteht in dem durch
die Drehung gegen das Nothbachtal vorhandenen Schutz vor kühlen Winden.
Zum anderen ist der Gäns eine „Hamm-Lage" und wird durch den ständig
vorhandenen sanften Mosel-Flußwind immer abgetrocknet (was meist sehr
gesunde Trauben erbringt). Neben dem brachen Spitalsberg (im Schloßberg)
ist der Gäns die einzige frostfreie Gondorfer Lage. Ein guter Gäns-Wein
ist sehr kompakt, reich an Mineral- und Kräuternoten (u.a. Oregano) sowie
in sehr reifen Jahren an dichten, weniger verspielten oder vordergründigen
Fruchtaromen (wie z.B. Orange und Quitte). Mit Sicherheit ist er einer der
ersten Kandidaten für Fünf Sterne.

Gondorfer Fuchshöhle * * - * * * *

Die besten und geschütztesten
Abschnitte der teilweise kes-
selartigen Fuchshöhle gehörten
früher alle dem Geschlecht
derer zu Leyen und liegen
überwiegend direkt um die
Ecke bei der Gäns, im Gegensatz zu dieser aber zum breiten
zeitweise kühlen Nothbachtal

hin, das mit seinen Winden die Weinberge nicht nur erfrischt, sondern auch
frostgefährdet und zur heute weitverbreiteten schon reich bebaumten Brache
beigetragen hat. Der Name, wie sollte es anders sein, kommt von den hier
vorhandenen Fuchshöhlen, ehemals wohl idealen Ausgangspunkten für eine
Jagd auf die v. d. Leyen'schen Gänse nebenan. Der weite Talausschnitt gönnt

den meisten Fuchshöhlen-Weinbergen die volle Abendsonne. Im unteren Teil ragt neben der „klassischen Fuchshöhle" der frühere „Ampelberg" heraus, der in einem Gedicht von H. Werts neben dem Gäns als „Seligkeit Lizenz" bezeichnet wird. Es ist sehr schade, daß der Großteil der besten Füchshöhle-Weinberge aus verwilderten Terrassen besteht. Nur mit den weiter oben bis zur RWE-Modell-und-Pionier-Solaranlage gelegenen Weinbergen (frühere Lage „Im Naaf") kommt die heutige Fuchshöhle noch auf ganze 1,5 Hektar. Die unteren Terrassen sind sehr skelettreich, etwas schiefriger und weniger hart im Gestein als im Gäns oder Schloßberg, mit leichterem Boden. Es bringt mineralische, rassige Weine mit feinem von meist gesundem Traubenmaterial geprägtem Säurespiel - appetitanregender Mosel-Riesling pur. Der Naaf, obwohl schon recht hoch gelegen, ist voll zur Mittags- und Abendsonne ausgerichtet, liegt zum Teil windgeschützt, wo sich die Hitze richtig stauen kann. Er besitzt mindestens „siebenerlei Böden", geringeren Steinanteil, z.T. roten Lehm, z.T. von dem „Kieskopf" beeinflußt, wo die Solaranlage liegt. Als Hanglage ohne Terrassen ist er günstiger bewirtschaftbar, bringt dennoch einen Wein mit charaktervoller Säure hervor.

Gondorfer Kehrberg ∗ ∗ ∗

Obwohl am weitesten flußab-gelegen und daher Maifrost-gefährdet, gehört der Kehrberg mit 1,6 Hektar noch zu den größeren Gondorfer Lagen. Streng genommen gibt es heute zwei Kehrberge, die zudem völlig verschieden sind und sogar in zwei verschiedenen Tälern liegen: Der „klassische Kehrberg" im breiten Nothbachtal und die dem Kehrberg
1971 zugeteilte frühere Lage „Im Stirn" im dahinterliegenden kleineren Keverbachtal, direkt hinter Gerlachs Mühle aufsteigend. Beide Steillagen (die „Stirn" wird im oberen Teil flacher) zeichnen sich aber durch eine gute Süd- bis SW-Exposition aus und tragen durch das „rauhe Seitentalklima" bedingt meist kleine gesunde Trauben und dickschaligere Beeren, Faktoren für extraktreiche nervige Qualität. Der untere „Original-Kehrberg" steigt besonders steil an und verschwindet dann dem Blick am Horizont. Es ist ein leichter „trockengefährdeter" Schieferboden, unten feiner und kleinsteiniger, nach oben härter und quarzitiger werdend. Die Stirn ist im unteren Teil auch sehr steinig, mit weicheren und härteren Schiefern und Quarziten und wird dann zur Kuppe hin immer lehmiger bis zu schwerem gelbem Lehm mit mittlerem Schieferanteil, der aufgeschüttet erscheint. Besonders in großen, heißen Jahren wachsen hier sogar kräftige, pikante Auslesen, während unten feingliedrigere Weine gedeihen. Beide „Kehrberge" neigen durch die erfrischende „Maifelder Kaltluft" und den Schieferboden zu einer rassigen apfelig bis zitrusartigen Säure. Zechweine par excellence, mit feiner Herzigkeit, die in grossen Jahren zu feinen Auslesen mit Filigranität und Spannung aufsteigen können.

LEHMEN

Der Name der Gemeinde Lehmen, die bereits 865 n. Chr. in einer Urkunde von Kaiser Ludwig II. als Liomena erwähnt wurde, bringt bereits die geologische Besonderheit des Ortes zum Ausdruck. Der Moseldurchbruch im Bereich des Dreckenacher Grabens hat hier im Miozähn einen für die Untermosel einmaligen von devonischem Gestein praktisch freien Lößlehm-Hang geschaffen, der heute als Klosterberg die Hälfte der Lehmener Weinbaufläche ausmacht. An der Straße nach Dreckenach ist der Boden in eindrucksvollen Wänden aufgeschlossen und macht auch dem Laien auf den ersten Blick verständlich, was hier namensbestimmend wurde. Für den großen historischen Ruf der

Lehmener Weine dürften jedoch die sich über insgesamt 4 Kilometer Länge in drei Lagen aufgeteilten imposanten zur Mosel ausgerichteten Terrassenlagen beigetragen haben. Meyer schreibt 1925 zu Recht: „Der starke Weinbergsbesitz von Adel und Kirche in alter Zeit läßt auf vortrefflichen Weinbau in Lehmen schließen." Die Weine zählen für ihn zu den besten Erzeugnissen der Untermosel und zeichnen sich durch Feinheit und liebliche Würze aus. In der Tat zählt die mittelalterliche Besitzerliste fast alle für den Wein berühmten geistlichen und adeligen Güter auf, darunter alleine sechs Trierer Kirchengüter, die möglicherweise den blauen weicheren Schiefer von Lehmen (wie er sonst eher an der Mittelmosel vorkommt) besonders schätzten. Analog anderer Weinbergslagen mit der Silbe „Würz" im Namen haben vermutlich auch die Mönche in Lehmen Würzkräuter in die Weinberge gepflanzt und damit für den Namen gesorgt. Ludwig Mathar, der Klassiker unter den Moselreiseschriftstell ern schreibt, daß der „Rote" trotz der Hartnäckigkeit der Reisehandbücher schon vor 100 Jahren ausgestorben, sei aber der „weiße" Haupt (heutiger Ausoniusstein), Uerzlay (Würzlay) und Lay (entspricht den heutigen 3 Mosellagen) sind für ihn „liebliche Zauberer, Könige des glückseligen 21ers", und wenn sie gar Auslesen sind, „Himmelswonne"! Reseda (der Duft der Rebblüte, der in den feinsten Rieslingen aus alten Reben heute noch vereinzelt wahrnehmbar ist), Mandel, Pfirsich, kaum gäben sie süßern Duft". Anklänge an diese Genüsse sind heute auch beim kleinsten der elf Lehmener Winzer (davon 3 im Vollerwerb) noch zu erkennen, die in ihrer Anzahl immerhin an zweiter Stelle der Unteren Terrassenmosel hinter Winningen rangieren. Die potentielle Klasse ihrer Weine wird jedoch zur Zeit noch unvollständig nach außen und innen getragen. Der durch die Bahn abgeschnittene, moselfrontlose Ort, (erreichbar nur durch eine Unterführung und einen (meist geschlossenen) Übergang) ist vom Tourismus fast unberührt. Immerhin gibt es seit einem Jahr eine Gutsschänke. Durch Konkurrenz und mangelnde Vermarktungsperspektive sind in Lehmen bei kleinen passionierten Nebenerwerbswinzern (mit gestandenen Berufen vom Bauingenieur bis zum Maurer) echte Würzlay-Weine unter 3 Euro zu haben, trockene und halbtrockene Auslesen für unter 5 Euro. Es sind geradezu Musterbeispiele für Auswüchse von Bescheidenheit, wie es sie im deutschen Weinbau mangels einer Weinbergs-Lagenklassifikation immer wieder gibt. Dies in einem Ort, der in der letzten Jahrhunderthälfte einige der Renommiergüter der Mosel beherbergte mit Namen wie Ravené, von Schleinitz, Nußbaum-Weckbecker, Volland & Cie oder Werland. Der inzwischen zurückgezogene Versuch des größten hiesigen Betriebes, die Lagennamen auf dem Etikett abzuschaffen, dokumentiert die Zwiespältigkeit der Lehmener Winzer hinsichtlich ihrer Lagen wie in keiner anderen Gemeinde der Unteren Untermosel. Der auch mit dem Spitznamen „Traubensack" belegte Klosterberg bringt mit seinem schweren Lehmboden und seiner guten Exposition zur Sonne in den meisten Jahren große Menge und brauchbare bis gute Qualität bei günstigen Bewirtschaftungsmöglichkeiten im Direktzug. Wegen seiner für die Untere Untermosel fast einzigartigen Wirtschaftlichkeit scheint er die konzentrierte Pflege der arbeitsintensiven aber hervorragenden Steillagen mental zu behindern. Mit Rationalisierung und Begrünung wird in dem Ort mit den untermoselanischen Pionieren im Querterrassenbau wie auch im Öko-Weinbau wie nirgendwo sonst an der Mosel experimentiert. Die Würze der zahllosen Kräuter findet sich zwar in manchen großartigen Weinen positiv wieder. Insbesondere in der Würzlay und im Ausoniusstein entwickelte sich jedoch, verschärft noch durch die vielen brachgefallenen Weinberge, besonders hartnäckig die Mehltau-Krankheit, die den Wein bei nicht sorgfältiger Ausscheidung aller befallener Trauben negativ beeinflussen kann. Beeinträchtigt wird die entschlossene Lust am Erhalt und einer Image-Steigerung der so feinen Lehmener Steillagen zusätzlich noch durch eine sehr unsinnige Gesetzeslage. Lehmen erfuhr in den 80er Jahren ein beschleunigtes Flurbereinigungsverfahren. Es wurden aber dabei nur Flächen getauscht und arrondiert, einige Mauern aufgebaut und Schienenbahnen gelegt, ohne flächendeckenden Neuaufbau. Aus dem Steillagenförderungsprogramm sind per Verordnung die flurbereinigten Lagen ausgeschlossen. Wer heute eine Schienenbahn legen will oder eine der inzwischen zahlreich eingebrochenen Mauern wieder aufbauen will, bekommt keinen Pfennig Zuschuß im Gegensatz zu den Weinbergsbesitzern in nicht flurbereinigten Lagen. Sollte sich an dieser Situation nichts ändern, ist eines der längsten und schönsten Chor-Terrassenbaudenkmäler der Mosel akut gefährdet. Die Zeiten des letzten Jahrhunderts, als ein Großteil der Lehmener als Bruchsteinmaurer in ganz Deutschland arbeitete und in der beschäftigungslosen Zeit dann zu Hause in den eigenen Weinbergen oder für wenig Geld Mauern reparierte oder wieder aufbaute, sind schließlich vorbei. Aus dieser Zeit stammt auch eine typische Lehmener Tradition, die der „Razejungen". Hauptbeschäftigung der im Winter heimgekehrten Bruchsteinmaurer war nämlich das Tragen der „Raz", was die Lehmener „Razejungen" so gut konnten, daß sie dies sogar in Nachbardörfern für Lohn taten. Die sogenannte „Raz" wird aus astlosen Haselnußstöcken geflochten, die vorher eingeweicht, geschält und aufgespalten wurden. Ähnlich einer „Traubenhotte" wurde diese „Raze" dann mit 30-40 Kilo Mist gefüllt und von den „Razejungen" bis auf die höchsten Chöre geschleppt - eine wahrlich harte Winterarbeit. Soweit vorhanden, ist diese „Mistarbeit" heute mittels der Schienenbahnen wieder leichter möglich geworden. Die heutigen nicht im Verein organisierten „Lehmener Razejungen" bestehen derzeit aus 32 Jungen und 13 Männern. Mit ihren schmucken „Razen" stolzieren sie als Höhepunkt im Festzug des Lehmener Weinfestes (das „Razejungenfest") aber auch als Gäste bei anderen Festumzügen. Im Ort bilden sie eine aktive Gemeinschaft, die selbstverständlich auch noch einen gemeinschaftlichen Weinberg bewirtschaftet, der mit „Razen" seinen Mist erhält und den „Razejungen-Wein" produziert. Regelmäßig wird sich auch zu geselligen Ereignissen oder Weinproben getroffen. Eine andere Tradition, oben bereits angedeutet, ist der Lehmener Rotweinanbau. Es gibt praktisch kein älteres Buch, keinen Reiseführer aus dem 19. Jahrhundert, der nicht die Qualität des Lehmener Roten lobt und ihn an die Spitze der Untermosel stellt. Auch bei Koch wird 1904 nur in Lehmen und Niederfell an der Unteren Terrassenmosel der Rotwein noch erwähnt. Die Hochwertigkeit der Lehmener Lagen wird dort mit 12 ha in 3. und 4. Klasse und noch einmal 8 ha in der guten mittleren 5. Klasse in der preußischen Klassifikation deutlich dokumentiert. Dies dürften alle Steillagen plus der bessere Teil des heutigen Klosterberges gewesen sein. Im Rotwein (so zeigen es jüngste Anfänge) könnte Lehmen an der Unteren Untermosel erste Klasse sein, so wie 1115 vielleicht. Damals verfügte der Trierer Erzbischof Bruno, daß die Domherren jedem Stiftsbruder des St. Simeonstiftes in Trier am Dreikönigstag und später auch an seinem Todestag eine Kanne Lehmener Rotweins zu reichen sei. Ein frühes Zeugnis differenzierterer Lagen- und Ortskenntnisse des Trierer Klerus.

Lehmener Lay * * * - * * * *

An der Moselfront nach Süd-osten ausgerichtet die Häu-ser des rechten Ortsrandes schützend, stößt die Lay mit ihrem Kernstück, einem kleinen theaterförmigen Kes-sel auf der anderen Seite an die massive Felswand, die Lehmen von Gondorf trennt, dem Stammsitz derer „von der Leyen", die pikanterweise  keinen Lagennamen nach dem lay oder ley (dem gallo-keltischen Wort für Fels, für Schiefer) benannt hat. Wen wundert es, daß der Mensch die Namen nach dem Kontrast, dem Unterschied benennt. Und wo könnte der Lay, der Würzlay mehr auffallen, Aufmerksamkeit erregen als in dem einzigen Ort der unteren Untermosel mit einem ausgesprochenen „Lehm-Berg", dem Klosterberg.

Die nur noch etwa 2 Hektar großen Weinberge bauen auf den hervorragenden Laubach-Schichten auf, die im höheren Bereich an die Hohenrhein-Schichten anstoßen. Über den Kamm hinweg erfolgt der Übergang zum Klosterberg. Passend zum Lagennamen ist der Schiefer hier ausgesprochen blau und typisch, nach unten hin werden die Steine härter und quarzitiger. Die meist kräftigen, hochwachsenden Riesling-Stöcke profitieren wie die Weine von dem Charakteristikum der Laubach-Schichten, den fossilien- und kalkhaltigen Schillagen.

Ein ausgereifter trockener Lay-Wein kann sehr viel Charakter und Festigkeit besitzen, mit Feinheit und Stil. Eine Verwandtschaft zum Uhlen ist nicht nur durch die imposanten schwarzen Felsen (durch den Eisenbahnrauch auch hier?) gegeben, auch im Gestein rinnert er an den mittleren Kreuz-Uhlen. Die Lieblichkeit und Feinwürzigkeit, die Delikatesse scheint in dieser Felslage mit hohen Mauern nicht ganz so ausgeprägt wie in den stärker verwitterten bodenreicheren des großen Würzlay-Hanges. Die Chöre in Richtung Ort, zum Teil brach, sind ebenfalls hervorragend. Ihnen gehörte eigentlich der Original-Name Klosterberg, bevor dieser bei der 71er Weinlagenreform eben dem neuen Klosterberg verliehen wurden.

Lehmener Klosterberg ∗ - ∗ ∗ ∗

„Traubensack" ist der Spitz-name dieses durch den Drecke-nacher Grabenbruch (als die Mosel noch auf dem Weg war, ihren Weg zu finden) als Hang im heutigen Nothbachtal entstandenen Weinberges mit meterdicken Lößwänden, die sich mit Lehm und wenig Steinen vermischt haben. Perfekt sichtbar sind die imposanten Formationen (s. Auftaktfoto z. Ort Lehmen)

Der ins Tal gehende Klosterberg,
im Vordergrund Terrassen der Lay

bereits, wenn man an der Straße von Dreckenach nach Lehmen hinunterfährt. Man bleibt unwillkürlich staunend und fotografierend stehen, betrachtet die stabilen Lößwände und die Wurzelbildung in diesem Boden.
„Sonnensack" könnte man die mit über zehn Hektar am intensivsten bewirtschaftete Lage Lehmens (damit auch eine der größten dieses Buches!) auch nennen. Sie ist bequem, weitestgehend maschinisierbar, rationalisie-rungsfreundlich, also für den modernen Winzer eine Ausnahmelage an der Unteren Untermosel, die im Prinzip eher in Rheinhessen zu erwarten wäre und dort gewiss eine der besten Hinterlandlagen wäre. Auf der Besonnungskarte, diesen Spitzenlagen-Todesgräberkarten, die die maßlosen Weinbergs-Lagenerweiterungen in ganz Deutschland mit ausgelöst haben und den Winzern eingeredet haben, guter Wein entstünde alleine von der Sonne und vom Mostgewicht, hat der Klostergarten hervorragende Meßwerte von 101-105000 cal/cm² Vegetationsperiode, vergleichbar mit den vielen hervorragenden moselausgerichteten Weinbergen (als wären die Winzer Tausende Jahre zu blöd gewesen, ihren Wein in die Sonne zu setzen). Unvorstellbar der missionarische Eifer der Wissenschaftler der sechziger Jahre, dem Winzer vorzumessen, dem Gesetzgeber vorzurechnen, wo überall noch neue Weinberge erlaubt und sinnvoll wären. Im Allgemeinen waren es natürlich vor allem Zuckerrüben-Äcker, im hiesigen Falle war es eine Steillage, die schon lange bebaut war und nur noch einmal erweitert wurde. In trockenen und heißen Jahren wächst hier der beste Wein, meinen viele

Winzer und denken dabei ans Mostgewicht, den Götzen des Weingesetzes, der jeden Qualitätsgedanken brutal unterdrückt, die Liebe und das Wissen um die Chöre, die Steillagen, den nicht idealistisch, sondern real wahren und anhaltenden, wertvollen und lagerfähigen Geschmack, so arg beschädigt hat.

Nichts kann die Tragödie und Komödie dieser Geschichte besser belegen als die Blindprobe bei einem kleinen, aber leidenschaftlichen Lehmener Nebenerwerbswinzer, einem Maurer, der auch ansonsten ausgesprochener Weinliebhaber ist. Das Elend, die Selbstkritik dieses Mannes haben mich tief getroffen. Er präsentierte mir eine 92er Klosterberg Auslese trocken, von der er für sich selbst zum Trinken 500 Flaschen weggelegt hatte, weil dieser Wein eine Goldene Kammerpreismünze bekommen hatte und er somit amtlicherseits für wertvoll erklärt worden war. Seit zwei Jahren rührt er ihn schon nicht mehr an. Es sei nichts mehr mit ihm los, er sei leer im Geschmack. Man hörte richtig sein innerliches Heulen, daß ihm sein erwarteter innigster Spaß und Schatz weggenommen worden war, er praktisch 500 Flaschen verloren hatte.

Für mich zum Vergleich öffnete er aus dem gleichen Jahr eine verbliebene letzte Konterflasche Würzlay Auslese trocken, selbstverständlich auch Riesling. „Feine Würze, Blume, Geschmack, ein frischer, köstlicher trockener Wein", notierte ich mir. „Der Klosterberg", tröstete ich dieses Unikum eines Maurers sei gar nicht übel, keineswegs kaputt, doch noch gut trinkbar, weit überdurchschnittlich, nur eben einfach, blaß im Ausdruck wenn man Würzlay gewohnt sei und im Vergleich kenne. Und dies leider nun einmal bei ihm war und mir als Winzer der Fall. Die letzten Dutzende von Würzlay-Flaschen, die er getrunken hatte, mußten ihm im Vergleich zum Klosterberg diesen völlig verleidet haben. So ist das eben, viele vordergründig leckeren Weißweine der Welt oder Deutschlands stehen sehr schnell erbärmlich und plump, breit, klein und kraftlos da, wenn sie neben einen Riesling aus einer charaktervollen Steillage geraten. Der möglicherweise vorhandene Jugendcharme, die Primäraromatik, die die Kammerpreisprüfer beeindruckt hatte, die die Weißweinkäufer zum vordergründigen, oberflächlichen Wegsüffeln oft banalster Weine zu stolzen Preisen treibt, wurde in dieser Probe aufs Frappierendste entlarvt.

Der Sinn meiner Arbeit an diesem Buch wurde durch Proben und Erlebnisse wie diesem entscheidend geprägt. Daß nach Möglichkeit keinem Winzer ein solcher „Schwachsinn", eine solche Unkenntnis über die eigenen Potentiale, die Schätze unter seinen Weinbergen, den Blick versperrt, wäre schon Sinn genug. Sei es in Vermarktungsentscheidungen oder in persönlichen Genußentscheidungen. Welche Katastrophen mögen in den letzten Jahren geschehen sein, wenn Winzer für private Feiern, für Kommunion, für Volljährigkeit der Kinder, Hochzeiten und Silberne Hochzeiten Weine wegelegt haben nach Probe und nicht nach der realen Substanz, der objektiven Qualität, die ich ohne Einschätzung des Weinberges, des in den Wein eingegangenen Traubenmaterials, einer Gesamteinschätzung und Analyse, die über den simplen Mostgewichtswert hinausgeht, nicht beurteilen kann.

Wein ist mehr als der Biß in einen Apfel, der sofort hervorragend schmeckt. Der Glaube, daß der Apfel deshalb wertvoll sei und sich zu horten lohne, ist die große Gefahr. Daß man die wahren Äpfel, die wahren Weine erst mit der Zeit, mit der Erfahrung kennt, die an der Mosel Jahrtausende da war, bis wissenschaftliche Obrigkeiten, halbstaatliche Kontrolle ein Babel der Kenntnisse anrichteten, gegen das bislang nur in der Region des „Deutschen

Eckes" ein gewisser Widerstand gewachsen ist, ist die Lehre dieser Probe mit dem „Klosterberg". Es soll jedoch nicht nur negativ, einschränkend von diesem Traubensack geschrieben werden, der vielleicht nicht zufällig in der preußischen Klassifizierungskarte die mittlere, also eine sehr gute Farbe in einem beträchtliche, dem am wenigsten windgefährdeten unteren Teil besitzt, der nicht ganz so windgefährdet wie der obere ist.

Zum einen ist die hohe Einschätzung der preußischen Schätzer natürlich auch im Zusammenhang mit dem wirtschaftlichen Ertrag zu sehen. Es wurde nicht nur Qualität, sondern wirtschaftlicher Reinertrag gemessen, der zwar damals ganz im Gegensatz zu heute eng mit der Qualität zusammenhing, aber nicht nur.

Zum Anderen muß ich an einen anderen ins Seitental hineingehenden Hang denken, den von Pernand-Les Vergelesses in Burgund, der unter Insidern geschätzten Nachbargemeinde von Aloxe-Corton. Dasselbe Erlebnis, einen halben Meter Lehm, der in riesigen Fladen an den Schuhen hing, hatte ich in kurzer Folge dort und hier im Klosterberg. So toll, so beeindruckend neben den Schuhen stehend, liegend, an ihnen klebend, sind mir die beiden besonderen Weinbergserlebnisse bislang einzigartig. Dort wachsen normalerweise Burgunder in der 20-40 Mark Preisklasse, mit einem Qualitätsgesetz, das 10.000 Stock pro Hektar vorschreibt und einen Ertrag von 40-50 hl je nach Jahr. Dies dürfte das gewesen sein, was im Klosterberg vor 150 Jahren auch der Fall war, nur daß der Preis in Lehmen (umgerechnet) höher lag. Es war also möglicherweise noch in dieser Kartierung der Rotwein, der die Farbe in die Kartierung brachte. Und fraglos ist der Boden, wenn er nicht für Riesling-Massenweine mißbraucht wird, wenn man vernünftiges Burgunder-Pflanzgut hineinsetzen würde und nicht deutsche Massenklone, die tragen wie die Ochsen und kaum zu bremsen sind vor geschwollenen Trauben in dieser Art von Böden. Wenn man den Dünger absetzt, auf jede trickreiche Art den Ertrag in den Griff bekommt. Möglicherweise ist es dann eine noch viel hervorragendere Lage, als man heute ahnt. Erste Proben von weißem wie roten Burgunder lassen erahnen, welche Geschmeidigkeit, Saftigkeit im Klosterberg möglich ist, kein typisch filigraner Mosel, aber eben eine an andere Regionen erinnernde Besonderheit.

Lehmener Würzlay ✳ ✳ - ✳ ✳ ✳ ✳

Die an der großen Schrift im Weinberg (die von der anderen Flußseite teilweise durch die hohen Bäume der Reiherschutzinsel verdeckt wird) von weithin erkennbare Würzlay ist der bekannteste Lehmener Weinberg und mit derzeit 8 ha größte Steillage. Bis 1971 war die von vielen kleinen, breiten nicht so hohen Mauern geprägte Weinbergslage (Weinberge bis 155 Meter) moselabwärts gesehen in den Zuth, den Kollig (Kolch), die Würzlay und das Wolfsgrübchen (heute fast brach) aufgeteilt. Es wurden auch Weine aus der heute verschwundenen Lehmener Sonnenuhr oder dem Lehmener Schlau verkauft. Die Original-Würzlay liegt nicht weit vom Ort und besteht aus besonders kleinen Terrassen mit einem fast reinen nährstoffreichen stark verwitterten dunklen Blauschiefer. Überall, besonders aber in der Mitte findet man die typischen Fossilien der Laubach-Schichten (s. auch das Foto

auf der Buchrückseite) in seltener Menge und Originaliät. Meist sind sie an Sandsteine, aber auch an Schiefer gebunden. Von diesen als auch von dem vom Maifeld herunterkommendem Löß-Lehm, spürbar auch an vielen kleinen kalkhaltigen Wasserquellen im Berg rührt ein meist sehr ausgeglichener natürlicher ph-Wert im Boden. Er ist ein Indiz dafür, daß die traditionelle Berühmtheit des Lehmener Rotweins auch mit den besonderen Bedingungen der Würzlay im Zusammenhang stehen dürfte. Die Felslandschaft, insbesondere im oberen Bereich besticht durch eine reiche Flora und Fauna, selbst Orchideen-Arten lassen sich finden. Zweifellos trägt die dadurch ständig eingetragene Humus-Würze zum kaum beschreibbaren Würzlay-Geschmack bei. Der Charakterisierungs-Versuch im Ortstext, die Anklänge an Reseda war, treffen den sublimen Geschmack dieses Weinbergs aber recht gut, der von so vielen Klöstern und Herren hochgeschätzt wurde und heute ausschließlich im Besitz klassischer, meist kleiner Winzerbetriebe ist. Der Wein vor dem Bahndamm aus der Flachlage wächst auf einem völlig anderen Boden, ist im kicsigen Bereich noch relativ fein, im lehmigen Bereich eher derb und wird in vielen Fällen nur unter dem Ortsnamen vermarktet.

Lehmener Ausoniusstein ✷ ✷ ✷ ✷

Der heutige Ausoniusstein entspricht exakt der früheren Lage Lehmener Haupt, die in vielen alten Weinpreislisten als der kostbarste Wein von Lehmen erscheint, der im Preis sogar mit den besten Winninger Lagen wie Uhlen oder namhaften Mittelmoselherkünften konkurrieren konnte. 1971 wurde der Lagenname in Ausoniusstein geändert. Zum einen, um dem berühmtesten und ältesten „Bedichter" der Mosel, dem aus Bordeaux stammenden Ausonius ein Namens-Denkmal zu setzen - nur einige Meter entfernt befindet sich schließlich der traumhafte Aussichtspunkt des Ausoniusstein, wo der Dichter gesessen haben soll (erreichbar über den Lehmener Berg, gelegen im Katteneser Fahrberg). Zum anderen führte die Lage Haupt zu Verwechslungen mit verschiedenen Weingütern und Weinkellereien gleichen Namens - so verzichteten die Lehmener Winzer denn bei der Lagenreform auf „ihren Haupt." Die heute nur noch auf knapp 2,5 ha bepflanzte an den Katteneser Fahrberg angrenzende Lage verfügt bereits über die meisten Brachflächen in Lehmen.

Die Weinberge gehen zwar auch hier nur bis in 155m Höhe, sind aber noch steiler und zum Teil extremer klein terrassiert als die Würzlay. Und überdacht von einem sehr hohen, bewaldeten Felsmassiv. Dieses gewährt nicht nur Windschutz, sondern spendet auch die besonders im Ausoniusstein verbreiteten vielen kleinen Quellen, die der Traubenreife an vielen Stellen auf den an sich trockenen Chorlagen zugute kommen. Im großen und ganzen ist der Boden leichter und noch einheitlicher von einem nicht allzu weichen blauen Schiefer geprägt (kaum Sandstein und Quarzite). In etwa parallel zum Hang laufen unten Rittersturzschichten, darüber Flaserschiefer und oben Laubach-Schichten.

In optimalen Jahren wie 1993 bringt der nach Südosten ausgerichtete Ausoniusstein sensationell feine, kleine Beeren, die voller Würze stecken und Weine mit großer komplexer Intensität und Reife erbringen. Leider gehört der kleine Teil vor dem Bahndamm mit Moselschwemmland auch noch zur Lage Ausoniusstein. Da er bei den meisten Winzern aber nicht unter diesem Namen, sondern nur als einfacher Lehmener ausgebaut wird, geht dieser Wein nicht in die obige Bewertung ein.

KATTENES

Ob man das römische „Catena" (dt. die Kette) von dem berühmten Aussichtspunkt Ausoniusstein oder vom gegenüberliegenden Alkener Bleidenberg in den Blick nimmt - die Imposanz, der Feinbau der sich vom Ort in Richtung Lehmen hinziehenden sehr steilen, sich bis 180 Meter hochziehenden Katteneser Chöre läßt bereits einen Wein mit Spannkraft vermuten. Daß der Ort den verlorengegangenen Insider-Ruf unter den römischen und mittelalterlichen Besitzern nicht in die Gegenwart übertragen konnte, mag u.a. auch an seiner Größe liegen. Mit 554 Einwohnern und 183 Hektar Gemeindefläche ist es die mit Abstand kleinste weinerzeugende Gemeinde der Unteren Untermosel. Seit 1976 bildet Kattenes deshalb auch eine Ortsgemeinschaft mit dem größeren Löf. Zur „Eingemeindung" der Weinberge ist es jedoch nie gekommen. Löfer Steinchen und Löfer Fahrberg bürokratische Zeitgeist-Phantasiegebilde in der „Vinothek der deutschen Weinbergslagen", dem vergriffenen Mosel-Saar-Ruwer-Buch von Stöhr/Cüppers/Faas. Das Katteneser Steinchen und der Katteneser Fahrberg stehen nachwievor für die Identität und den Bekanntheitsgrad des so kleinen, aber liebenswerten Ortes mit dem tollen Blick auf das Alkener Burg-Panorama. An Weinbergen besaß Kattenes Anfang des Jahrhunderts 10 Hektar, damals auch etliche Folsterrassen Richtung Löf. Überraschend ist dabei die steuerliche Klassifizierung: Alle Weinberge wurden in die 4.-6. Klasse eingestuft, als einziger Ort der heutigen Verbandsgemeinde Untermosel besaß man keinen einzigen Weinberg in der schwächeren 7. oder 8. Klasse. Als Zugabe laufen und liefen die Weinberge des eifeleinwärts auf der Höhe gelegenen Ortes Moselsürsch ebenfalls unter Katteneser Namen. Vier Hektar waren es damals, ausschließlich in der 3. und 4. Klasse! Noch liegt der beste Katteneser Weinberg (der Original-Fahrberg) auf Moselsürscher Gemarkung, die praktisch wie eine Schneise die Katteneser und die Lehmener Weinberge trennt. Traditionsgemäß und nach aktuellem Gesetz werden die Weine als Katteneser bezeichnet, obwohl Moselsürsch inzwischen zur Ortsgemeinde Lehmen gehört.

Der besonders filigrane, nervig-lebendige Charakter der Rieslinge von Kattenes beruht auf zwei Faktoren. Zum einen der mehr oder weniger starken Osttendenz auch bei den zum Süden geneigten Hangteilen. Vor allem aber ist es der äußerst feine Blauschieferboden, der auch deutlich wird am einzigen ehemaligen Dachschiefersteinbruch im Bereich der Unteren Untermosel. Von dem kleinen Taleinschnitt an der Schiefergrube verläuft ein reizvoller Weg zum Aussichtspunkt Ausoniusstein und in das dortige Naturschutzgebiet mit seiner Vielfalt an südländischer Vegetation und Tierwelt. Dieser Bereich, wie auch die Wandlay und der Fahrberg sind Standorte für zahllose Schmetterlinge (darunter eine der individuenstärksten Populationen des berühmten Apollofalters), die Zippammer, Smaragdeidechse, Feuersalamander. Höchst reizvoll, fast märchenhaft das direkt im Ort beginnende Mühltal mit seinen dreizehn Mühlen auf engstem Raum. Von dort aus geht es weiter bis Moselsürsch. Von den ehemals 14 ha (inkl. Moselsürsch) waren im Jahre 1954 noch 8,5 ha (inkl. 2 ha Moselsürsch) übriggeblieben. Heute sind es (mit 0,9 ha in Moselsürsch) noch etwas über 4 ha. Die Zukunft vor allem im Katteneser Fahrberg-Bereich hatte man sich aus unerklärlichen Gründen in dem Moment verbaut, als man vergaß (ausgerechnet im Fahr-Berg!) parallel zur Bahn, den Fahrweg vom Steinchen zum Fahrberg durchzuziehen. Mit hunderten von Metern Fußmarsch von der nächsten Parkmöglichkeit an der Moselstraße durch die Eisenbahnunterführung weiter zu den Weinbergen und dann u.U. noch einmal über 100m die Terrassen hinauf, war die weitgehende Brache nicht zu verhindern. Hinzu kommt das Fehlen von Winzernachwuchs in einem Ort, wo 1954 noch zwanzig Winzer aktiv waren bei einer für die Region interessanten Struktur: je 2 Betriebe über ein Hektar und über 0,6 ha konnte zu dieser Zeit mancher größere Weinort nicht vorweisen. Statt beispielsweise ausschließlich 40 „Mini-Winzern" unter 0,4 ha wie in Löf besaß Kattenes eine ausgewogene Struktur vom kleinen bis zum größeren Betrieb. Einen Renommierbetrieb, der den Ruf Katteneser Weine über Jahrhunderte hätte begründen können, gab es nie. Ähnlich wie in dem klassischen „Westlagenort" Niederfell leidet der klassische „Ostlagenort" unter dem Fehlen der alles überragenden Spitzenlage, die einem Weinbauort oft zu einem guten Klang verhilft, auch wenn der Durchschnitt der Weinberge auf hohem Niveau liegt. Ein anderer Grund, daß Kattenes in einer Weinbauverbands-Statistik aus dem Jahre 1921 mit einem Durchschnitts-Fuderpreis von 8000 Mark hinter Oberfell (9500), Lay (9500) oder Lehmen (11500) liegt, könnte folgender sein: Katteneser Weine sind insgesamt mit ihrer filigranen eigenständigen feinen Art als Verschnittwein für die Kellereien uninteressanter gewesen. Sie haben weniger Körper gebracht. Finesse und Leichtigkeit, die große Stärke der Mosel-Rieslinge, besonders auch der Terrassenlagen ist in der „Groß-Cuvée" weniger gefragt gewesen. Kattenes beherbergt heute nur noch Nebenerwerbswinzer. Der neu in ein historisches Weinhaus eingezogene Vollerwerbsbetrieb ist bislang noch nicht im Besitz örtlicher Lagen. Das

Schwergewicht der Katteneser Lagen (wieder analog z.B. zu Niederfell ein Anzeichen für die Qualität der Weinberge) wird von Winzern verschiedener Nachbardörfer bewirtschaftet. Einen Einstieg in die z.Zt. leider bescheidene Katteneser Weinwelt bietet das nach Aufgabe des Festumzuges und „Aussterben der Weinkönigin" beschaulich gewordene Weinfest jeweils zum ersten Juliwochenende. Der Weinprobierstand steht noch, lädt ein zu Genuß und Gespräch.

Katteneser Fahrberg ∗∗∗∗

Der Katteneser Fahrberg besteht heute aus zwei Teilen, die durch einen kleinen Taleinschnitt getrennt werden, in den sich der einzige blaue Dachschiefer-Steinbruch des unteren Mosel-Bereichs ergießt. Der stillgelegte Steinbruch, über dem oben die Aussichtsplattform des legendären Ausoniussteins thront, zeigt den hier dominierenden und sich bis in die Lehmener Gemarkung weitererstreckenden Blauschiefer in seiner fast reinen Form an. Der geologische Schichtenverlauf besteht unten aus Rittersturz, darüber Flaserschiefer und dann Laubachschichten, so daß ein bescheidener nach unten abgebröckelter Anteil kalkreicher Sandsteine dem Weinberg zu Fülle verhilft. Von dem knappen Hektar bepflanzter Rebfläche (ausschließlich Riesling) besteht das Schwergewicht in der großen von einer Monorackbahn erschlossenen kessel- und muldenartig unter dem imposanten Wandlay im Felsen liegenden Parzelle. Es ist der auf Moselsürscher Gemarkung liegende Katteneser Fahrberg, der in idealen Jahren sowohl im Mostgewicht (1998: 99 Grad Öchsle) als auch im Geschmacksreichtum zu den besten Weinen der Untermosel zählen kann. Der andere Teil Richtung Kattenes besteht nur noch aus wenigen Parzellen, ist zum großen Teil eine Terassenwiese. Hier wurde es versäumt, einen Fahrweg entlang der Bahn anzulegen, um die hervorragenden Weinberge zu erhalten. (Andererseits ist es ein Indiz für die ehemalige Wertschätzung, kein Meter durfte verloren gehen!) Die Kummerauflage ist wie im oben beschriebenen Original-Fahrberg sehr hoch. Der Schieferschotter bedeckt entsprechend den relativ kleinen Chören einen relativ leichten Boden, der sehr feine kleinbeerige Riesling-Trauben erbringt, die Weine mit brillanter mineralischer Frucht und Säure erbringen können. Auch hier entstehen in den meisten Jahren Spätlesen, seltener als (der im fast windstillen Original-Fahrberg mit Botrytiseinfluß) entstehen Weine mit gutem Körper und viel Spiel.

Katteneser Steinchen * * *

Mit noch bepflanzten 3 ha
ist das Steinchen heute die
Haupt- und Ortslage von Kattenes, mit nach oben hin (bis
180m) sehr steil ansteigenden
Terrassen nördlich des Ortes,
die im ersten Teil klassische
Ostrichtung besitzen und
dann Richtung Fahrberg
nach Südosten drehen. Durch
die Felsen und den breiten

Wald entsteht ein sehr geschütztes Kleinklima. Hier befindet sich auch das
edelste Terrassenstück der Lage, der steile Mursberg mit seinem feinen
Blauschieferboden, der in trockenen Jahren sehr geringen, aber zuweilen
hochfeinen Ertrag bringt (mit üppigen Pfirsicharomen). Das nicht so hoch
ansteigende Original-Steinchen besitzt etwas tiefgründigeren Boden, aber
die typische für die Gesamtlage namensgebende Bodencharakteristik mit
vielen relativ klein verwitterten blauen Schiefersteinchen, die nach der Kröll-
Kartierung hauptsächlich aus der Flaserschiefer-Schicht besteht. Im unteren
Hangbereich Richtung Ort ist der Boden noch tiefgründiger mit kiesigem
Lehmanteil von der „unteren Moselterrasse". Weiter oben im Hang, schon
zum Mühlental hin drehend, liegen nicht nur einige trockene Schieferterrassen,
auch lößartiger Hanglehm (vom Maifeld) spielt eine Rolle, wie die frühere
Lagenbezeichnung „Im Lehm" noch zu dokumentieren weiß. Früher waren
südlich des Ortes in Richtung Löf ebenfalls feine Terrassenlagen, die heute
auch zum Steinchen gehören würden - wenn es sie denn noch gäbe. Die
Lage Steinchen ist weitaus gemischter, ungleichmäßiger als der Fahrberg.
Überall aber haben die Schiefersteinchen ihren finessegebenden Einfluß und
in sehr trockenen Jahren haben die tiefgründigeren gut wasserspeichernden
Parzellen einen Vorteil. Eine sehr geradlinige prickelnd-mineralische Säure,
ein schlanker typischer Moselcharakter (an Mittelmosel erinnernd) zeichnet
die Weine aus.

LÖF

Folgt man der spannenden und eindringlichen Argumentation des ehemaligen Pfarrers Liffers in dessen Schrift aus dem Jahre 1986, dann ist Löf weit vor der ersten urkundlichen Erwähnung im Jahre 893 bereits als Siedlung existent gewesen, zurückgehend bis zu den Kelten. Wahrscheinlich besaß das mächtige St. Maximin Kloster zu Trier hier sogar in der ersten Hälfte des 7. Jahrhunderts eines seiner allerersten Güter, wozu sicher auch Weinreben gehörten. Noch 1719 waren von den 218.000 Löfer Weinstöcken 30% im geistlichen Besitz, davon 29.000 zu St. Maximin und 33.000 zu St. Pantaleon in Köln gehörend, sodaß man geradezu von einem Wettbewerb dieser „Klostermächte" sprechen kann. Der relative Reichtum von Löf im Laufe der Jahrhunderte beruhte aber immer auch auf den hervorragenden landwirtschaftlichen Flächen im Übergangsbereich zwischen der warmen Mosel und dem fruchtbaren Maifeld mit seinem Lößlehm.

226 der 352 Hektar Gemeindefläche sind als landwirtschaftliche Nutzfläche ausgewiesen. Wenngleich heute zum Teil verwildert, bilden insbesondere die reichhaltigen Obstwiesen mit ihren Kirsch-, Apfel-, Pflaumen- und Pfirsichbäumen im Mai ein wahres Blütenmeer. Direkt nach der Währungsreform waren es die Kirschen, die schnell wieder Bargeld in die Löfer Haushalte brachten. Weinbau war und ist auf der um die Jahrhundertwende wie auch in den 50er Jahren bei rund 13 ha liegenden Rebfläche (heute sind es 7 ha) immer überwiegend Nebenverdienst gewesen. 1954 gab es 40 Winzer, alle unter 0,4 ha. Heute gibt es noch 8 Winzer, darunter seit 1996 wieder zwei mit eigener Flaschenabfüllung, nachdem die Genossenschaft seit 1994 von den Erträgen ihrer 6 „Genossen" keinen Wein mit Löfer Herkunft mehr produziert und auf dem Weinfest als Festwein nur noch „Bereich Cochem" ausgeschenkt wird. Und noch viel ärger: Seit 1995 wird auf dem an der ganzen Untermosel für seine Stimmung bekannten Fest, bei dem zeitweise 10 Fuder pro Jahr weggetrunken wurden, auch Bier verzapft. Die Löfer gelten übrigens als legendär trinkfest. Original Löfer Wein kann dort nur noch im „Hexenkeller" probiert werden. Für einen der führenden Touristenorte der Unteren Untermosel (mehrere große Hotels mit 600 Betten Kapazität) mit hohem Anteil ausländischer Besucher wäre eine stärkere Nutzung des Löfer Weinbergslagenpotentials durchaus denkbar.

Löfer Sonnenring ✳ ✳ ✳

Hardion, Kanaul oder Kehrberg hießen früher die rechts vom Ort ansteigenden steilen Terrassen, Lagen unterhalb des Kanaul-Bergkammes, auf die der Betrachter beim Überfahren der Alken-Löfer Brücke direkt zustößt. In Richtung Kattenes zogen sich zudem die jetzt vollständig

brachen Terrassen des alten „Laychen" hinter dem Bahndamm entlang. „Gehen wir in den Hardion" ist heute noch ein geflügeltes Wort in Löf. Im 71er Weingesetz hat man die bis 180 Meter hoch gehenden steilen Terrassenlagen zum Löfer Sonnenring umdefiniert, was eigentlich eine alte Flurbezeichnung und ein alter Lagenname ist aus dem Bereich der heutigen Lage Goldblume, so daß es hier häufig zu Mißverständnissen kommt. Zweifellos ist der heutige Sonnenring die absolute Spitzenlage von Löf, sind die Weinberge schließlich von OSO bis fast Süden ausgerichtet und verfügen so über hervorragende Besonnungswerte. In den heute bepflanzten 3 ha ist der Boden jedoch sehr unterschiedlich ausgeprägt. Von mittelgründigen bis ausgesprochen tiefgründigen Böden ohne jedes Wasserproblem variiert der ganze Hang. Die Verschiedenartigkeit der Terrassierungsformen zeigt es an. Moselabwärts steigt der Schieferanteil in der Auflage wie im Unterboden, zum Taleinschnitt hin nehmen härtere Quarzite zu (Einfluß von Rittersturzschichten und Hohenrheinschichten). Der gute Feinerdeanteil vieler Bereiche dürfte zum Teil von der Moselterrasse stammen, zum andern auch von aus dem Maifeld im Laufe der Jahrhunderte aberodiertem Lößlehm, der sich unter den Weinbergssteinauflagen sammeln konnte. Die besten Sonnenring-Weine erbringen Spät- oder gar Auslesen mit viel Fülle und Saft oder in den leichteren Böden fein ausgeprägter Frucht. Die tiefgründigeren, ausreichend kalkreichen Lagen sind auch für einen vollen Spätburgunder (bislang nur als Rosé ausgebaut) ausgezeichnet geeignet.

Löfer Goldblume ∗ - ∗ ∗ ∗

Die Lage Goldblume umfaßt heute alle moselaufwärts vom Ort gelegenen Weinberge vor und hinter der Bahnlinie. Unten flach, dann etwas ansteigend und wieder flacher werdend, wachsen hier süffige, einfache Schoppenweine auf einem typischen Moselterrassen-Boden mit geringem Lehmanteil, viel  Sand und zum Teil auch Kies. Der steilere Teil erfüllt noch knapp die Steillagenzuschuß-Kriterien und ist nach Süden bis Südosten ausgerichtet. Dieser beste Teil der Goldblume hieß vor 1971 „Sonnenring" (pikanter- und oft mißverständlicherweise heute der Name gerade der anderen Löfer Lage). Hier wachsen in guten Jahren erfrischende, zarte und auch relativ feine Kabinett-Weine und darüber hinaus. Auf den noch bewirtschafteten 3,8 Hektar (vor zwanzig Jahren waren es 12) steht neben Riesling etwas Müller-Thurgau und Kerner. Als Ausdruck der großen Löfer Obsttradition ist die Goldblume im Frühjahr die am stärksten durch die Blüte der Mosel-Pfirsichbäume lila geschmückte Lage.

OBERFELL

In Parey's großem Weinlexikon von 1930 sind nur drei Gemeinden der Unteren Untermosel erwähnt: Winningen, Kobern und Oberfell. Mit 44 Hektar liegt Oberfell nur knapp hinter Kobern mit 48 Hektar, und in der Anzahl der Winzer ist man mit 135 den Kobernern (90) sogar überlegen. Hatzenport dürfte zu dieser Zeit zwar vielleicht noch einige Hektar mehr besessen haben, aber ebenfalls mit weniger selbständigen Winzern. Auch in den 50er Jahren steht Oberfell mit einer Gesamtrebfläche von knapp 30 Hektar noch an fünfter Stelle dieses Gebietes, knapp hinter Alken. In der Anzahl der Familienbetriebe liegt man mit 120 direkt hinter Kobern an dritter Stelle. Kein einziger Oberfeller Betrieb aber lag über 10.000 Stock, nur drei über 6.000 Stock. Und hier dürften auch die Gründe für den an der Untermosel beispiellosen Rückgang des Weinbaus auf heute unter 2 Hektar liegen. Zwar schätzten viele namhafte klösterliche und adelige Weingüter im Laufe der weit über 1000-jährigen Weinbaugeschichte der Gemeinde den Oberfeller. Vorbildhafte Hofgüter aber lagen eher in Nachbargemeinden, bis auf das Hofgut der Abtei Maria Laach, zu dem Ende des 18. Jahrhunderts 16.900 Stöcke gehörten, die in guten Jahren 3 Fuder Wein produzierten, der besser als der aus Alken gewesen sein soll. Ein richtiges bedeutendes Weingut, eine Weinkellerei, die auf den örtlichen Weinbau positiv ausgestrahlt hätte, fehlte in Oberfell auch in den letzten 100 Jahren. Die „schäle" rechte Seite wurde zum preiswerten Trauben- und Weinlieferant der meist in den „Bahn-Orten" liegenden florierenden Kellereien. Die Qualitäten der vom Boden her mit guter Aromatik und Fülle ausgestatteten Oberfeller Weine wurden sehr geschätzt. Unzählige Oberfeller Tropfen dürften im Laufe der Geschichte zur Verbesserung kärgerer Provenienzen gedient haben und konnten somit nicht zum Ruf des eigenen Ortes beitragen. Geschätzt jedoch wurden die Oberfeller Weine bereits in der preußischen Kataster-Klassifizierung, wo die Weinberge zwischen der dritten und achten Klasse rangieren, jeweils drei Hektar davon in der hervorragenden dritten und vierten Klasse. Der Fast-Niedergang des Oberfeller Weines verlief parallel zum wirtschaftlichen Aufschwung der Nachkriegsgeschichte. Bis Anfang der sechziger Jahre haben die Weinberge die Basis für ein ausgezeichnetes Nebeneinkommen geboten. Die Frauen taten den Löwenanteil der Arbeit. Die Oberfeller Männer waren traditionell als tüchtige und vielseitige Handwerker, Bauunternehmer und Maurer, oft auch auswärts tätig. An der Mosel-Front wie auch im Seitental wurde jeder Quadratmeter Weinberg genutzt. Die damals guten Preise trugen dazu bei, daß zahlreiche Häuser neu gebaut wurden und der Großteil der (heute vermißten) alten Bausubstanz verschwunden ist. Mit den steigenden Löhnen in allen Gewerben, die Nähe der Stadt Koblenz lockte ebenso, und den praktisch stagnierenden oder fallenden Weinpreisen, schmerzten die realistischen Oberfeller nun die hohen Bebauungskosten. Praktisch alle Weinberge waren ohne Zufahrtsweg und mußten per Hand bewirtschaftet werden. Zu einer Flurbereinigung und besseren Erschließung der Weinberge fehlte die Mehrheitsentscheidung. Ohne starke, forcierende Betriebe, mit vielen alten Winzern, denen eine Bereinigung nichts mehr gebracht hätte, wurde die weinbauliche Zukunft des Ortes verschlafen. Chor für Chor fiel brach, mit aller Brutalität zeigte sich die Krise des Weinbaus in den Wirtschaftswunder-Zeiten hier bereits sehr früh. Es ist jedoch

Hoffnung angesagt. Im Zuge des ersten Ortsflurbereinigungsverfahrens will man versuchen, wenigstens 5, vielleicht 10 Hektar Weinberg wegemäßig zu erschließen. Die Stimmung im Gemeinderat ist verhalten optimistisch. Sogar namhafte auswärtige Winzer haben für diesen Fall bereits Interesse an den guten Oberfeller Weinbergen bekundet. „Vielleicht wäre dies der entscheidende Anstoß auch für manchen Oberfeller, im Weinbau wieder Zukunft zu sehen", spekuliert der aktuelle Ortsbürgermeister Gottfried Thelen. Die jüngsten sensationellen Entdeckungen keltischer Besiedlung, die damit verbundene Aufmerksamkeit auf den Bleidenberg, der zu Oberfell und Alken gehört, dürften die touristische Aufmerksamkeit auf Oberfell ebenfalls verstärken.

Oberfeller Goldlay ✳ - ✳ ✳ ✳

Auch wenn mancher Tropfen aus der besseren und steileren Niederfeller Goldlay im Laufe der Geschichte als Oberfeller Goldlay verkauft wurde (Oberfeller Winzer haben dort traditionell einigen Besitz) und damit zum Ruf dieser Lage beigetragen hat, gibt es hier katastermäßig eine klare Abtrennung. Die Oberfeller Goldlay umfaßt in erster Linie die Ortslage zur Mosel hin ab der Hauptstraße (Grenze zum Rosenberg und zum Seitental mit dem Brauneberg) bis über den moselabwärts gelegenen Ortsrand hinaus. Mit der aktuellen Erschließung des Neubaugebietes (auf ein „Baggerbild" zwischen den letzten Weinbergen wird verzichtet) geht es mit der bis vor kurzem noch mit 3 ha größten Oberfeller Lage zu Ende. Im Rahmen der anlaufenden Ortsflurbereinigung wird erwogen, den eigentlichen besten und steilsten Teil (20-30%) der Goldlay, die früheren Lagen Krockel und Kalten Erb mit einem Weg zu erschließen und damit für den Weinbau attraktiv zu machen. Der Schiefer ist dort noch feiner und leichter als im Brauneberg, die Ausrichtung Westen. Sollten die Weinberge in den Laubach-Schichten wieder angelegt werden, könnten hier sogar Spitzenweine wachsen.

Oberfeller Brauneberg ✳ ✳ ✳ - ✳ ✳ ✳ ✳

Parallel zum großen Alkener Seitental mit dem Bleidenberg liegt auf der anderen Seite dieses Berges mit seinem großen Plateau der höchst reizvolle schmalere Oberfeller Taleinschnitt. Hier erhebt sich im Schnitt noch ausgeprägter nach Süden (und SW) ausgerichtet als der Bleidenberg der Oberfeller Brauneberg, der durch die Enge des Tals im unteren Bereich aber stärker beschattet wird. Über einen Kilometer ins Tal hinein wuchsen hier bis vor wenigen Jahrzehnten noch Reben im Umfang von mehr als 10 Hektar. Heute ist es der vermutlich

bunteste und vegetationsmäßig
hübscheste Brachweinberg der
unteren Untermosel - bis auf
2025 Quadratmeter, am zum
Ort hin gelegenen Kopf des
Brauneberges, im Bereich der
früheren Lage „Ringmauer."
Diese Südwestlage mit einem
feinen, weicheren, leichten
Schieferboden und der
„Original Brauneberg", der

ein wenig höher taleinwärts mit perfekter Südexposition (brach) liegt, sind
traditionell bekannte Spitzenlagen gewesen, deren Name öfter auf Preislisten
renommierter Moselweinhandlungen zu Anfang des Jahrhunderts erschienen
ist. Im ganzen Berg findet man kaum einen harten Stein, der deutlich größer
als zwei Fünfmarkstücke wäre. Die Leichtigkeit des Bodens kann zwar zu
Trockenproblemen führen, öfter aber bringt der Brauneberg (die Ringmauer)
äußerst feinduftige von reifen gelben Früchten dominierte Weine mit zwar
zartem Körper, aber großer Finesse, hierin nicht unähnlich dem Winninger
Röttgen. Ein Wiederaufbau des sowohl flächen- wie auch gebietsmäßig
lohnenden Potentials, wäre dem Brauneberg zu wünschen.

Oberfeller Rosenberg * - * * *

Der ca. 60% steile Rosenberg
dreht sich vom Ortsrand im
NW bis zum Westen und ist
der kleinere wenige Hektar
große Teil des zwischen
Oberfell und Alken verlaufen-
den langgestreckten Berg-
massivs der Alkener Lay.
Der Boden besteht aus mäßig
verwittertem sandhaltigem
Tonschiefer, der nach oben

hin zunehmend von Quarziten begleitet wird (Rittersturzschichten). Trotz
seiner überwiegend dünnen Mächtigkeit auf den vielen Terrassen ist er etwas
schwerer und trockenresistenter als der Brauneberg. Der größte Teil der
für klassische, süffige Kabinett-Weine bestens geeigneten spektakulär die
Landschaft prägende Steillage liegt leider brach. Sollte aber ein Fahrradweg
am Weinberg entlang über der hohen zur Autostraße abgrenzenden Mauer
gebaut werden, so bestünde eine ideale Möglichkeit zur Schienenbahnbe-
wirtschaftung und damit Zukunft für den „echten Rosenberg." Es gibt
nämlich noch einen anderen Teil des Rosenbergs, der aus flachen bis zur
Hauptstraße (Grenze Goldlay) im Ort liegenden Weinbergen mit Mosel-
Schwemmland besteht, die frühere Lage Olk. Die Qualitäten dort sind
natürlich einfacher, obwohl sie der Menge nach in dem derzeit nur auf 1,5
ha bewirtschafteten Rosenberg dominieren.

Alken

Das Panorama-Bild von Alken, mit der berühmten Burg Thurant obenauf und dem erst jüngst flurbereinigten Burgberg darunter (hier noch eines der klassischen Bilder mit der kleinstrukturierten Chorlandschaft mit ihren Mauern und in diesem Berg nicht so ausgepägten Felsen) ist einer der großen Klassiker,  der herhalten muß für Bücher und Reportagen über die Mosel, manchmal sogar für ganz Deutschland. Immer wieder ist es ein Titelfoto, Aufhänger, Mittelpunkt einer „Geschichte". Wo sonst hat man eine so prächtige Burg in Kombination mit einem so weitgehend bebauten Weinberg? Das, was am Mittelrhein nahezu überall Gestern geworden ist, ist hier noch Heute! Das, was Rhein und Mosel reich gemacht hat, zu einer unerhörten Burgdichte geführt hat, der Wein, ist hier noch als viel verwandtes Klischeebild in natura zu bewundern und zu fotografieren. An dieser Stelle sollte man nicht vergessen, daß die Mosel voll von nicht mehr erkennbaren restlos geschliffenen und in Weinbergen aufgegangenen Burgen war, wahrscheinlich die dichteste Burgenlandschaft Deutschlands, die zugunsten des nützlicheren Kapitals, den Stöcken, jedoch befreit wurde von der übermächtigen Historie, den Denkmälern, die wir heute über die Lebmäler der Winzer stellen. Die besondere strategische Lage und Bedeutung hat die Burg auf den Berg gesetzt und vor den ewigen Expansionswünschen der Winzer geschützt.

 Wie dem auch sei, die Burg ist zweifellos der Höhepunkt im doppelten Sinne eines der touristisch zweifellos pittoreskesten und lebendigsten Orte der gesamten Untermosel. Überall künden Mauerreste, mehr oder weniger gut erhaltene Türme, Tore und andere Gebäude, aus denen manchmal malerisch und vor allem duftig der „Goldlack" wuchert (s.Foto) von der einstmals prominenten Bedeutung dieser mittelalterlichen Stadt, die heute nur noch ein Ort von 700 Einwohnern ist und Bestandteil der Verbandsgemeinde Untermosel.
Auf dem Bleidenberg hat man jüngst höchst bedeutende keltische Siedlungsreste gefunden.
Die Römer hatten hier bereits ein Kastell und auf den Höhen Wachttürme. Von hier aus ging die nächste Verbindung zum Kastell von Bodobriga (Boppard) am Rhein, eine noch heute sehr nützliche und eindrucksvolle Kurzverbindung. Dabei wurde die große Heerstraße von Koblenz nach Trier und Mainz gekreuzt. Zur Karolingerzeit gab es einen Königshof mit reichlich Grundbesitz. Und Anfang des 13. Jahrhunderts wurde die Burg

Thurant vom Pfalzgrafen Heinrich, dem zweiten Sohne Heinrichs des
Löwen, erbaut. Als sein Bruder Otto IV. mit dem Staufer Philipp um die
Kaiserkrone stritt, weilte jener oft hier als Kriegsherr gegen die mächtige
Stütze des Gegners, der Ehrenburg von Brodenbach. Und während der
Romfahrt Ottos im Jahre 1209 wurde dem hier weilenden Bruder Heinrich
sogar das Amt des Reichsverwesers übertragen, Deutschland quasi von
Thurant und Alken aus regiert als Residenzstadt.
Das städtische Flair wird heute am deutlichsten an der ausgiebigen
Uferpromenade mit seinem ansprechenden bis hervorragenden gastro-
nomischen Angebot und sogar mehreren Cafe´s direkt an der Uferfront,
die nicht nur den Tagestouristen und Nahausflügler aus Koblenz und
Umgebung anziehen. In einer relativen Cafe´-Diaspora an der gesamten
Mosel ist der länger und oft recherchierende Autor hier an dem idealen
Rast- und Stärkungsplatz angekommen. Genau das mögen - und hier
taucht nun endlich der Wein einmal sogar zahlenmäßig konkret auf- die
Truppen des Kölner und des Trierer Erzbischofes gedacht haben, als sie
drei Jahre lang vom Bleidenberg mit Wurfmaschinen angreifend, die
Burg Thurant belagerten und in dieser Zeit nach einer Münstermaifelder
Stiftsnachricht 3000 Fuder des Alkener Weins getrunken haben. Die
unglaubliche Geschichte (3 Millionen Liter!) erinnert fast an eine frühe
Form der Weinlegenden-Bildung wie das ewig heruntergeleierte Spätlese-
Märchen aus dem Rheingau, der Wein dürfte jedoch auch damals äußerst
bekömmlich, duftig und mineralienreich gewesen sein, mithin keinen
Grund zur Kampfbeschleunigung gegeben haben. Offizieller Grund der
außergewöhnlichen Köln-Trierer Koalition war der von den Wittelsbachern
eingesetzte Burgvogt Zorno, der „Schreck der Untermosel" genannt.
Seine wiederholten Übergriffe und Untaten hatten den Zorn des Trierer
Erzbischofes Arnold II ausgelöst, der den Kölner Kurfürsten Konrad zu
Hilfe rief und nun endgültig Burg und Ort in den Besitz des Rheinlandes
und aus den Händen des Pfalzgrafen bringen wollten. Im Grunde war es die
zweite Eroberung der „Rhein-Moselländer", denn Vorgängern war es bereits
gelungen, aber nach der Ermordung des Kölner Erzbischofs (1225) hatte
Pfalzgraf Otto die Burg für die Welfen (das fränkische Adelsgeschlecht hat
seinen Ursprung übrigens im Moselgebiet) zurückerobert.
Im Sühnevertrag vom 17.September 1248 (die lange als älteste Urkunde
in deutscher Sprache galt) wurde eine gemeinsame Besetzung und
Verwaltung vereinbart. Erstmals hören wir hier von Landesfürsten, die
gemeinsam verwalteten, weswegen die Burg einen Trierer und einen
Kölner Trakt mit jeweiligem Turm erhielt. Daß die strategische Lage, die
Mittlerrolle zwischen Rhein und Mosel die Herren interessierte, ist klar.
Wie in Winningen dürften gleich zwei Kurfürsten mit ihren vinologisch
kompetenten Domkapiteln oder auch das Weinpotential die Reben und das
damit verbundene Orts-Knowhow der in einer spannenden Lagenvielfalt-
und -geologie schaffenden Winzerschaft haben. Der Duft gelungener
Alkener Weine ist in bestimmten Jahren von völlig einzigartigem Zauber,
die Haltbarkeit im Faß dank eigenwilliger Mineral- und Säurestruktur mit
Sicherheit schon damals sehr hoch gewesen, sodaß die Soldaten an den 3000
Fudern gewiß viel Spaß hatten. Abwechslung dürfte dabei auch eine Rolle
gespielt haben. Denn eine aus dem 18. Jahrhundert stammende Urkunde,
mit Alkener Rotwein geschrieben, beweist das Qualitätspotential der besten

mit reichlich roter Farbe (Eisen!) ausgestatteten Weinberge, die eben auch den Rotwein als schwarzen Burgunder zu einer Farbe brachten, die mit den heutigen ertragreichen Klonen natürlich nicht zu erreichen ist, aber als Ziel die Augen öffnen sollte, was in Alken möglich ist. Oberfell, Niederfell und Kattenes- weitere Orte mit sehr eigenständigen Weinbergspotentialen, die später ja auch im Amt Alken vereinigt waren, gehörten übrigens im Vertrag von 1248 zu Alken, das mit Bau der Stadt- oder auch Ringmauer im Jahre 1256 offiziell die Stadtrechte erhielt. Da der Pfälzer im Sühnevertrag nicht nur auf die Orte verzichten mußte, sondern auch eine beträchtliche Geldsumme zahlen mußte und der Kölner kurz darauf am 12. August 1248 den Grundstein des Kölner Domes legte, behaupteten die Alkener seitdem vielfach, der Kölner Dom sei mit Alkener Geld begonnen worden. Gewiß haben sie damit ebensowenig Unrecht, wie fast alle Moselaner behaupten können, an der Finanzierung der gesamten rheinisch-moselanischen Baukultur erheblich beteiligt gewesen zu sein, war doch in dieser Zeit die Weinbranche die Geldquelle Nr. 1 für die langsam aufblühenden Städte.

Die lange Zuordnung zu Mosel- und Rheinherrschaft äußerte sich übrigens trotz einer bis dahin wechsel- und ereignisreichen Geschichte noch bis zur Verwaltungsreform von 1971, als Alken im Amt Brodenbach mit Oberfell und Niederfell durch die Zuteilung zur Verbandsgemeinde Untermosel endlich vom Rheinkreis St. Goar, zu dem das Amt bis dahin gehört hatte, mit den anderen Moselgemeinden in den Kreis Mayen-Koblenz überging.

Von dem verwaltungsmäßigen Schattendasein der rechten Moselseite im letzten Abschnitt der Mosel ist der ehemalige Machtfaktor Alken geradezu Mustergeschichte der Unterschätzung ihrer Weine mangels Selbstaufklärung und Selbstbewußtsein. Hinzu kommt natürlich das Fehlen der Bahn auf dieser Seite, die Transport und Information so zügig und explosiv zum Florieren des Weingeschäftes und damit auch des Rufes der andersseitigen Gemeinden wie Winningen, Kobern und Hatzenport gebracht hatte, während in Alken der Glanz sich mehr auf die Lieferantenrolle guter Weine für den Handel beschränkt hatte ohne die imposanten Image- und Preiserfolge, die auf der anderen Seite seit Ende des 19. Jahrhunderts erfolgt waren.

Vielleicht hat aber gerade dies zu dem mittelalterlichen auf den Besucher so wirkenden mittelalterlichen Charme beigetragen. Und auch die Rebfläche ist dank dem intensiven Konsum der Einheimischen (es gibt einige gemütliche Weinstuben) und der Fern- wie Nahtouristen erstaunlich konstant geblieben mit zur Zeit rund 19 Hektar (z.Vgl.1954: 28 ha). Das Potential von 1900 mit rund 45 Hektar, die etwa 180 Fuder ergaben in der 3.-8. Klasse der preußischen Klassifizierung scheint allerdings fern. Richtig erstklassige Weinberge von allerfeinster Güte und Potential liegen vor allem in dem hervorragend ausgerichteten Kessel des Bleidenberges im Seitental brach, wovon man sich einen Eindruck verschaffen kann bei einer Wanderung entlang des Kreuzweges auf den Bleidenberg mit seiner frühgotischen 1248 errichteten Wallfahrtskapelle.

16 einheimische Winzer gibt es noch, darunter 2 Vollerwerbsbetriebe und ein Weingut mit Kellerei, die die Trauben der einheimischen Winzer aufkauft und den Alkener Namen pflegt. Wie in Winningen gab es nie einen Winzerverein, herrschte immer bürgerlicher Geist im Ort vor, wovon eine ganze Reihe traditioneller, schmucker Gutshöfe und Winzerhäuser deutlich künden. Eine ganze Reihe Winzer füllt aber auch

noch Wein ab, sodaß ein Schnuppergang durch den Ort ganz erlebnisreich werden kann. Selbstverständlich besitzt aber auch Alken Referenzen erstklassiger Weingutsbesitzer und Weinrentenbezieher aus der historischen Vergangenheit. Die Abtei Echternach ist bereits 950 erwähnt. Der Trierer Erzbischof und Trierer Domherren vererbten und verschenkten ihre Güter teilweise dem eng kooperierenden Klerus des nahen Münstermaifeld. Die Abtei Maria Laach, das Kloster Namedy, das Kloster Machern und Mariarodt, die Augustinerabtei St. Thomas usw. gehören neben den Rittern zu Wiltberg, an die die Burg 1585 belehnt wurde, zu den prominenteren Besitzern, die Konkurrenz und Weinkultur des Ortes belebt haben.

Wie so oft bei weltbekannten Panorama-Bildern verbirgt sich dahinter, daneben, darunter eine lebendige, interessante Welt, in diesem Falle eine von den vier ausgesprochen verschiedenen Berghängen (der Bleidenberg zählt heute für zwei!) ausgehende reiche, vertrackte und weitverzweigte Kulturgeschichte, die sich im Alkener Falle kaum fassen läßt vor Vielfalt und Komplexität. Spannend jedoch ist zweifellos die Zukunft der Weine, die bislang als teilweise sehr gepflegte, herrliche unterpreisige Schoppenweine auch mit Prädikaten reüssieren, die aber, oft zu früh gelesen, nur relativ selten und meist nur, wenn es sich kaum verhindern läßt aufgrund des Jahrganges, das ganze Potential ihrer Lagen ausspielen. Zu bescheiden ist der Anspruch der Erzeuger, zu treu ist man der Devise, ordentliche Weine für bescheidenes Geld an treue Kunden zu vermarkten, gewiss auch eine der kaum zu überschätzenden Leistungen, die die Untermosel bietet. Wer die Trauben jedoch probiert, kerngesund, der weiß, welche Schätze in Alken noch zu lesen wären, wenn die ein oder andere Risikobereitschaft auf Ertragsverlust durch spätere Lese eingegangen würde, welcher Ruf, welche Klassensteigerung in den Weinbergen dieses Ortes noch schlummert und von Winzern wie Kunden entdeckt werden müßte....

Alkener Bleidenberg ✳ ✳ ✳ - ✳ ✳ ✳ ✳

Die mittelalterlichen Bliden, die Wurfgeschosse, mit denen Kölner und Trierer die Pfälzer aus der auf der anderen Seite des tief eingeschnittenen Alkener Bachtales liegenden Burg Thurant zu vertreiben suchten (s. Schilderung im Ortstext), gaben dem Bleidenberg, eigentlich das Hochplateau, dem Berg zwischen Alken und Oberfell wie der darunterliegenden Weinlage ihren einprägsamen Namen, der einem nicht mehr aus dem Mund geht, sobald man einmal die zarte Verführung, die ausgesprochene Feinduftigkeit, aromatische Fülle und Eleganz eines auf den Punkt gebrachten Bleidenbergers auf die Zunge bekommen hat. Feine oft rote Frucht, kräuterige Würze geben den Weinen im restsüßen Bereich delikatesten Ausdruck, stramme feste Mineralien prägen auch im einfacheren trockenen Wein einen festen, sehr gut zum Essen passenden Charakter.

Wie kein anderer Berg hat er den Autor immer wieder fasziniert, ist er immer wieder an ihn zurückgekehrt, eingekehrt gegen Feierabend der Recherchen, weil hier noch die Sonne lange stand und sich verfing und man ihrem Weggehen mit dem Laufen folgen konnte, der Drehung des Berges entsprechend. Nirgendwo sonst ist die ganze so reizvolle und spannende Vielfalt der Nellenköpfchen-Schichten besser aufgeschlossen durch die massive Flurbereinigung, dem viel zu breiten Weg, der dadurch gigantisch gewordenen hohen Mauer, aber auch den dadurch wie auf dem Präsentierteller für Hand, Auge und Kamera liegenden Gesteinsschichten mit ihren frostigen Rissen zu Bauklötzchen hin, zu Platten und Plättchen und anderen Formen. Die leichte Erreichbarkeit mit dem Auto schließt den Berg auf, macht ihn attraktiv für einen letzten Spaziergang, ein letztes Suchen und Erkunden in dem zur Hälfte brachgefallenen und gelegten Berg. Mancher alte Winzer beklagt sich, daß er durch die Flurbereinigung, die er nicht mitmachen wollte, hinausgedrückt wurde aus dem Weinbau. Leicht fällt ein schnelles Pflücken von ein wenig wildem Thymian, etwas Minze und saurem Schildampfer für die Suppe, für die Soße, aller frommen Genießer entlang des schmalen Bildstockpfades gedenkend. Hoch auf den Bleidenberg zur Wallfahrtskapelle, hoch zur Kneipe, hoch zur ehemaligen Keltensiedlung, geht es, wenn Kräfte, Zeit und Licht reichen. Und dann weiterlaufen zur Mosel über die Höhe zur klassischen Lage Alkener Lay, die mit feiner Südwest-Ausrichtung zum Oberfeller Rosenberg hin sich nach Westen dreht, die letzte Abendsonne aufsaugt. Auch die Lay ist ein steiles Gebirge direkt zur Mosel hin, voll von kleinen Chören und nur noch zum geringeren Teil bebaut. Sie läuft seit 1971 unter der Bezeichnung Bleidenberg, obgleich sie ganz anders

ist, wie der Name schon andeutet, dominiert von blauem und grauen Schiefer, typisch für die Rittersturzschichten, verwandt mit dem Winninger Hamm. Es ist ein feiner Wein, der hier wachsen kann, brillant, zartduftig und filigran aus einem trockenen Berg, dem der Wald als Wasserspeicher obendrüber fehlt. Auch deswegen haben die Winzer ihn aufgegeben auf den steinigen ertragsschwachen Chören des oberen Bereichs. Und es wächst überall hier oben der Oregano und nirgendwo der Thymian wie im anderen Bleidenberg (der keinen Oregano zeigt), eigenartig, wie der Standort so präzise die Ökologie zu bestimmen scheint.

Zurück geht es in den Bleidenberg, Vogelgezwitscher begleitet einen, weht einem konzentriert, verstärkt entgegen in dem großen Geschmacks- und Klangkörper wie die frische Seitentalluft vermischt mit dem aus dem Moseltal drückenden leicht schwülen Rückstau, ein Kessel voller Wärme des gerade auch hier vergangenen Tages. Die Schlangen sind jetzt weg, die Eidechsen sind auch am Tage hier rarer geworden seit der Flurbereinigung. Der Berg ist steil, so steil, daß manche Mauer, mancher Chor stehen bleiben mußte, wo die Trauben auf überwiegend magerem und trockenem Boden wachsen und dadurch ihre Finesse erhalten. Und doch gibt es immer wieder noch Quellen, Wasseradern, die für Saft und auch Extrakteinlagerung sorgen in diesem magischen so lange umkämpften Berg. Er ist ein Schatz, einer der

unbekanntesten und unentdecktesten der ganzen Mosel, aufgeteilt früher in mehr als zehn Einzellagen alleine im Seitental-Bleidenberg. Erstklassige Potentiale liegen brach im oberen Teil oberhalb des neuen Weges, im früheren Schwarzenberg, dessen Name vielleicht von dem hier vorhandenen dunkelblauen fast schwarzen eigenartigen ölig wirkenden Schiefer stammt. Es war früher vielfach der berühmteste und am besten bezahlten Wein, wie alte Winzer sich erinnern.

Unterhalb des Weges wird der Boden schwerer, spielt immer mehr roter Lehm in das Gestein hinein, verliert sich die Trockenheit, verdicken sich die Trauben und mit fallender Höhe schwindet die Sonne durch den Schatten der gegenüberliegenden kühlen Seitenflanke des Burgbergs. 5 Hektar groß ist die gesamte Bleidenberg-Fläche noch, zum Tal hinaus ist alles brach, mit Hilfe der modernen Planer, die Randlagen ausgrenzen, Kernlagen erhalten wollen, Winzer auf Linie bringen, damit auf den Karten formal Ordnung herrscht, sich ein geschlossenes Landschaftsbild ergibt, unabhängig davon wie großartig manche „Randparzelle" gepflegt war und geliebt wurde seit Jahrtausenden und fleißig Millionen über Millionen scheffelte im Laufe der Zeit, Existenzen sichernd und mit Abgaben Kirchen und andere Bauwerke finanzierend. An dieser Stelle läuft es ab vor den Augen beim Sehen eines brachen Theaters und bei einem Stehen in einem jener größeren nahezu perfekt gebaut erscheinenden Theater, in dem sich die Weinberge geschützt vor allzuheftigen Winden von Südosten nach Südwesten erstrecken. Das Konzept ist ähnlich wie der Uhlen (den man vom Plateau aus eben gesehen hat in der Ferne), nur in Miniatur, ärmer im Ruf und in der Größe, in der Grundschöpfung vom Alkener Bach und nicht der Mosel gestaltet. Und doch wird hier gerade deutlich, drängt sich die Vermutung in den Vordergrund, wie sehr es Menschen sind, die hier die Form geschaffen haben, ergänzt, erweitert, der Natur hinterher, der Natur entgegen. Jahrhunderte, Jahrtausende waren und sind sie auf der Suche nach der optimal ausgerichteten Behausung für die Reben, dem wirtschaftlichen Haus, dem das menschliche Haus nachfolgt und nicht umgekehrt, wie wir heute vielfach denken. Denn wo kein Bau einer mit Nahrung oder Wein (was sehr früh Geld bedeutete) nutzen- und lebenbringenden Fläche möglich war, dort ist auch kein menschliches Haus vorhanden, viel weniger eine Burg, die die Häuser schützt.

Und etwas weiter ins Tal hinein nach weiteren Kehlen im großen Bogen folgt dann der berühmte Alkener Steinbruch, wo man erleben kann, wie jeder Steinbruch die Tendenz zur Rundung und die Tendenz zur Terrassenbildung hat, Schritt für Schritt, Stufe für Stufe ging und geht der Mensch vor beim Abbau und er macht es rund, weil es so weniger gefährlich ist. Und daß die Griechen, nach all den monumentalen Bauübungen der Ägypter und der anderen großen starren Verwaltungsreiche, auf die Freiheit und Selbstständigkeit schaffende findige und listige Idee kamen, den Brüchen hinterher, dem Abbau hinterher und synchron und dann auch als eigenständige Idee den Aufbau zu wagen mit Bänken und Chören, in und auf denen Reben wuchsen. Der Gedanke liegt so offen, so nackt und brach vor einem beim Betrachten der Steine, allzumal, wenn man erkannt hat, daß es gerade die Mischung ist von Steinen, die den Wein vollständig und reich macht, wie die Mischung an Steinen die Flora und Fauna differenziert und vielfältig macht. Es ist ausgerechnet der Abfall für den Steinbruchunternehmer, der nicht fürs Dach geeignete zerfallende und zerbröselnde Schiefer, der den wertvollsten Nutzen bringt in den Weingebirgen. Es ist der Bruch und der Schutt, in dem der Winzer sich Anbauraum geschaffen hat, auf dem er alles aufgebaut hat, mit dem als sogenannter Kummer der Boden geschützt und gedüngt werden kann. Wurden und werden die größeren Steine und Blöcke abtransportiert für größere Zwecke und heiligere Bauwerke, so wurden die mittleren und kleineren für die Mauern genommen, zum Bauen der Chöre vor Ort, zur Bildung der fruchtbarsten Existenzen (von Menschen und Reben) aus nur scheinbar nacktem leblosen Bruch. So ungefähr müßte es gewesen sein damals, als noch niemand Chöre, Theater und Demokratie, eine Kultur des selbstständigen Individuums kannte, aber die Winzer durch ihr Bauen die formale und wirtschaftliche Grundlage dafür legten, was wir heute Kultur nennen und dabei die Ursprünge vergessen, die lange vor der Existenz des Wortes Kultur lagen. Die Griechen jedenfalls kannten es nicht, dieses Wort. Sie kannten nur das Verb colere, was soviel wie anbauen, pflegen, „Gott anbeten" bedeutet, genau das, was an der Mosel seit Jahrtausenden geschieht. Sie schufen „nur" die Grundlagen Europas, sie bereiteten das vor, was die Römer verbegrifflichten, verrechteten und letztendlich verbrauchten, bis die Franken sie ohne große Schriftkultur wieder aufbauten. Vermutlich ließen sie sie aber ganz im Sinne der aktuelleren Geschichtsschreibung gar nicht erst verfallen, zumindest in bestimmten hartnäckigen gefestigten Räumen, wo Landschaft und Menschen durch intensive gegenseitige Gestaltung zusammenbleiben vor Ort. Wo Natur und Kultur längst ineinanderverknüpft waren durch den Wein und die Wirren der Völkerwanderungen keinen gravierenden Einfluß nahmen. Zumindest stehen da als Indizien die Dichtungs-Zeugnisse des Ausonius vom Ende des 4. Jahrhundert, seine Mosella als erste und einzige antike Groß-Huldigung einer Region, einer blühenden Kulturlandschaft, die als Musterbeispiel fürs Römische Reich gefeiert wird. Und dann rund 200 Jahre später, als hätte sich nie etwas geändert, Venantius Fortunatus, der spätere Bischof von Poitiers, der als größter Dichter und vor allem auch Feinschmecker seiner Zeit galt, mit dem selben Lob, noch größerem Enthusiasmus für eine bis zum höchsten Felsen sprießende Weinlandschaft. Schwierig zu zerstören waren sie schließlich zu allen Zeiten, die auf Bänken aufgebauten

Chöre die in vielen Regionen Frankreichs und auch in Luxemburg Bank genannt werden unter den Winzern (banque, banc). Italien müsste noch recherchiert werden, aber hat es nicht die meisten „Bänke" (im Cinque Terre heißen die Chöre cian und gilt ihre Entstehung ebenfalls als großes Rätsel) seit der Antike verloren, auch dort zugunsten der großstrukturierten Flächen der Adligen. Es ist ja nicht nur der Schutz vor Wind und Wetter und Erosion, vor der Zerstörung von Boden und Wein durch die „Stürme der Zeit". (Die Franzosen haben das selbe Wort für Zeit und Wetter, nämlich temps, wissen um den geheimen Zusammenhang von Tempo und Natur, feiern heute nicht mehr nur naiv das schnelle Wachstum wie die Deutschen nach dem Krieg. Als Gourmet wissen sie um das langsam entwachsene Tier, die langsam wachsende Pflanze, haben diese Kultur bewahrt, die eigentlich eine urgallische, eine urmoselanische Tugend ist, die Kultur der Chöre, der Stimmigkeit, des Maßes, der Zivilisation der Beherrschung und Selbstdisziplin, wie es die Rebe lehrt, wie es der Gott des Weines, der griechische Dionysos gelehrt hat, von dem in Deutschland oft nur die romantische Rauschseite wahrgenommen wird.

Es ist ja auch der Schutz vor den sich immer wieder durch die Geschichte ziehenden Reblandzerstörungen durch kriegerische Parteien. Daß eine so manifeste Behausung, zur Sicherung der Reben, die Anlage eines von der Fruchtbarkeit durch die Stein- und Mineralmischung für die Ewigkeit gedachten nie müde werdender Weinberges, ein im Kriege nur mit äußerster Mühe zerstörbares Bauwerk Pate gestanden hat, als Vorbild für die „modernen Götter und Entscheider". Es ist eine weitaus plausiblere Erklärung als die übliche Worterklärungslegende von den Bänken, auf denen die Geldwechsler gesessen hätten. Wertkonstanz, Sicherheit gegen Verluste mußte ein Wort symbolisieren, dem die Menschen ihr Geld anvertrauen sollten. Gleiches gilt für den Stock, der ja als stoc=Warenhaus, Lager, Kapital und als Ausdruck für die Börse „New York stoc exchange" fortlebt. Weitere Beispiele aus dem unerschöpflichen Kulturerklärungslager der Reben an anderer Stelle! Nur soviel: es ist genau deshalb kaum entdeckt, weil man der Weinkultur ohne das Verstehen der Schlüsselfunktion von Bänken und Chören nicht auf die Spur kommt. So lange die Geschichtsschreibung in den Spuren der Plantagen- und Großgrundbesitzerkultur eines Cato (dem Begründer der lateinischen Fachschriftstellerei, Schöpfer des Wortes Kultur mit dem ersten Prosawerk der lateinischen Literatur „de agricultura") sich hoffnungslos in Massenproduktions-Ideologie verfährt, bleiben die Chöre, die Schätze der Handarbeit wohl ein ewiges Geheimnis, bis der Autor auf dem Bleidenberg die Bliden aufbaute, und ein paar hartnäckige Vorurteile, Ausblendungen der Geschichte beschoß!

Alkener Burgberg ✳ - ✳ ✳ ✳ ✳

Mit rund 11 Hektar ist der Burgberg heute die flächenmäßig größte Alkener Weinbergslage. Ganz ungewöhnlich für eine zur Mosel ausgerichtete Steillage ist es jedoch nicht die beste Alkener Lage, zumindest nicht der Hauptberg, der im Groben nach Westen ausgerichtet ist. In der Literatur  findet man eigenartigerweise manchmal Angaben als Südwest, ein andermal als Westnordwest. Dies ist nicht völlig falsch. Die leider nicht mehr vollständigen kleinen Terrassen im Original-Burgberg, ganz nach links hin, wo es auch Felsen gibt, neigen sich wirklich ein Stück nach Südwesten und im anderen Teil des Berges geht oder ging es teilweise in die andere Richtung. Die Flurbereinigung der 90er Jahre hat dies jedoch ein wenig homogenisiert und ausgeglichen, dabei das so wichtige Landschaftsbild nicht so dramatisch verändert wie anderswo. Es war ein Berg mit vielen kleinen Mäuerchen, wie sie eher typisch für Württemberg sind. Es waren keine großen Felsnasen und Mauern zu sprengen. Tiefgründiger Boden, oft 2,3 und mehr Meter tief statt nackte Felsen, ein typischer Gleithang, an dem die Mosel ihren Boden abgelagert hat. Kräftig müssen die Alkener jedoch zu allen Zeiten Schiefer über den Berg getragen haben, ihn gekümmert haben. Entstanden ist eine reben- und winzerfreundliche Fruchtbarkeit mit zum Teil hohen Ertragspotential, eine nahezu ideale Lehm-Steinmischung, in der man bei Nässe auch schon mal ein wenig versacken kann. Die im Untergrund anstehende Formation der Nellenköpfchenschichten hat wie im Bleidenberg zu einem mehr oder weniger rötlichen Boden beigetragen, durchsetzt mit blauen Schiefern, aber auch härteren Quarziten. Auch wenn bei den jungen Weinbergen natürlich noch nicht die Qualität von den alten kleinen Terrassen mit ihren alten Stöcken zu erwarten ist - wo der Berg steil genug ist und genug Steine sind, kann besonders ein trockenen Jahren in außerordentlich saftiger und auch feiner, verspielter Tropfen entstehen, gegen den auch die Bleidenberg-verwöhnte Zunge keinen Einspruch erheben muß. Das Problem der Lage liegt eher darin, daß der ganze Bereich moselaufwärts zur Brücke hin sehr flach wird mit schwerem klotzigem Boden, in dem auch kaum noch Riesling, eher andere Sorten stehen und üppigste Erträge bringen, wie es sie an diesem Moselabschnitt sonst kaum gibt. Rechtlich darf man sie eben Burgberg nennen, auch wenn sie nichts mit der Qualität des Hauptberges zu tun haben, deshalb die so breit schwankende Bewertung, die den Konsumenten natürlich irritiert und das Problem der Weinbergslagenzusammenlegungen von 1971 in geradezu mustergültiger Weise aufzeigt.

Alkener Hunnenstein ✳✳ - ✳✳✳✳

Hunnenstein heißt heute der gesamte langgestreckte südwestlich bis westlich ausgerichtete steile bis sehr steile mit markanten Felspartien durchzogene Hang, der sich von der Alken-Löfer Brücke bis an den Ortsanfang von Brodenbach hinzieht. Auf diese Weise teilweise „näher dran" haben in erheblichem  Maße Brodenbacher und Löfer Winzer und sogar Burgener und Katteneser Winzer ihren Besitz in dieser Lage arrondiert, erzeugen sie im Hunnenstein teilweise ihre besten Weine, ganz in der Moseltradition der Verteilung des Besitzes auf mehrere Gemeinden zur Risikoverteilung, zur Steigerung von Menge, Qualität und Vielfalt - mal durch Erbe, mal durch Heirat, mal durch gezielten Erwerb, wie es gerade im zunehmend brachgefallenen aber so interessanten Hunnenstein in den letzten Jahrzehnten leicht möglich war.

Bebaut sind noch etwa 3,5 Hektar von früher einmal zwölf, überwiegend mit Riesling, aber auch mit etwas Spätburgunder, der logischerweise gut in die mehr oder weniger roten bis rötlichen Böden passt. Auch hier haben wie im Bleidenberg die Nellenköpfchen-Schichten den Hang geprägt, verhalten sich aber anders. Der Wald darüber ist von jeher ein Wasserreservoir, der Boden durchsetzt mit den typischen roten Quarziten und Sandsteinen sowie blauen, grauen und geröteten Schiefern, der typische Wechsel der „Nellenköpfchen" wie im Bleidenberg und im Burgberg, aber hier scheint er oft tiefer verwittert, der Boden, älter, schwerer. Vielleicht, weil sich zwischen der harten felsigen, kleinräumigen Topographie sehr früh weitgehend die Urform hergestellt hat, die Verwitterung, die Bodenbildung in den Mulden, durch die lange Bewirtschaftung sehr fortgeschritten ist (so wie im Uhlen trotz härtester Steine eine erstaunliche Tiefgründigkeit besteht). Im Bleidenberg mag die stetige Weiterformung hin zum Theater durch Felsschleifung auch schon vor der Flurbereinigung immer wieder „frische" trockenere Weinbergs-Partien eingebracht haben. Der Hunnenstein als Steilhang direkt zur Mosel hin wirkt weniger, aber früher domestiziert. Im „linken Teil" nahe der Alkener Brücke ist der Hunnenstein im unteren Bereich nun auch flurbereinigt und mit einem Weg erschlossen. Hier ist der Boden oben besonders rot und verlehmt, ein sehr spezieller nicht eindeutig erklärbarer Boden, der sehr eigenständige charaktervolle trockene Weine erbringen kann, wenn der Ertrag nicht aus dem Ruder schießt. Zur Mitte hin der Bereich rund um die Teufelslay liegt völlig brach. Überall im nicht begradigten nun wildverwunschenen Berg deuten sich noch Herzstücke, Chöre, an die fraglos in der Lage wären, ganz exquisite Weine hervorzubringen so wie etwa eine Beerenauslese mit 124 Grad Öchsle aus der normalen Lese heraus, also ohne spezielles Picken, im Jahre 1921, wie ein älterer Winzer berichten kann. Die vermutlich große Vergangenheit der Lage könnte aber auch in dem durch die roten Felsen so begünstigten Rotweinpotential liegen, das ja an der Mosel seit den Römerzeiten gewiss immer eine sehr große, wenngleich immer noch vergessene und unverstandene Rolle gespielt hat. Die im Ortstext erwähnte erhaltene Urkunde, mit rotschwarzem Wein geschrieben, vielleicht war es Hunnenstein-Tinte? Bemerkenswert und im Hinblick auf die Blut wie Wein färbende Eigenschaft des Eisens ist übrigens auch die Tatsache, daß ich neben Hatzenport nur hier auch innen rot gefärbte Steine entdecken konnte mit Eisenkügelchen im Kontrast zu vielen anderen nur außen geröteten Steinen.

Insgesamt verzieht sich die Röte des Hanges nach Brodenbach hin immer mehr zugunsten des blauen, aber teilweise eben auch roten Schiefers. Nicht zu Unrecht wurde die für ihren Wein ebenfalls traditionell berühmte Rote Lay so benannt, obwohl sie kurz vor Brodenbach liegt. Oben, wo das meiste leider brach liegt, ist sie rot, mag vor allem zur Unterscheidung der tieferen Lagen so genannt worden sein, auch wegen ihrem in trockenen Jahren besonders guten Wasserspeichervermögen. Schon 1868 auf der Klassifizierungskarte hervorgehoben, ist es eine der klassischen Lieblingslagen der Winzer, im Ertrag gut, nicht zu mager und hungrig und dann in Spitzenjahren zur Höchstform auflaufend, weil sie die Trockenheit gut verkraftet.

Brodenbach

Schon in den goldenen 1920ern galt Brodenbach in der „Sommerfrischen-Literatur" als der führende Fremdenverkehrsort der Untermosel. Heute ist es mit mehr als 700 Betten plus einem im Ehrbachtal gelegenen Campingplatz bei nur etwas über 600 Einwohnern die stärkste Fremdenverkehrsgemeinde der Unteren Untermosel, von Koblenz einmal abgesehen. Drei Burgen (Ruinen), die von Rauschenberg, Schloß Schöneck und die weithin ragende Ehrenburg mit ihrem famosen Ausblick laden zum Wandern und Erobern ein, letztere eine der gewaltigsten und trotzigsten gefürchtetsten und unbesiegbarsten, Sitz zahlloser räuberischer Adelsgeschlechter, die erst von Ludwig XIV geschliffen wurde. Der Wald, mit 673 ha von 963 ha Gemeindefläche das Wichtigste und die drei Bäche mit ihren Tälern und Windströmungen haben dem Ort zurecht den an der Mosel raren Titel Luftkurort eingebracht. Frische Luft und viel klimatische Abwechslung ist angesagt vom sonnigsten Schiefersteilhang bis zur legendären Ehrbach-klamm mit ihrem wilden alpinen Charakter (Wasserfälle!), ein Höhepunkt in den Kindheitserinnerungen auch des 40 Kilometer weg geborenen Autors. Wenn ich mich recht erinnere, hat hier meine erste intensive Erfahrung mit der kraftvollen Wärme des Schiefergesteines stattgefunden, die Sinne geschärft von der Dunkelheit der Schlucht, der Kühle des Wassers. Überhaupt Frische: wer ein wenig Erfahrung damit hat, wie köstlich sich der feine Reiz des Mosel-Rieslings am Meer oder in Höhenlagen steigert (wie ja überhaupt der Mosel unter klimatisierten sauerstoffarmen unluftigen Bedingungen seine Tugenden versteckt), dem seien die diversen Freiluftfeste von Brodenbach empfohlen zum kombinierten Luft- und Weintest, eine Wanderung mit gekühltem Wein, evtl. auch eine Fahrt auf der Mosel, denn Brodenbach beherbergt auch einen Yachthafen. Die Nase ist sensibel, der Riesling glänzt im Glas und am Gaumen. Vielleicht nicht zufällig entwickelte sich bei einer nächtlichen Recherche-Tour auf dem Feuerwehrfest eine herrliche Fachsimpelei und Spekulation über Thermik (also Luftströme) und Weinbergslagenqualität. Worin die Brodenbacher zwangsweise wohl Experten sein müssen, fehlt es doch an der begehrten Südfront zur Mosel hin und überhaupt einem langen warmen Hang. Köstlich waren die Erzählungen, der Fachstreit der Einheimischen über brachgefallene Weinberge in den Seitentälern. Auf den kleinklimatischen Schutz, Wärmestau, eine Formung der Weinberge, die sich drohenden Winden geschickt entwindet, kommt es eben an. So hatte Brodenbach um 1900 herum etwa 6 Hektar Weinberge in allen drei Tälern, am Brodenbach, Ehrbach und an der Moselfront hinter den Häusern. Die preußische Klassifizierungskarte belegt es. Beeindruckend vor allem der weit ins Tal unter der Ehrenburg gelegene Burgberg, Zeugnis der Brodenbacher Risikobereitschaft in Sachen Luft und Wind. Die schwache Einstufung in der 7. Klasse ist gewiss Resutat vor allem der quantitativen Unregelmäßigkeit, somit des wirtschaftlichen Ertrages. daß der Tropfen fein gewesen sein muß belegt eine Urkunde aus dem Jahre 1226, als der Trierer Erzbischof Theoderich gegen 1/2 Fuder Weinrente zu Leiwen und Müstert (Piesport) von der Mittelmosel sich den Besitz sicherte vom St. Simeon-Stift in Trier, das vielleicht mehr auf zuverlässige Menge als mühselige Spitze aus war. Auch nach dem Krieg (1954) hatte Brodenbach wieder knapp 7 Hektar Weinberge in wohl jeder geschützten Nische 16 Winzer, darunter 7 Lohnbetriebe (meistens die Hotels) betrieben Wiederaufbau auch mit dem lange so gefragten Moselwein. Die „Superlage" Burgberg ist Insidern noch unvergessen. Auch vom Geisberg, Schloßberg redet man noch. Gegen Frost habe man den naßgemachten Spreu aus der Dreschmaschine angezündet. Das habe gequalmt und die Ernte gesichert. Heute haben die drei verbliebenen Winzer mit gerade einmal 1 Hektar in Brodenbach kaum genug Wein für die Hotels, nutzt man zusätzlich die bis an den Ortsanfang sich erstreckenden Weinberge des Alkener Hunnenstein, die bis in die Sechziger auch als Brodenbacher Hunnenstein bezeichnet werden durften.

Brodenbacher Neuwingert ⁎ ⁎ ⁎

Es ist gewissermaßen eine keineswegs allörtliche Pointe der Geschichte, daß ausgerechnet der neueste, quasi der letzte Wingert auch der letzte bewirtschaftete Weinberg von Brodenbach ist. Streng genommen sind es noch zwei Weinberge. Zum einen die rund 8000 Meter in dem nach Südwesten ausgerichteten Steilhang eingangs des Ehrbachtales, dem aus der Nähe unfotografierbarsten Weinberg des Buches. Zum anderen die rund 1200 Meter Kleinterrassen, die zur Mosel ausgerichtet sind nach Westen, zum Teil hinter den Häusern versteckt, wie das Ortsfoto belegt. Diese Parzelle heißt im Kataster „Im Vogelsang", besteht aus Schiefergestein mit etwas quarzitigen Sandsteinen vermutlich der Hohenrheinschichten, vermag feine Frucht und Schiefer-Charakter zu zeigen im Wein. Der „klassische" Neuwingert hingegen zeigt große Unterschiede vom schweren lehmigen Boden mit wechselnden Steinanteilen von Schiefer bis Quarzit, zum Teil auch gerundeten Kiesen bis zum trockenen leichten vor allem nach oben hin schieferbetonteren, noch stärker steinigen Boden. Nach links zur Wiese hin sind reichlich Wasseradern vorhanden und hält der Weinberg jede Trockenheit aus. Die gesamte Umgebung von Wald und Wiesen mit ihrem Vogelreichtum machen eine zu späte Lese kaum möglich. Umso erstaunlicher, daß immer wieder gelungene Spät- und sogar Auslesen, teilweise schon Ende September gelesen hier möglich sind und in Konkurrenz zum im Allgemeinen höher eingeschätzten Alkener Hunnenstein treten können. Auffallend oft zeigen sich dabei im Bukett rote Früchte, zum Teil an Erdbeeren, Kirschen, Himbeeren erinnernd, wie man es teilweise auch von den schwereren Böden in Hatzenport oder Alken kennt.

Zum Schluß noch eine etwas ketzerische Frage: würde man die zum Teil interessanten (s. Ortstext) alten Steillagen wiederbeleben, wäre der Ortseinheitsnamen Neuwingert dann noch passend? Wäre dann nicht zumindest in Brodenbach die längst überfällige Weinbergslagenrollen-Reform notwendig. Hätte die Ehrenburg nicht wieder ihren Burgberg verdient, den der Bischof einst so begehrt, daß er Mittelmoselaner dafür abgab.

Hatzenport

Von Koblenz aus betrachtet
ist Hatzenport der letzte
bedeutende Weinort der Verbandsgemeinde Untermosel,
des Kreises Mayen-Koblenz
und damit auch der letzte
Ort in diesem Buch und im
Untertitel dieses Buches.
Bewußt wurden Koblenz
und Hatzenport für diesen
gewählt, um geographisch den
Raum zu begrenzen, diese Subregion der Mosel präzise zu definieren, die
ich im Buch ansonsten als Untere Untermosel oder Untere Terrassenmosel
bezeichne, auch rheinnahe Mosel oder etwas dramatischer Canyon-Mosel (in
Anlehnung an den Geographen B.Hornetz), weil das Tal hier besonders eng
und flachlagenfrei wird. Die Grenzziehung von Buch und Titel hat jedoch
nicht nur willkürliche politische Gründe weil sich die Profilinitiative der
Erzeugergemeinschaft Deutsches Eck ursprünglich mit der Unterstützung
des Kreises vollzog. Neben der bereits angedeuteten besonders steilen und
einheitlichen Topographie läßt sie sich auch geologisch begründen.
Die Gesteinsschichten erfahren bei Hatzenport langsam einen Wechsel, die
Nellenköpfchen-Schichten beginnen langsam den Charakter zu wechseln
und werden dann Klerfschichten genannt, sichtbar auch daran, daß man
in Hatzenport (quarzitige Sandsteine) findet, die nicht nur außen rot,
sondern auch innen rot sind mit Eisenkügelchen. Der Einfluß des Maifeldes
mit dicken Lößschichten die von oben herab zum Teil in die Weinberge
hineinragen, hineinlaufen oder hineinwehen verebbt ebenfalls dann bei
Moselkern, dem nächsten untermoselanischen Weinort nach Hatzenport.
Neben diesen geologischen Gründen für die Betonung der „Grenzorte" gibt
es aber auch einen in der Kulturgeschichte liegenden zuerst sachlichen,
dann emotionalen und letztlich schreibstrategischen dramaturgischen
Grund. Nirgendwo ist das Verhältnis von großer historischer Bedeutung
und Niedergang enger und dramatischer, ist das Potential der Weinberge
vergessener und unausgebeuteter als ausgerechnet in Hatzenport und
Koblenz. Im Sinne einer Empfehlung zur Entdeckung an Leser und Winzer
muß man diese Orte an erster Stelle nennen, sind es wirklich die Rand- und
Einstiegspunkte, von denen aus man die Region erschließen kann.
Im letzten Falle ist die Unterschätzung der eigenen Schätze (mit brachfallen
lassen sogar des 1. Klasse-Affenberges im städtischen Eigentum) eine
stadttypische, fast normale Geschichte. Die Liste könnte man ellenlang
machen: auch Trier, Freiburg, Stuttgart, Heidelberg, Wiesbaden sind zwar
noch Weinstädte (wie übrigens auch einmal München, Köln, Berlin und
fast alle Städte Deutschlands - zumal Städte ja von jeher mit Mauern
und Häusern günstigste Standorte überhaupt zur Herstellung exzellenter
Mikroklimen waren), aber diese dienen sich wie Koblenz mehr dem
Schoppenweingeschäft an, als daß sie auf die Idee kämen, ihre Weinberge
und Weine mit dem Ziel eines internationalen Rufes auszubauen.

Wo der Nahabsatz zu leicht, der Konsument vor der Türe sitzt, zerbricht sich der Winzer nicht den Kopf für das Äußerste, braucht er nicht die Welt zu erobern, um zu existieren. Hatzenport hingegen spielt eine gewisse Zwitterrolle, wo Vor- und Nachteil des Nahabsatzes (Maifelder Bauern, Mayener Bürger) und Erfolge in der Welt sich nicht dauernd harmonisch verschränkten bzw. ganz verschiedene Winzerklassen provozierten.

Die Wurzeln der hiesigen großen und langen Geschichte des Weinbaus und Weinhandels scheinen jedoch schon im Namen versteckt zu sein. Daß dieser (in Urkunden u.a. auch Hattenportz, hacelport, hacinport, hacinporce, Hattonis Porta) vom Trierer Erzbischof Hetti, der um 815 hier die damals in die Mosel hineinragende Hatzenporter Lay (ein großer Felsen, wie er früher oft in die Mosel hineinragte) teilweise beseitigt haben soll, gilt heute eher als unwahrscheinliche Deutung und Legende. Viel eher gehört Hatzenport zu den wenigen sehr alten Orten und Städten in der Welt (es ist eine eigene wissenschaftliche Untersuchung erschienen über Hatzenport und die Port-Namen!), in denen die Herkunft von lat.portus = Hafen im Namen enthalten ist und/oder den Namen prägt. Gerade in punkto Weinhandel steht Hatzenport hier in einer prominenten Phalanx. Porto als Haupthandelsstadt des berühmten Portweines, einem klassischen Exportwein. Porz quasi als Hafen Kölns, das im Mittelalter durch den Weinhandel zur größten deutschen Stadt aufgestiegen ist. Und an der Mosel schließlich Piesport, daß im 19. Jahrhundert lange als Synonym für Moselwein gehandelt wurde (weil es bekanntester Ort war), wo man die erste und größte (und eine zweite) römische Kelteranlage gefunden hat und ein Fernhandelsweg von Mainz die Mosel kreuzte. Und genau in diesem Atemzuge läßt sich trefflich über die große Bedeutung Hatzenports spekulieren, wo ebenfalls zur Römerzeit bereits der Postweg vom Hunsrück aus Station machte auf dem Weg weiter über Münstermaifeld und Mayen, das damals wegen seinem Steinabbau und seiner führenden Rolle in der Glaskunst (zusammen mit Köln im 4. Jahrhundert führend im gesamten Imperium) bereits sehr bedeutend war. Weiter ging es von dort nach Flandern und anderen wichtigen Handels- und Exportorten. Römische Grabmalreste und Münzfunde wurden beim Bau der Eisenbahn gefunden und auf das 2. Jahrhundert datiert. Kelteranlagen wurden bekanntlich damals archäologisch nicht erkannt und diagnostiziert. Wie bei praktisch allen anderen Orten spielt die relativ späte erste urkundliche Erwähnung im Jahre 956 eine eigentlich nur formale Rolle, die keinen Bezug zur wahren Gründung besitzt. Immerhin weiß man vom Jahre 950 schon, daß Erzbischof Rutbert in Italien (er war mit Kaiser Otto dort) die Reliquien des hl. Severus für das Münstermaifelder Münster organisiert hatte - damals eine Großtat. Die heiligen Knochen wurden in Hatzenport vom Schiff geladen und in feierlicher Prozession bergan geführt. Lange Zeit bis etwa ins 16. Jahrhundert gehörte Hatzenport auch zur Mutterkirche in Münstermaifeld, dessen Stift immer eine zentrale Rolle als Besitzer, Entwickler, Verwalter, Händler bester Hatzenporter Weinberge und Weine gespielt hat. Berühmtester Pfründner der Hatzenporter Schätze war Nikolaus von Kues, die überragende geistige Gestalt des 15. Jahrhunderts, der Philosophie, Mathematik, Jura, Geographie (erste Landkarte Europas), Medizin und die Naturwissenschaft insgesamt vorangebracht hat, mit Vorschlägen, daß man auch wiegen und messen müsse die Verschiedenheit der Dinge, damals revolutionär. Auch eine Mostwaage muß er besessen haben, aber nicht um zu standardisieren wie die heutige Wissenschaft und Industrie es weitgehend tut, sondern um die göttliche Vielfalt zu beweisen. Daß seine Philosophie und Gedankenwelt vom Zusammenfallen der Gegensätze, seine revolutionäre Attacke gegen das beschränkte mittelalterlich scholastische Entweder-Oder-Denken, von seinen Erfahrungen als Probst und des reichen Münstermaifelder Stiftes und den u.a. in Hatzenport erfahrenen Unterschieden der Weinbergslagen und Werte befruchtet worden sind, ist absolut naheliegend. Daß das Kleinste das Größte sein kann und umgekehrt, ist schlichte Erfahrung beim Traubenprobieren, daß ärmste und unfruchtbarste Böden den reichsten Schatz (Wein) erzeugen können durch geringste Menge ist Grunderfahrung dieses Buches und gewiss auch von Cusanus, der ja schließlich davon leben mußte, was er für die Weine aus welchen Lagen bekam. Hatzenport war damals gewiss noch steiniger und kärger als heute. Prominente Besitzer, die auf die hohe Wertigkeit Hatzenporter Weinberge hindeuten, waren daneben das mächtigste und reichste Kloster der Mosel, St. Maximin in Trier, ein absoluter Weinspezialist durch die ganze Geschichte, selbstverständlich auch die aus dieser Sicht wohl härtesten Konkurrenten, die Zisterzienser vom Kloster Himmerod und die renommierten Brüder von St. Pantaleon in Köln, das Marienkloster „in bona via" in Luxemburg, das Kloster Mariaroth. Auch die Pfalzgrafen agierten in Hatzenport, weiterhin Graf Eltz und eine nicht zählbare Liste prominenten und weniger prominenten Adels. Dennoch war zu Anfang nach der Säkularisation Hatzenport nur in der sechsten Klasse taxiert (1834). Dies sollte sich radikal ändern in der zweiten Hälfte des 19. Jahrhunderts. Aus den bitteren Notzeiten der dreißiger und vierziger Jahre (der Preis war 1830 auf 26 Taler pro Fuder gesackt, nach 250 Talern wenige Jahre zuvor) wurde deutlich, daß mit Masse keine Kasse mehr zu machen war im größer gewordenen zolloffeneren Markt. Daraus entwickelten sich auch in Hatzenport angeführt von einigen Weingütern eine ausgesprochene Riesling-Qualitätskultur. Kurz hintereinander kamen die Erfolgsjahrgänge 1857, 1862, 1865 mit Preisen von 900 bis 1500 Taler. Mit dem Bau der Moselbahn schließlich entwickelten die Hatzenporter Weingüter, die meist auch zusätzlich Weinhandel betrieben, Trauben und Weine zukauften, zunehmend auch einen Flaschenversand. Auch die Hotellerie und Gastronomie mischten erfolgreich im Weinbau- und Handel mit. Der Ort bekam langsam den Spitznamen „Klein-Paris", weil das Angebot der Gastronomie, das Flair der ersten Häuser einen regelrechten Edel-Tourismus entfachten. Wer gut ausgehen wollte, kam nach Hatzenport. Das Ausflugsprogramm mit der einheimischen Burg Bischofstein, der nahen Burg Eltz, Burg Pyrmont, den drei Brodenbacher Burgen und natürlich der Alkener Burg Thurant (erreichbar mit der Hatzenporter Fähre) ließ kaum einen „romantischen Wunsch" offen. Das südländische Flair im Südbogen an der Mosel-Promenade in dem Ort, der heute mit einer mittleren Jahrestemperatur von etwa 10 Grad einer der wärmsten und mit rund 500 mm Jahresniederschlag einer der trockensten Orte der gesamten Mosel ist (der Treiser Schock lenkt manchen Regen um) war gewiss von großem Reiz. Das Angebot ist heute zwar nicht auf dem legendären Niveau, aber das Flair manchen erhaltenen Hauses der berühmten Hatzenporter Bruchsteinbaukunst, der schiefe Fährturm, die hinter der Landesstraße, aber offen zur Mosel gelegene aussichtsreiche Promenade bietet auf der ganzen Länge noch atmosphärische Weinstuben zum Entdecken und „normale Gastronomie", oft Gutes für moderates Geld. So warm und reizvoll wie wohl in keinem anderen Ort der Unteren Terrassenmosel sind die Spaziergänge durch die Weinberge in dem wildverwunschenen, leider großteils brachen Burg Bischofsteiner, durch den Kirchberg, vorbei an der so reizvoll im Berg gelegenen St. Johannes-Kirche mit einem gotischen Fenster, dessen Glasgemälde im Rheinland in ihrer Eigenart einzig dastehen, weiter durch den Stolzenberg bis hoch zur Rabenlay mit fabulöser Aussicht, ein Traumplätzchen zum Weinprobieren.

Welche mondäne Rolle die Hatzenporter Winzer ehemals spielten, besagt bereits der Spitzname der Hatzenporter „Stolzenkragen", „Stehkragen-Winzer oder „Schlipse-Bauern" - die führenden Winzer sollen nur mit dem Schlips in den Weinberg gegangen sein. In der Hochzeit galt es als führender Weinhandelsort nach Koblenz und Winningen und noch vor Kobern. Mit 57 Hektar klassischer Riesling-Steillagen, die ja alle weitgehend in dem geschützten Südbogen lagen, übertraf man 1898 selbst das seinerzeit ebenfalls blühende Kobern knapp, mit dem man je nach Zeit abwechselte im Rang um den zweitgrößten Weinort der Subregion hinter der Moselmacht Winningen (historisch der bedeutendste Weinort der gesamten Mosel). Qualitativ bezeichnend ist eine Mostgewichtsstatistik der Jahre 1973 -1977 über die ganze Mosel hinweg. War der Uhlen erster, folgte der Stolzenberg auf Platz 3 mit 85,3 Öchsle (dabei waren mit 74 und 77 zwei ausgesprochen schlechte Jahrgänge enthalten, wie es sie heute gar nicht mehr gibt) und auf Platz 8 bereits der Kirchberg mit 83,3 Grad Öchsle noch deutlich vor dem Gros der Mittelmosel-Toplagen.

Nach der preußischen Steuerklassifizierung im 19. Jahrhundert könnte man pikanterweise Hatzenport mit 2 Hektar in der 1., 4 Hektar in der 2. und 18 Hektar in der dritten Klasse sogar noch vor die heute namhafteren Orte stellen. In Kobern lauteten die Hektar-Ziffern der preußischen Steuerkartierer in der 1.-3.Klasse (von insgesamt 8) von oben nach unten geordnet:3-1-3. In Winningen lauteten sie sogar nur 1-2-4 (der Ruf des Ortes lebt allerdings zum Teil auch von Koberner Wingerten). Jedoch muß hier betont werden, daß Hatzenport im Kreise Mayen, wo es mit Spitzenweinen Alleinstellung besaß, mildere Anforderungen an Talern und Silbergroschen hatte für die 1. Klasse als es im renommierteren Koblenzer Weinkreis der Fall war. Weniger Steuern und trotzdem erstklassig, weniger zahlen und doch Topruf , ob hier eine der Ursachen für die Leichtigkeit des Aufstiegs in den 1870ern zur stolzesten Position und den starken Abstieg in den 1960ern und 1970ern lag (1964: 21 ha, 1972: 18 ha, nach über 40 ha noch Mitte der fünfziger) ? „Bis 1962 waren wir doch eine Apotheke", kommentiert eine alte ehemalige Weingutsbesitzerin „und dann kam der Unsinn mit den Neuzüchtungen". Die Struktur mit sieben Betrieben über 1 Hektar, aber insgesamt nur 60 Weinbaubetrieben (z.vgl. Kobern hatte 6 bzw.131, also weitaus mehr Kleinbetriebe) im Jahre 1954 zeigt, daß größere Weingüter nicht unbedingt eine Garantie sind für den Erhalt des Weinbaus. Die große Rolle, die der Hatzenporter Winzerverein spielte seit 1899 bis 1967 (er nahm auch Trauben aus Löf und Kattenes an) verhinderte wohl ein noch breiteres Fundament an selbstkelternden flaschenweinausbauenden und vermarktenden Winzern (wie z.B. in Winningen, das nie eine Genossenschaft hatte, obwohl Raiffeisen dort intensiv verkehrte!), aus denen sich erfahrungsgemäß immer wieder ehrgeiziger Nachwuchs rekrutiert. Die Entwicklung dokumentiert deutlich Meyer´s Moselbuch aus den goldenen Zwanzigern unter dem Stichwort

Hatzenport: „Reichsbahnstation. Haltepunkt auch für Eilzüge. Kreis Mayen. 900 Einwohner, von Koblenz und Cochem gleich weit entfernt, in sanftem nach Ost und Nord geschützten Bogen, wohlhabender Weinort mit starkem Terrassenbau". Heute sind es noch 721 Einwohner. „Super-Hotels, Restaurants, damals war hier noch die Hölle los", erinnern sich alte Hatzenporter noch heute an die goldenen und schwierigen „Zwanziger". Es ist geradezu ein Musterbeispiel dafür, wie ein reicher Weinbau in früheren Zeiten viele Moselorte groß machte bereits zu einer Zeit, als viele andere Orte, Gegenden, Städte noch klein und dünn besiedelt waren.

Geradezu als Todesstoß und als einen mustergültigen Schildbürgerstreich kann man das Geschehen im Jahre 1976 bezeichnen. Gegen Ende der großen Verwaltungsreform, der es ja (Kohl´s große Durchsetzungsleistung, die von anderen Ländern bewundert wurde) mit verblüffend wenig Widerstand gelang, zahllose auf ihre Geschichte und Eigenart stolze Orte im Namen (und in der Selbstverwaltung) auszulöschen, wurde auch Hatzenport mit Geldzuschüssen im letzten Moment verlockt, „sich auszuverkaufen" und einer Großgemeinde Löf-Hatzenport-Kattenes zuzustimmen unter Feder- und Namensführung des benachbarten Löf. „Aus der Badewanne heraus" habe man die Stimmen herbeigezurrt für diese größte denkbare Stolzverletzung. War doch Löf nur wegen der plötzlich größeren Einwohnerzahl führungsfähig geworden, ansonsten nur für die legendäre Trinkfestigkeit seiner Bewohner bekannt, Hatzenport aber, der große Ort mit seinem Ruf schien endgültig ausgelöscht. So wie der politische Zeitgeist ja auch mit der Weinbergslagenrolle tausende von Weinbergslagen im 71er Gesetz vernichtet und umgetauscht hatte, ohne Rücksicht auf Verluste (geradezu absurd aus heutiger Sicht, wo mit dem Pochen auf Bestandsschutz das Unrecht und der Unsinn zementiert erscheint, jede vernünftige Weingesetzreform daran scheitert), so war nun hier plötzlich von unsensiblen Gleichschaltern, die keinerlei Ahnung vom Weinmarkt hatten, dem so mühsam und ehrgeizig in mehr als einem Jahrhundert erworbenen Ruf, sogar Hatzenport als Weinname zwischenzeitlich abgeschafft, erschienen plötzlich alle Lagennamen als Löfer in der Weinliteratur. Gerade dieser unglaubliche Fehlgriff, auch wenn er bald als offenbarer Unsinn korrigiert wurde, mag mit dazu beigetragen haben, daß die Ehe niemals zusammenwuchs und Hatzenport in einem zähen Befreiungskampf 1994 wieder die Selbstständigkeit erlangte, mit einem Winzer als Bürgermeister voran. Nachdem das 1984 eingeleitete Flurbereinigungsverfahren inzwischen abgeschlossen ist, mit dem Schwergewicht auf Erhalt des Kirchberg hat sich die Hektarzahl an Weinbergen auf mittlerweile etwa 13 Hektar positiv stabilisiert. Zehn Winzer (davon 3 „mehr oder weniger" Vollerwerbsbetriebe) gibt es zur Zeit. Drei auswärtige Betriebe nutzen mit wachem Auge und Interesse die Hatzenporter Steillagen. Einer weiteren Renaissance in einer der mit Sicherheit besten „vergessenen" Lagen der gesamten Mosel, im Stolzenberg, aber vor allem auch im kaum beachteten zum Teil einzigartig ausdrucksstarken Burg Bischofstein steht im Prinzip nichts mehr entgegen außer ein wenig mehr Bekanntheitsgrad, in der Folge Mut, und evtl. ein Neuanpflanzungsgenehmigungskrieg. Bis dahin bleibt lediglich der Titel: unterschätzester, unbekanntester Spitzenweinort der Unteren Untermosel, damit durchaus ein schönes Ende für den „letzten Ort" in diesem Buche.

Hatzenporter Stolzenberg * * * * - * * * * *

Original-Ton einer älteren ehemaligen Hauptbesitzerin dieses Berges, der mit seinem imposanten Choraufbau[1] weitenteils aus massiven Felswänden mit ursprünglicher Steigung von weit über 100% geschaffen wurden: „...aber der Stolzenberg, oh Gott nä, der war immer voll Power, das ist purer Felsen, überall, wo  sie treten, da hat sich der Nachbar gefreut, weil die Steine runterkamen. Ist das nicht bekloppt, 1. Klasse und liegt alles brach..."

Die aus erzählerischer Sicht geradezu köstliche Frau[2] und ihre ehemalige Spitzenlage Stolzenberg könnte als Kronzeugin fungieren für die deutsche und europäische Tragik, daß das absolut Beste und Edelste brach fällt, weil es Arbeit macht und es den Winzern nur in seltenen Fällen gelingt, mit Absatz und Preis die Kosten zu kompensieren. Man darf hier nicht vergessen, daß national und international der Originalerhalt (und Wiederaufbau!) der Chöre in Winningen und Kobern durchaus als Sensation angesehen werden kann. Im Falle des Stolzenberges zeigt sich in besonders paradoxer Weise, wie die stolzen Felsterrassen der Parzellen „Im Wolfsberg" und Scherrberg als Ausgleichsfläche für den Naturschutz genommen wurden im Rahmen der Flurbereinigung und nun künstlich frei gehalten werden müssen, um den Tier- und Pflanzenarten den Lebensraum zu erhalten, den ihnen die Weinkultur einstmal brachte. Es war ein Meisterstück der bürokratischen Spitzenlagenflurbereinigung mit Arbeitsbeschaffung für Landschaftspflege und Arbeitsabschaffung für Winzer, geplant allerdings schon in einer Phase, in der Hatzenporter Zukunftshoffnungen gering waren. Die Renaissance und Wiederentdeckung der besten Weinberge hatte sich noch nicht abgezeichnet. Man darf gespannt sein, wann das bereits von verschiedener Seite geäußerte Interesse an einer Wiedererweiterung des Stolzenberges in die Tat umgesetzt wird. Kulturamt und Bürokratie scheint kooperationsbereit das Brachgeschriebene wieder umzuschreiben, den allzuspärlichen Restbestand des Stolzenberges von 1,5 Hektar wieder auf mehrere Hektar aufzustocken. Die rund 3 Hektar 1. und 2. Klasse in der

[1] ein Teil des Berges heißt Scherrberg und könnte ein Hinweis auf die Ableitung des Wortes Chor für die Felsterrassen aus dem Wortumfeld der Schere sein, das mit dem mittelhochdeutschen schor(re) zusammenhängt, was Felsvorsprung bedeutet, was mit den skandinavischen Schären zusammenhängt, scharfkantigen Felsklippen, Chor als Ausdruck für aus dem Felsen geschnittenes Stück Land, hier mustergültig verwirklicht im stolzen leider nicht mehr bebauten Scherrberg, s.auch unter Koberner Fahrberg die frühere Lage Pappenschere.

[2] man könnte jetzt hier seitenlang Kommentare und Geschichten von ihr ausbreiten über die ehemalige Größe der Hatzenporter Weine, wie der berühmte amerikanische General Patten extra aus Bayern angefahren kam mit schwerer Limousine gegen Ende des Krieges,ihren Korken aus der Feldjacke zog und sagte, von dem Wein, den ihm Soldaten gebracht hatten, müsse er mehr haben und bezahlte mit Besatzungsgeld.

Karte von 1897 sprechen eine deutliche Sprache. Den spärlich vorhandenen Weinen aus den besten Parzellen läßt sich auch heute allerhöchstes Format zubilligen. Die Vollendetheit reifster Aromen, hier mehr gelbfruchtig, noch deutlich eleganter als der Kirchberg mit mehr Spiel und dabei feinster mineralischer Öligkeit besticht, macht den Stolzenberg zu einer sehr eigenständigen Persönlichkeit mit einer zudem ganz eigenen aromatischen betonten Säure, wie man sie weder von Winningen kennt (säureärmer), nicht von der Mittelmosel aber eigentlich auch nicht von der Saar, mit der man den Hatzenporter schon einmal vergleicht.

Sowohl im trockenen Bereich als auch im edelsüßen Bereich gelang es mir, Weine zu verkosten, die sich so unvergeßlich ins Gedächtnis einprägen, daß sie eine Einstufung zu den allerbesten Weinbergslagen der Unteren Untermosel auch aktuell rechtfertigen.

Trockene und halbtrockene Auslesen oder auch Beerenauslesen vom Stock runter (also ohne Piddeln, durch normale Lese, die nur das Negative ausklammert) sowie Trockenbeerenauslesen mit relativer Leichtigkeit sprechen eine deutliche Sprache für die Talente des Stolzenberges für Spitzenweine. Voraussetzung der Qualität ist gewiß nicht nur der meisterhafte Choraufbau, die enorme Steigung von oft über 100 Prozent und die Ausrichtung des Berges von Südsüdost nach Südsüdwest. Eines der Geheimnisse des Geschmackes wird in dem Eingangszitat der alten Dame bereits deutlich. Es ist der enorme Steinreichtum, der nach oben hin und nach rechts, also Richtung Löf noch einmal zunimmt. Und natürlich die Komplexität ihrer Zusammensetzung, die auf den Nellenköpfchen basiert, also mit viel quarzitigem hartem Sandstein, aber auch viel Schiefer, mehr als im Kirchberg im Allgemeinen. Bis in die fünfziger Jahre: „Geld habe keine Rolle gepielt, die Leute hätten geschleppt, habe man auch immer wieder etwas dicke Steine rausgeschafft und Boden reingetragen. Die intensive Pflege und Bearbeitung über Jahrhunderte mit ausreichendem Humuseintrag ist einer der Punkte, die viele teure Spitzenlagen in einen zusätzlichen Vorteil gegenüber den einfacheren Lagen gebracht haben. Bei einem reinen Felsgrat, einer Scherre quasi, um noch einmal die Etymologie zu bemühen, ist es natürlich existenziell, daran zu schaffen. Von nichts kommt nichts, die Hilfe des Menschen hat hier wohl mustergültig aus nacktem Stein fruchtbarsten reichen Boden gemacht, karg und arm genug, um schöne kleine goldgelbe, nie mastige Trauben zu produzieren - auch hier natürlich mit der grundsätzlichen Gefahr der Gleichgewichtsstörung durch Überdüngung.

Gewiss ist der Name hier der passende, der Mensch darf stolz sein auf seine Leistung der Wildnisbezwingung. Der Original-Stolzenberg liegt übrigens über den untersten hängig anlaufenden Parzellen Tafelgut und „im Fahr", ist noch zum großen Teil bepflanzt und zweifellos mit das Beste. Das Tafelgut (ein klassischer Name für Spitzenlagen, auf kaiserliches Krongut hinweisend) ist vollkommen nach Süden ausgerichtet, nach Osten vollkommen geschützt, aber nicht so steil, ein wunderbarer reichhaltiger Wein, nicht ganz so edel wie der darüber liegende Original-Stolzenberg oder das Beste im rechts davon gelegenen praktisch brachen Wolfsberg oder auch die fast brache Lay, die sich als dunkle Felsenwand (hier hat die Bahn wohl auch geschwärzt!) bis nach Löf hinzieht und früher eine der berühmtesten und geschätztesten Hatzenporter Lagen war.

Hochmut kommt vor dem Fall. Wo der Stolz zu groß ist, droht das Brachfallen, hätte man die Geschichte vom Stolzenberg noch vor kurzem beenden können. Allzuviele Superlagen in Europa haben ihren Niedergang ja hinter sich. Hier jedoch liegt der Aufbau auf der Hand. Das Bestehende reicht aus, Pracht und Potential zu erkennen. Die Trauben sind schlichtweg exquisit. Was fehlt wäre noch eine wirklich gründliche Gesamtbestandsaufnahme der zahlreichen Bereiche des Stolzenberges. Bis dahin geniessen wir den Wein und den Blick von der über dem Stolzenberg gelegenen Rabenlay und lassen die weisen Raben weiterplappern.

Hatzenporter Kirchberg ✱ ✱ ✱ - ✱ ✱ ✱ ✱

Der Kirchberg ist heute mit rund 8 Hektar bebauter Fläche (Wiederbepflanzungen verschiedener Parzellen sowohl nach oben wie mosel-abwärts z. B. im Original-Kirchberg wären qualitativ höchst interessant) der eindeu-tige Hauptberg der Gemeinde, der sich direkt hinter den Häusern und dem Bahndamm  mit einer durchschnittlichen Steigung von 55 Prozent nach oben erhebt bei fast reiner Südexposition. Die 1985 eingeleitete und Mitte der Neunziger beendete Flurbereinigung hat den Berg von den Bewirtschaftungskosten her interessant gemacht, sodaß auch Winzer anderer Gemeinden mittlerweile hier aktiv sind. Schließlich ist Spitzenqualität, gute Zugänglichkeit und Teilmechanisierbarkeit eine an der Unteren Untermosel keineswegs allörtliche Qualität. Daß der Bahnhof erst im neuen Jahrtausend demnächst in die Ortsmitte quasi in den Kirchberg hineinverlegt wird, ist noch heutiges Indiz für den ehemals florierenden Weinbau. Als Güterbahnhof (und damit auch Personenbahnhof), in dem die mächtigen Weinhandlungen gut anliefern konnten für ihren Export bis Rußland und in die ganze Liebhaberwelt, mußte Hatzenport weit aus dem Ort hinausgehen. Häuser oder kostbaren Kirchberg zu opfern wäre seinerzeit undenkbar gewesen. Noch während meiner Recherchen durfte ich leibhaftig Widerstand gegen die zeitgemäße Verlegung erleben.
„Für einen Bahnhof gibt man doch keine guten Wingert her!" Zeugnis für die hohe Qualität ist auch die preußische Klassifikation aus dem vorletzten Jahrhundert. Immerhin zählten dort von den 6 Hektar Hatzenporter 1. und 2. Klasse-Wingert rund die Hälfte zum heutigen Kirchberg, in dem moselabwärtsgelegenen rechten Teil. Der größte Teil davon lag wohl vor allem in dem in der Lagenkarte von 1897 als Trischelsberg gekenn-zeichneten Bereich. Er gehörte damals zu den raren angegebenen Namen in dieser Karte (in Hatzenport war es der einzige neben dem Stolzenberg. Viele andere Orte hatten beispielsweise keine benannten. Gewiss spielte hier die Klasse eine Rolle, möglicherweise auch Proporz und Uneinigkeit.

Kurioserweise findet man in alter Literatur und auf Preislisten von den heute zum Kirchberg gehörigen Weinbergen eher den Bann (der linke Bereich unteres Gewann, oberhalb des zukünftigen Bahnhofes) oder den Kreuzlay, der darüberliegende sehr felsige Bereich, der nicht flurbereinigt wurde, mit spannender Flora und Fauna, zum Klettern einladend. Der Boden hat sich im Trischelsberg und den daran angrenzenden Parzellen Im Manniger, Im Boppelberg, Bauden überwiegend auf Basis der Nellenköpfchen-Schichten gebildet, die hier besonders von quarzitigen Sandsteinen geprägt sind. Eisenhaltiger Lehm mit rötlicher Färbung spielt oft eine große Rolle. Die Hatzenport treffende tektonische Störzone (eine Besonderheit der meisten berühmten Weinorte der Welt, Chaos in der Geologie führt zu Vielfalt in Flora und Fauna und Weingeschmack!) bringt jedoch mehr Wechsel als klare Zuordnung mit sich. Moselaufwärts nimmt der rote Einfluß etwas ab, Schiefereinflüsse von der Flaserschiefer-Schicht breiten sich aus. Noch komplizierter wird ein einheitliches Bodenbeschreibungsbild dadurch, daß Anfang der Sechziger nach dem ersten Wegebau 240 Lastwagen Boden in den Kirchberg gefahren worden sind in die meisten Parzellen vom Bann bis zum Trischelsberg. Dementsprechend hat der ursprünglich überwiegend flachgründige Boden nun oft eine gewisse Tiefgründikeit und ein teilweise zu hohes Ertragspotential, das im Interesse der Qualität eingeschränkt werden muss. Die grosse Stärke des Kirchberges, eine hocharomatische komplexe Vollfruchtigkeit mit äußerst pikanter Säure, damit also ein Talent für üppig-saftige verspielte trockene Weine und sehr blumige fruchtige, nie fade oder geschmacksarme Restsüße. Weine mit viel Aromakomplexität, kann dann auch in unreife süß-säuerliche Art umschlagen, wie sie von zu fett gewordenen Trauben einmal entsteht. Jedoch sind selbst diese kleinen Weine als Durstlöscher auf dem Weinfest noch passabel, ein Indiz, wie schwer es ist, in einer so gut ausgestatteten Südlage, geschmacklosen Wein zu machen, wie er in flurbereinigten jungen Wingerten leicht droht. Das Fehlen auch nur eines flachen Meters im Kirchberg ist ein Vorteil. Steilheit durch die Bank zahlt sich aus. Eine Wanderung auf dem obersten Weg durch den Kirchberg vorbei an der namensgebenden alten einzigartig auf dem Hügel gelegenen St. Johanneskirche (ein Schmuckstück mit berühmten Glasgemälden) weiter in den Stolzenberg ist besonders während der Wildkirschenzeit lohnend. Ein befreundeter Feinschmecker redet noch heute von den Früchten! Die rotschwarze Fruchtbetonung auch in den Kirchberg-Weinen korrespondiert in verblüffender Weise mit dem ungeheuren Reichtum an wilden Kirschbäumen und hervorragenden Brombeeren in dem ganzen Bereich des Hatzenporter Südbogens bis in die Seitentäler hinein. Auch ein kurzer Abstecher auf den Friedhof mit einigen erhaltenen Grabdenkmälern ehemaliger Weingutsbesitzer und Pfarrer beweist eindrucksvoll den früheren Reichtum und Ruhm der führenden Weinhändler des Ortes und damit auch der Weine, deren Potential noch weitgehend so unentdeckt ist. Der Riesling dominiert natürlich eindeutig den Berg, aber es gibt inzwischen auch Spätburgunder, der in die rötlichen Böden ausgezeichnet passt.

Hatzenporter Burg Bischofstein ✳ ✳ ✳ - ✳ ✳ ✳ ✳

Gäbe es einen Sonderpreis für die schönste und wildeste, noch nicht ganz brachgefallene, noch als Rest eines Weinbaumonumentes erkennbare Weinbergslage an der Mosel, einen Preis für so etwas wie ein halb verlassenes Paradies, die Burg Bischofstein wäre einer der ersten Kandidaten. Ganze 2,5 Kilometer zieht die Lage sich heute hin vom Hatzenporter Ortsanfang bis etwa unterhalb der Burg Bischofstein, die heute ein Schullandheim beherbergt. Auf halbem Wege läßt sich beim Zugang ein wunderschönes zum Weintrinken und Picknicken einladendes Aussichtsplätzchen erobern, von dem ein letzter Abschiedsblick ins Glas und in die Weinberge der Region geworfen werden kann, während man eigentlich schon in die Fortsetzung der Untermosel hineinschauen kann, die in diesem Buch nicht mehr enthalten ist. Von Ostsüdost bis Südsüdost erstreckt sich der Hang und bietet dabei eine Flut kleiner Chöre mit Felsnasen und -kuppen aller Schattierungen bei generell starker Hangneigung. Früher bestand der ganze Berg aus einer Vielzahl von Einzellagen, die teilweise auch auf dem Etikett erschienen. Angefangen vom Fahr, wo früher die Fähre fuhr, die vor allem für die Burgener Winzer wichtig war, die noch heute hier Besitz haben, über die kleine Parzelle „Am Bischofstein", den weitgestreckten fast ganz brachen Lenning ging es in den Kaulenberg, der von vielen als der beste angesehen wurde mit seinem feinen Zimtgeschmack. In dieser fast reinen Südparzelle ist der Schnee als erstes weg. Es schließt sich an der Rothlay, der auch als Rothenberg vielfach verkauft und versteigert wurde als eine der Hatzenporter Toplagen. Der Wert wird auch deutlich an der extremen Kleinparzellierung auf der Katasterkarte. Hier zeigen sich die Nellenköpfchen-Schichten (Mit Tendenz zum Übergang in die Klerf-Schichten) mit besonders rotem Boden und harten oft rötlichen Quarziten und Sandsteinen Es folgt etwas mehr nach Osten gedreht der ebenfalls sehr gute Kuckucksberg. All dieses Potential an hervorragenden aromatischen Weinen mit konzentrierter Frucht aus meist kleinen Beeren, die in den steinigen Böden wachsen, ist praktisch brach. Und doch erschließt sich dem Spaziergänger auf wundersame Weise die ungeheure hier verkümmerte Potenz. Der Autor konnte hier von den langsam zuwuchernden Trockenmauern so hervorragende, vollreife, totalklebrige und saftige Brombeeren verkosten, wie sie ihm in seiner gesamten internationalen Beerenpickerkarriere noch nicht vorgekommen waren. Die Intensität der Fruchtigkeit, die geradezu tödlich gute Reife[1], dabei ohne jede Spur von Fadheit, war eine solche, wie man sie ansonsten nur von Trauben von uralten wurzelechten Rieslingreben aus den besten Weinbergen in manchen Jahren kennt, unvergeßlich und einzigartig und ohne Mengen von Wasser unlösbar von den Händen. Zucker, Zucker, Zucker verbunden mit einem großen Orchester unlösbarer Stoffe. Duftende Kräuter, Pflanzen, Blumen, reiches Tierleben inklusive der seltenen Smaragdeidechse, der Bischofstein ist heute ein Eldorado vielfältiger Genüsse für Nase, Auge, Ohr und eben auch Gaumen, eine Landschaft aus nunmehr fast ganz verlassenen Chören und Felsnasen mit einzigartiger Würze. Die bewirtschafteten Weinberge von zur Zeit etwa 4 Hektar von ehemals 23 Hektar im ganzen Berg folgen im wesentlichen erst bei Annäherung an den Bahnhof bereits in Sichtweite zum Ort. Stattberg, Spähnel, Steinendriesch, Hölle sind steile steinige Böden z. T. mit Lößeinflüssen, wo feinfruchtige Weine wachsen können, vor allem in mittleren und guten Jahren Auf dem Dattel wird der Boden schwerer, mit Lößlehm, ertragsstark und der Wein einfacher.

[1] *der Autor hat diesen Ausdruck für Obst, das auf den Punkt an der äußersten Reifegrenze ist an dieser Stelle erfunden beim ersten Textentwurf, bevor er viel später von alten Leuten erfuhr, daß der Begriff totreif in seinem Heimatort für derartiges Obst als höchstes Lob gebräuchlich ist, die Bischofstein-Beeren haben den Ausdruck erzwungen - es wäre interessant zu erfahren, welcher Leser dieses Buches aus welchem Ort den Ausdruck todreif ebenfalls in diesem Zusammenhange noch kennt).*

BURGEN

Mit dem direkt gegenüber von Moselkern gelegenen Druidenstein (eine geologische Besonderheit und ein herrlicher Aussichtspunkt) beginnt nicht nur die Gemeindefläche des „staatlich anerkannten Erholungsortes" Burgen, sondern zugleich auch die Verbandsgemeinde Untermosel und damit die „Untere Terrassenmosel." Hier soll in vorchristlicher Zeit eine Kultstätte der Druiden, einer keltischen Priesterkaste gewesen sein.

...wenngleich die „Landwirtschaft, der Weinbau und Weinhandel" laut Ortschronist Lorenz Theuer seit vielen Jahrhunderten die Haupterwerbsquelle der seit langer Zeit beständig um die 800 Einwohner schwankenden Bevölkerung war, so gab es doch nie eine Spezialisierung auf den Weinbau. Neben den lockenden auswärtigen Arbeitsmöglichkeiten bot die mit 1128 Hektar (davon 735 Hektar Wald) flächenreiche Gemeinde vielfältige Entfaltung. Eine zentrale Rolle spielte dabei der breitangelegte Süßkirschenanbau auf beiden Seiten des Ortes, der den Weinbau am stärksten verdrängte und Burgen zum drittgrößten Kirschendorf der Untermosel nach Güls und Dieblich machte. Ein Großteil der Streuobstwiesen wird heute von der Gemeinde vorbildlich gepflegt, der Bestand an verschiedenen alten Obstsorten ist beträchtlich, wenngleich z.T. verwildert und unerschlossen.

Zum anderen wird die jahrelang gebräuchliche Bezeichnung „Burg Bischofsteiner", die offiziell nie rechtens war, aber logisch, da die Moselkerner und Hatzenporter Weinberge eben um die Burg Bischofstein herumlagen, neuerdings von der Weinkontrolle beanstandet. Da im Burgener Bischofstein (s. nebenan) so wenig wächst, fehlt es den Burgenern nun an Wein, der im Namen einen Bezug zu Burgen hat, wie der „Burg Bischofstein".

Der erste Urkundennachweis des Ortes Burgen (früher Burgia) geht auf das Jahr 928 zurück. Ab 1100 häufen sich die Nachweise kirchlichen und adeligen Besitzes in der Burgener Gemarkung, darunter auch etliche für ihren Wein berühmte Trierer Stifte und Abteien. In den 50er Jahren umfaßte die ehemals mindestens doppelt so große Weinbergfläche von Burgen noch 13 Hektar, heute liegt sie in Burgen bei unter einem Hektar.

Von den 50 Winzern im Jahre 1954 besaß keiner über 4000 Stock. Fünf sind davon übriggeblieben (sogar ein Neueinsteiger), darunter vier Flaschenweinerzeuger, wovon zwei zur Straußwirtschaft einladen. Die Zukunft der Burgener Winzer wird zur Zeit von zwei Faktoren bedrängt. Erstens geht seit 1994 keine Fähre mehr zur anderen Seite, wo die Burgener Winzer traditionell im Moselkerner Rosenberg und im Hatzenporter Burg Bischofstein das Gros ihrer besseren Weinberge besitzen. 15 Kilometer Auto- bzw. Traktorfahrt über die Löfer Brücke schränken die Winzer ebenso ein, wie den Wanderer, der hier von Münstermaifeld an der Burg Bischofstein vorbei (dem Wahrzeichen von Burgen) ins äußerst reizvolle 32 Kilometer lange Baybachtal weiterspazieren kann.

Burgener Bischofstein ✳ - ✳ ✳ ✳ ✳

Mit einer Flächenaus-
dehnung über 5 Mosel-
Flußkilometer und mehr
als 2 Kilometer ins Bay-
bachtal hinein sowie
weiterer Bacheinbuch-
tungen besitzt die letzte
Burgener Einzellage ei-
nes der größten Flächen-
potentiale der gesamten
Untermosel. Doch dessen
ungeachtet ist die Weinbaufläche auf unter 1 Hektar geschrumpft, deren Areale man von der Burg Bischofstein auf der gegenüberliegenden Flußseite nur noch als einen Fleckenteppich zwischen Häusern und Streuobstwiesen erkennen kann. 1904 wurden bei Koch/Stephanus noch sieben Einzellagen hervorgehoben. In der Klassifizierung lagen 1897 immerhin von 24 Hektar 1 bzw. 4 Hektar in der noch sehr guten 4. und 5.Klasse und nur 2 von insgesamt 24 Hektar lagen in der schlechtesten 8.Klasse. Von den damaligen Lagen hervorgehoben wurden vermutlich die besten Teile der Untermark sowie die Südlage Schottes beim Steinbruch in der Nähe des Druidensteines (dort blühen noch heute zuerst die Maiglöckchen) sowie der Klopp (oder Klopplay) zu Beginn des Baybachtales.
Die hier noch bebauten Restflächen auf einem steinreichen Schiefer-, Quarzit- und Sandsteinboden aus den Nellenköpfchen-Schichten. Boden mit Südwestausrichtung stellen heute die Qualitätsspitze von Burgen dar. Der Großteil der Weinberge hatte und hat Westausrichtung, im Baybachtal z. T. mit Südtendenz, ansonsten auch mit Nordtendenz.
Die Böden, entsprechend der großen Ausdehnung, variieren sehr stark. An den Hängen zur Mosel herrschen sandige Lehme vor mit ausgeglichenem Wasserhaushalt (hervorragend für Obst), teilweise mit Terrassenkies, in zunehmender Höhe vermehrt auch mit sandigen und quarzitigen Schiefern.
Der Burgener Wein war und ist ein klassischer einfacher Mittelwein, der nur in ausgesuchten, aber eben spärlich vorhandenen Parzellen zur gehobenen bis hohen Klasse aufsteigen kann. Eine erweiterte Bewirtschaftung im Klopp oder anderer klassischer Gesteinslagen würde nicht nur den Bischofstein renommeemäßig aufwerten, es wäre auch eine zusätzliche Bereicherung des reizvollen Ortsbildes.

Die Potentialkarte

Weltweit ist man heute auf der Suche nach Spitzenweinbergslagen, nach besonderen Herkünften, dem Besten, dem Individuellsten. Herkunft ist gefragt. Dank der zunehmenden Öffentlichkeit hat es sich in den letzten 10,20 Jahren zunehmend herausgeschält, wo diese Weine wachsen, ist ein jahrtausendealtes Tabu und Geheimnis der besten Händler immer mehr vor unsere Augen getreten. Extreme Kargheit, Steinigkeit, kühles, gemäßigtes Klima, wo Rebe und Winzer höchste Mühe aufwenden müssen, überhaupt zu überleben und dadurch das größte Gefühl für ihr Produkt, die Traube, aufwenden müssen. So ungefähr kann man heute ein Zwischenresümee ziehen. „Dry farming" (ohne Bewässerung), „cool climate" (kühles Klima), „old vines" (alte Rebstöcke) sind die wichtigsten Fachbegriffe in der Neuen Welt, wenn man sich vom Massenwein entfernen und ganz nach oben will. Überall werden die Berge gesucht, wenn es darum geht qualitativ, imagemässig und preislich nach oben zu kommen. In Europa sind genau diese „Werte" zu einem beträchtlichen, zum überwiegenden Teil zerfallen, spätestens im Zeitalter der Industrialisierung, teilweise auch nach dem Krieg. Vielen Weintrinkern ist es kaum bewusst, wie sehr die Geschichte Europas, ökonomisch vom Wirtschaftsgut Wein bestimmt wurde. Man bedenke nur, daß der Großteil der mittelalterlichen Städte erst aufblühen konnte dank mit dem Wein verbundener Steuern, die oft 50, 60, 70% des Haushalts ausmachten. Weitgehend geheimgehalten sind dabei die Ursprungsquellen der einträglichen Geschäfte geblieben. Es sind die felsigen Chöre (Kor war laut rheinischem Wörterbuch der Ausdruck an Mosel und Rhein für das neuere Modewort Terrassen, das im 18. Jahrhundert erstmals aus Frankreich zu uns kam), auf denen in warmen steinigen Böden die auf natürliche Weise konzentrierten, stabilen, mineralischen, haltbaren, weil nicht wässrigen Weine wuchsen. In ganz Europa schufen Mauern und Felsen Bedingungen für erfolgreichen Weinbau selbst in strengen Klimazonen. Europa und ganz besonders Deutschland war lange Zeit eine kleinstrukturierte Chorlandschaft oder eine Banklandschaft, wenn man das Winzerwort „banque" vieler französischer Regionen für die kleinen wertvollen Weinbergsterrassen gebrauchen will. In Luxemburg heißen die Chöre übrigens auch Bank. Von dieser grossen Vergangenheit des Gewinnes aus kargem Land ist die Mosel die einzige Kulturlandschaft, wo es noch ein weites Band von Steillagen und Terrassen in Kombination mit der so totalen Konzentration auf eine passgenaue Rebsorte gibt – den Riesling. Dies im Gegensatz zu vielen hervorragenden Steillagen, wo kleine Winzer „nur" mit einfachen „Lokalweinen" ihre Existenz sichern. Der Blick in die Welt, zum Welterfolg ging im 19. Jahrhundert in den meisten Terrassenregionen verloren, in der selben Phase, als die Mosel zu ihrem Siegeszug antrat. Wenn dort heute Weinberge brach liegen, müßte die Generalfrage eigentlich nicht lauten: Warum? Viel interessanter ist es zu beantworten: warum stehen sie überhaupt noch? Und dies oft sogar mit uraltem kostbaren genetischen Rebgut, das jedem modernen geklonten Riesling überlegen ist. Die Weinbergslagennamen, die nirgendwo (ausser in Burgund) eine größere Tradition haben als in Deutschland – und ganz besonders an der Mosel - waren Grund und Mittel zugleich, sich von der Masse der internationalen Weine abzusetzen. Unzählige der ehemals 30.000 deutschen Lagennamen produzierten Weine, die sich teurer verkauften als berühmte Bordeaux-Châteaus – darunter viele kleine, unbekannte Namen wie auf der hiesigen Karte. Alleine, man weiß nichts über diese vielen Kleinen. Sie sterben manchmal, bevor man sie kennengelernt hat. In diesem Sinne ist die nebenstehende Karte nicht wie im Innenteil als Versuch einer Klassifizierung des Qualitätspotentiales zu sehen. Es ist eine Karte, die den Bebauungszustand widerspiegeln soll, nicht als Anregung zu erhalten, vielmehr als Anregung, verlorene Schätze wiederzubeleben, als Anregung nicht nur für Einheimische, vielleicht auch als Anregung für Auswärtige, die die vergessenen Schätze als Besonderes leichter zu erkennen vermögen als Einheimische.

Die Erläuterung der Farben:

Dunkelgrüne Lagen: voll in der Bebauung, keine oder nur wenige Brachen.
Grüne Lagen: noch stark bebaut, aber auch viele gute Lagen brach.
Ockerfarbene Lagen: zum größten Teil brach, trotz teilweiser hervorragender Potentiale.